办公应用基础

Bangong Yingyong Jichu

主 编 陈继红 张 岚 蔡 慧
副主编 邓 涛

U0213458

高等教育出版社·北京

内容简介

　　本书依据《中等职业学校计算机应用专业教学标准》中办公软件应用课程及部分地区对口高职升学考试的相关要求进行编写。

　　本书结合职业院校要求学生应掌握的计算机办公应用的基础知识和技能,以"工作过程导向"为线索进行编写,并针对职业教育的特点,突出基础性、实用性、操作性和先进性,注重对学生创新能力、实践能力和自学能力等各种应用能力的培养。

　　全书共分为4个单元,每个单元由多个任务构成,主要内容包括:文字处理、电子表格处理、演示文稿应用、数据库应用,针对每个单元有相应的总结,并提供了同步练习题。

　　通过本书封底所附学习卡,可登录网站 http://abook. hep.com.cn/sve 获取相关教学资源,详细说明见书末"郑重声明"页。

　　本书内容丰富、体例新颖、实用性强,可以作为中等学校、高等院校学生的办公软件应用课程的教材,也可作为各类办公软件培训班的教材、办公软件自学或技术提高用书。

图书在版编目（ＣＩＰ）数据

　　办公应用基础 / 陈继红, 张岚, 蔡慧主编 . -- 北京: 高等教育出版社, 2021.6

　　ISBN 978-7-04-055960-6

　　Ⅰ. ①办… 　Ⅱ. ①陈… ②张… ③蔡… 　Ⅲ. ①办公自动化 – 应用软件 – 中等专业学校 – 教材 　Ⅳ. ①TP317.1

　　中国版本图书馆 CIP 数据核字(2021)第 054331 号

| 策划编辑　陈　红 | 责任编辑　陈　莉 | 封面设计　张　志 | 版式设计　童　丹 |
| 责任校对　刘娟娟 | 责任印制　刘思涵 | | |

出版发行	高等教育出版社	网　　址	http://www.hep.edu.cn
社　　址	北京市西城区德外大街 4 号		http://www.hep.com.cn
邮政编码	100120	网上订购	http://www.hepmall.com.cn
印　　刷	佳兴达印刷（天津）有限公司		http://www.hepmall.com
开　　本	889mm×1194mm　1/16		http://www.hepmall.cn
印　　张	20		
字　　数	420千字	版　　次	2021 年 6 月第 1 版
购书热线	010-58581118	印　　次	2021 年 9 月第 4 次印刷
咨询电话	400-810-0598	定　　价	45.50元

前　言

随着信息技术的迅猛发展,现代社会对新时代人才的要求越来越高,要求他们不仅要具有适应岗位、职业变化的能力,还要具有信息化办公的能力。因此,对于职业院校的学生来说,学习办公软件,掌握文档编辑、数据计算、演示文稿制作、数据库应用等基本操作,并能将其熟练地应用于工作、学习和生活中,提高办公效率和办公质量,是新时代的基本要求。

本书以 Microsoft Office 2010 办公软件安排内容,分 4 个教学单元,单元 1 为文字处理,通过制作北极小屋营销策划书,培养学生熟练使用 Word 进行文字处理的能力;单元 2 为电子表格处理,通过制作、计算和处理网络书店销售数据表,培养学生熟练使用 Excel 进行数据处理的能力;单元 3 为演示文稿应用,通过制作北极小屋营销策划演示文稿,培养学生综合运用文字、图像、音频、视频等对象制作演示文稿的能力;单元 4 为数据库应用,通过制作和分析数码设备销售表,培养学生应用数据库的能力。

本书强调实用性和操作性,根据日常办公需求、学生学习情况和编者多年的教学经验,从生产、生活中精心挑选教学任务,贯穿各单元的学习。每个任务包含"任务情景""知识准备""任务实施"3 个步骤,学生体验实际工作情景,在完成工作任务的同时掌握办公软件的基础知识和基本技能,培养其动手操作和主动探究的能力。任务不能涵盖的知识和技能,采用"技能拓展""讨论与学习"的形式进行补充学习,再使用"巩固与提高"对本任务的技能进行强化。每个单元的最后有"单元小结""综合实训"和"习题"3 个部分,以巩固本单元所学知识与技能,培养学生的迁移能力。同时,为方便读者学习,本书配有精心制作的教学素材,综合实训和习题参考答案,可通过配套资源网站 http://abook.hep.com.cn/sve 获取。

本书的编写体现了"做中教,做中学"的教学理念,教学环境以计算机机房为主。考虑到学生高考的需求,本书内容体系的组织参照相关省市普通高校对口招生职业技能考试信息技术一类考试大纲等考纲的要求,方便参加有关考试的学校组织教学。

使用本书进行教学时建议安排 108 学时,如下表所示。

序号	课程内容	教学时数	
		讲授	实训
1	单元 1 文字处理	8	26
2	单元 2 电子表格处理	8	20
3	单元 3 演示文稿应用	6	12
4	单元 4 数据库应用	6	12
5	机动	4	6
6	合计	32	76

本书由陈继红、张岚、蔡慧担任主编,陈继红、蔡慧负责统稿,具体编写分工为:单元 1(邓涛、赖静、刘芳、闫红帆),单元 2(王灵香、卢德群、许牡莉),单元 3(陈继红、蔡慧),单元 4(张岚)。教材案例素材由宏远商贸有限公司和布克购书中心提供,在此一并表示诚挚的感谢!

由于编写水平有限,加之时间仓促,书中存在的不妥之处恳请各位读者批评指正。读者意见反馈邮箱:zz_dzyj@pub.hep.cn。

编 者

2020 年 12 月

目　录

单元 1
文字处理

当今社会，在你的学习或工作中是否会发现，有的人在短时间内就能把大量文字信息编辑成专业而美观的文档，其实是使用了文字处理软件。常用的文字处理软件是 Microsoft Office Word 和 WPS Office 文字，给用户提供用于创建专业而优雅的文档工具，帮助用户节省时间，并得到优雅美观的结果。

学 习 要 点

(1) 了解 Word 的窗口界面和视图。

(2) 掌握创建、保存、打开、关闭文档的方法。

(3) 掌握录入和编辑文本、查找和替换文字、插入特殊符号的方法。

(4) 了解文本编辑的常用快捷键。

(5) 掌握字符格式、段落格式、格式刷、样式的使用方法。

(6) 掌握项目符号、编号列表、多级列表的使用方法。

(7) 掌握创建和编辑表格、设置表格格式、使用表格样式的方法。

(8) 掌握字符、段落、表格的边框和底纹的设置方法。

(9) 掌握页面格式、页眉和页脚的设置方法。

(10) 掌握分页符、分节符、分栏符的使用方法。

(11) 掌握页码、目录、脚注、尾注、题注的设置方法。

(12) 了解文字环绕方式，会应用文字环绕方式设置文档。

(13) 掌握插入画布、图片、形状、SmartArt 图形、图表、文本框、艺术字、公式的方法及其格式设置的方法。

  (14) 掌握文档批注、修订功能的使用方法。

  (15) 掌握邮件合并的使用方法。

  (16) 掌握预览和打印文档的方法。

  (17) 掌握文档保护的方法。

▶ 工 作 情 景

  为了让学生充分了解各行业的信息管理现状,某职业学校组织信息技术类专业的学生开展了行业认知实践活动,同学们分别到从事电子商务、商品零售、商品批发等工作的企业进行调研。实践活动结束后,同学们总结得出结果:所有调研企业在日常工作中都使用文字处理软件进行文档的编辑、排版和打印。事实上,熟练使用文字处理软件是日常工作中必不可少的技能,常用文字处理软件有 Microsoft Office Word 和 WPS Office 文字。本单元将学习 Microsoft Office Word 2010 软件的使用。

任务1　录入和编辑文档

Microsoft Office Word 2010 功能比较多,首先应掌握软件的基本操作和文字的录入与编辑。

任务情景

  学校拟举行校园销售活动,要求各班同学以 4~6 人为一组形成团队参加活动,其中一个团队"光速队"将本次校园销售活动取名为"北极小屋",本单元以该团队为例。团队成员根据对学校老师、同学的调查,利用 Word 2010 编写校园营销策划书,为后续的销售工作做好准备。

知识准备

1. Word 2010 的工作界面

  Word 工作界面如图 1-1 所示,相比以前版本,微软公司在 Microsoft Office 2010 系列软件中,对工作界面进行了较大的改进,简化了沿用多年的菜单命令,取而代之的是选项卡、功能区,在功能区中集成了绝大部分功能按钮,给用户带来了更好的操作体验。

  (1) 标题栏:显示正在编辑的文档的文件名以及所使用的软件名。

  (2) "文件"选项卡:基本命令(如"新建""打开""关闭""另存为"和"打印")位于此处。

（3）快速访问工具栏：常用命令按钮位于此处，例如"保存"和"撤销"。也可以添加个人常用命令。

（4）功能区：工作时需要用到的命令位于此处。它与其他软件中的"菜单"或"工具栏"相同。

（5）文档编辑区：显示正在编辑的文档内容。

（6）视图切换按钮：可用于切换正在编辑的文档的显示模式以符合用户的要求。

（7）缩放滑块：可用于改变正在编辑的文档的显示比例。

（8）状态栏：显示正在编辑的文档的相关信息。

图 1-1　Word 2010 的工作界面

2. Word 2010 的视图模式

在 Word 2010 中提供了多种视图模式供用户选择，这些视图模式包括"页面视图""阅读版式视图""Web 版式视图""大纲视图"和"草稿"5 种，如图 1-2 所示。

图 1-2　Word 2010 的视图模式

（1）页面视图：显示 Word 2010 文档的打印结果外观，可以呈现包括页眉、页脚、图形对象、分栏、页面边距等页面元素，是最接近打印效果的视图方式。

（2）阅读版式视图：以图书的分栏样式显示 Word 2010 文档，功能区、选项卡等窗口元素被隐藏。

（3）Web 版式视图：以网页的形式显示 Word 2010 文档，Web 版式视图适用于发送电子邮件和创建网页。

（4）大纲视图：主要用于在 Word 2010 中显示标题的层级结构，并可以方便地折叠和展开各种层级的文档。大纲视图广泛用于 Word 2010 长文档的快速浏览和设置。

（5）草稿：取消页面边距、分栏、页眉页脚和图片等页面元素，仅显示标题和正文，是最节省计算机系统硬件资源的视图方式。

3. 常用命令的快捷键

（1）Ctrl+A：全选。

（2）Ctrl+C：复制。

（3）Ctrl+X：剪切。

（4）Ctrl+V：粘贴。

（5）Ctrl+H：替换。

（6）Ctrl+Z：撤销上一操作。

（7）Ctrl+Y：重复上一操作。

4. 文本的选取操作

在对文本进行设置前，首先要选取相关的操作对象。文档页面的最左边空白区域称为选定栏，当鼠标移入该区域内时会变为向右指向的箭头，可用鼠标选取文本。选取文本的方法见表 1-1。

表 1-1　文本的选取操作

选取对象	操作方式	选取对象	操作方式
任意数量的文本	将鼠标从开始点拖动至结束点	一个句子	按住 Ctrl 键，单击该句中的任何位置
一行文本	单击选定栏	多个段落	在选定栏上向上或向下拖动鼠标
一个段落	双击选定栏	整篇文档	三击选定栏或按 Ctrl+A 组合键
一个词语	双击该词语		

 任务实施

"光速队"要在 Word 2010 软件中录入相关文字和符号，并将素材里的文字复制到文档中，主要步骤如图 1-3 所示。

图 1-3　录入、编辑文本主要步骤

1. 启动 Word 2010

单击"开始"→"所有程序"→"Microsoft Office"→"Microsoft Office Word 2010"命令。

 提示

- 如果桌面上有 Word 的快捷图标 **W**，可直接双击该图标启动 Word 软件。
- 如果桌面上有 Word 文档，双击该文档也可启动软件，并打开该文档。

2. 创建文档

启动 Word 2010 后系统会自动生成一个空白文档，默认命名为"文档 1"。若需要另外新建文档，操作方法如图 1-4 所示。

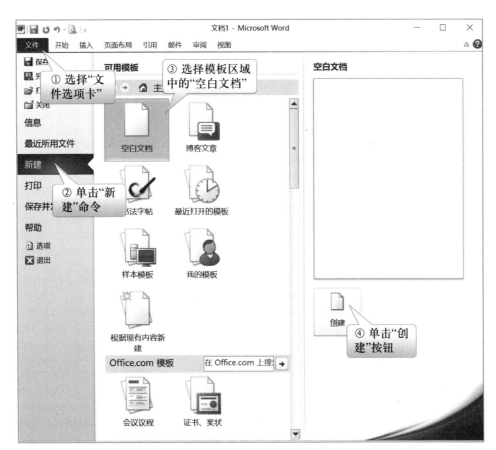

图 1-4　Word 2010"文件"选项卡界面

3. 保存文档

将文档命名为"北极小屋营销策划书.docx",操作方法如图 1-5 所示。

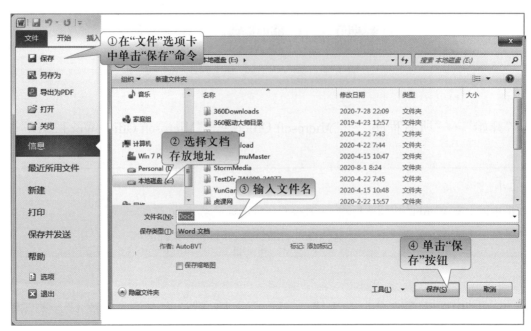

图 1-5   保存文档

提 示

除了以上保存文档的方法外,还可使用以下几种方法。

(1) 在"文件"选项卡中选择"另存为"命令。

(2) 在左上角快速访问工具栏中单击"保存"按钮。

(3) 按 Ctrl+S 组合键。

4. 录入文本

切换输入法到汉字录入状态,在光标闪烁处参照样文输入文本"前言",按回车键换行,录入其他文字,文字如图 1-6 所示。

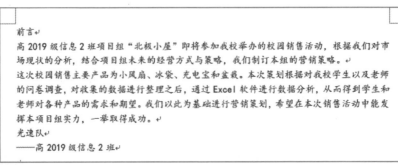

图 1-6   录入文字参考

> **提示**
>
> 在 Word 中,录入文字时按回车键,会在屏幕出现一个带箭头的折线,称为段落标记,表示一个自然段结束,光标会移至下一行行首。

5. 复制文本

打开"北极小屋营销策划书素材 .docx",将其中全部文字复制到"北极小屋营销策划书 .docx"文档中,操作方法如图 1-7 所示。

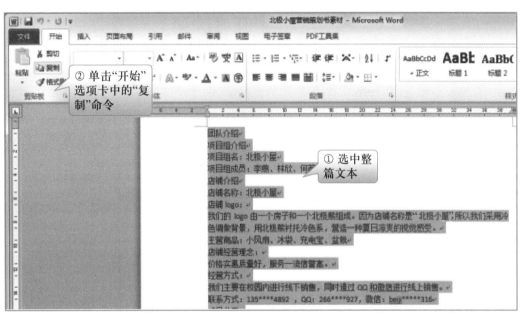

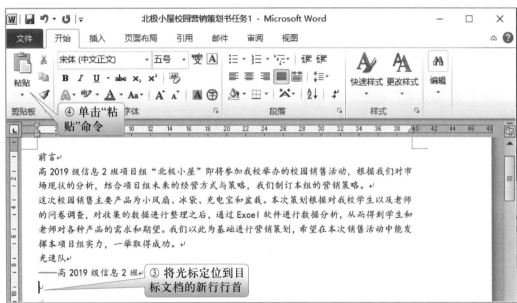

图 1-7　复制文本

提 示

　　复制文本可以使用鼠标拖动的方法,先选中要复制的文本,再将鼠标指针指向选中的文本,然后按住 Ctrl 键的同时拖动鼠标到目标位置。

　　另外,也可以通过按 Ctrl+C 组合键复制和按 Ctrl+V 组合键粘贴完成复制操作。

6. 插入符号

将光标定位在"联系方式:"后,插入符号"☎",操作方法如图 1–8 所示。

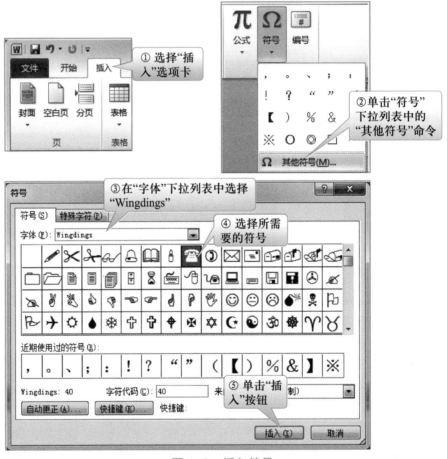

图 1–8　插入符号

7. 保存文档

选择"文件"选项卡,单击"保存"命令,保存已修改的文档。

8. 退出文档

选择"文件"选项卡,单击"退出"命令,退出该文档。

提示

除了以上方法退出文档外,还有以下几种方法。

(1) 双击快速访问工具栏上的 Word 图标。

(2) 单击标题栏右边的"关闭"按钮。

(3) 按 Alt+F4 组合键。

技能拓展

1. 插入 / 改写状态

在启动 Word 2010 后,系统默认文档录入处于"插入"状态,此时新输入的文字会插入当前光标之后。单击状态栏上的"插入"按钮,系统会变成"改写"状态,此时输入的文字会覆盖当前光标之后原有的文字;再次单击"改写"按钮,系统会变成"插入"状态,如图 1-9 所示。也可以通过按 Insert 键进行"插入 / 改写"状态的切换。

图 1-9　"插入 / 改写"状态

2. 显示比例

为了查看文档方便,可以根据不同的需要调整文档的显示比例。放大文档能够更方便地查看文档内容,缩小文档可以在一屏内显示更多内容。在 Word 2010 中调整文档的显示比例可以通过如图 1-10 所示方法来完成,此外还可以在窗口右下角调整显示比例。

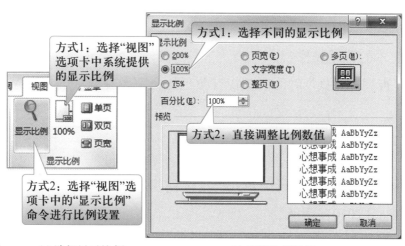

(a) 选择显示比例　　　　(b) 调整比例数值

图 1-10　文档显示比例

3. 查找和替换

在实际工作中,常常需要在文档中查找某一相同字符,或将其替换成其他字符。为保证整篇文档相同的字符都能被找到,系统提供了"查找和替换"功能,其操作方法如图 1-11 所示。

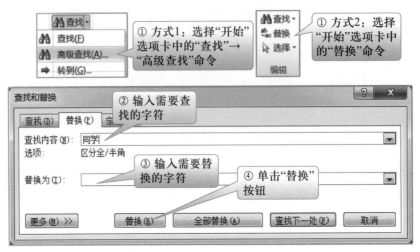

图 1-11 "查找和替换"对话框

"查找和替换"按钮说明如下。

- 单击 更多(M) >> 按钮,展开"搜索"选项,进行更多查找、替换设置。

- 单击 替换(R) 按钮,替换当前查找到的内容。

- 单击 全部替换(A) 按钮,替换全部查找到的内容。在替换后弹出一个对话框,提示完成了多少处替换。

- 单击 查找下一处(F) 按钮,系统将从光标处开始查找,查找到的内容被选中。

- 单击 取消 按钮,结束替换操作,关闭对话框。

 讨论与学习

1. 如何进行文本的移动操作?
2. 如何使用"查找和替换"对话框查找有颜色的文字及在查找时区分字母的大小写?

巩固与提高

1. 尝试通过 Word 模板创建一个"正式会议议程"文档。
2. 尝试使用 Word 2010"帮助"。
3. 根据需要,尝试进行 Word 2010 选项配置。
4. 创建一个 Word 2010 文档"职业生涯规划",并保存。

任务 2   设置文档格式

文档录入和编辑后,为了增强文档的可读性,可对文档进行格式设置,如设置文字的字体、字号,文字间的距离,段落中行与行的距离、对齐方式、缩进方式等。在 Word 2010 中,可以通过字体、段落、样式等工具进行文档的格式设置。

任务情景

通过任务 1 的学习,同学们已经学会了在 Word 2010 中如何进行文字的录入和编辑,完成了营销策划书中所有文字的电子化,接下来需要将策划书按一定的格式进行设置,使之可读性更强。

知识准备

1. 字符间距

字符间距是指一组字符之间相互间隔的距离。字符间距影响一行或者一个段落的文字密度。Word 2010 的字符间距有标准、紧缩和加宽三种,可以在"字体"对话框"高级"选项卡中进行设置,如图 1-12 所示。

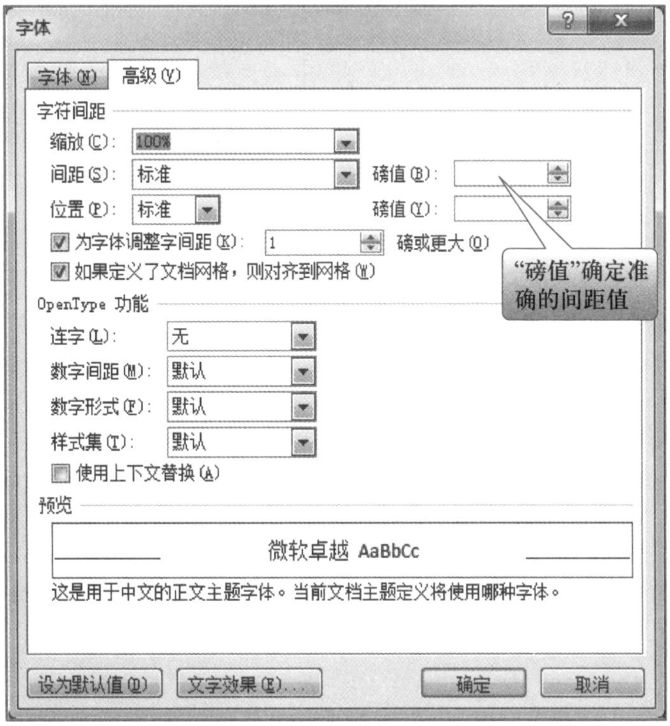

图 1-12   设置字符间距

（1）缩放：在字符原来大小的基础上缩放字符尺寸，取值范围为 1%~600%。

（2）间距：增加或减少字符之间的间距，而不改变字符本身的尺寸。

① 紧缩：缩小字符间距，一般设置为 0.1~2 磅，少于 0.1 磅用肉眼是不容易发觉差异，但字符间距缩小过多会造成字符重叠。

② 加宽：增加字符的间距。

（3）位置：相对于标准位置，升高或降低字符的位置。

（4）为字体调整字间距：在 Word 2010 中可以根据字符的形状自动调整字间距。

2. 段落缩进

段落缩进指调整文本与页面边界之间的距离。在 Word 2010 中段落缩进有 4 种格式："首行缩进""悬挂缩进""左缩进""右缩进"。段落缩进后的效果如图 1-13 所示。

（1）首行缩进：汉语文章习惯在每段开头都空两个汉字的空格，在 Word 2010 中就是"首行缩进"。

（2）悬挂缩进：段落的首行文本不改变，而除首行以外的文本缩进一定的距离。

（3）左缩进：将某个段落整体向右进行缩进。

（4）右缩进：将某个段落整体向左进行缩进。

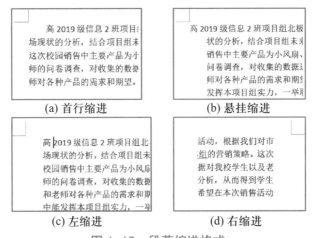

图 1-13　段落缩进格式

3. 项目符号和编号

项目符号和编号是指放在文本前，起强调效果的符号或数字编号。

（1）项目符号：在一些具有并列意思或有一定顺序的短小段落前面添加一个有指示意义的符号，可以使文章看起来更加清晰和醒目。

（2）编号：在文档中按照一定的顺序给文章中的标题或段落进行编号，可以使文档条理更加清楚。

任务实施

"光速队"要对"北极小屋营销策划书.docx"文档中的文字进行字符和段落的格式设置,增强文档的可读性,主要步骤如图 1-14 所示。

图 1-14　文档格式设置主要步骤

1. 设置字符格式

设置文本"前言"格式,字体为宋体、字号为小一、文字加粗,设置字符间距,操作方法如图 1-15 所示。使用同样的方法设置"前言"其他部分文字为宋体、四号。

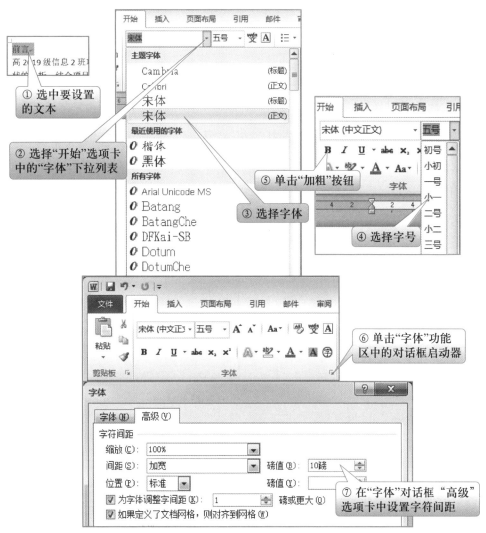

图 1-15　设置字符格式

接下来同时选中标题文本"团队介绍""环境分析""市场营销策划""资金筹备""预期效果",进行"加粗"设置,操作方法如图 1-16 所示。

图 1-16   进行"加粗"设置

提 示

同时选中不连续的文本：按住 Ctrl 键的同时用鼠标拖动的方法选择文本。

2. 设置段落格式

设置文本"前言"的对齐方式为"居中"，正文第一、二、三、四自然段首行缩进 2 字符，行距为 1.5 倍行距，"光速队"右对齐，右缩进 4.5 字符，"高 2019 级信息 2 班"文字右缩进，操作方法如图 1-17 所示。

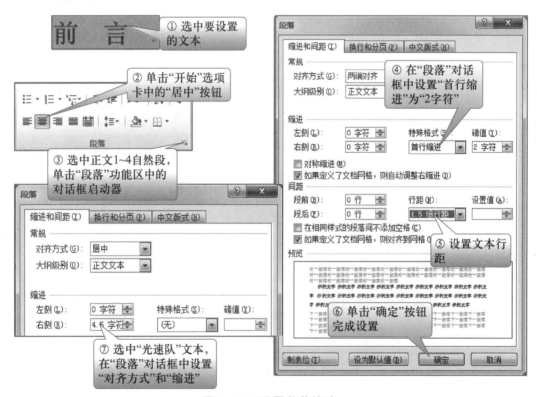

图 1-17   设置段落格式

3. 设置项目符号和编号

选择文本"团队介绍""环境分析""市场营销策划""资金筹备""预期效果",在"开始"选项卡"段落"功能区中设置相应的编号格式,操作方法如图1–18所示。

图 1–18　设置编号

选择文本"S(自身优势):""W(自身劣势):""O(外部机会):""T(外部威胁):",在"开始"选项卡"段落"功能区中选择相应的项目符号样式,操作方法如图1–19所示。

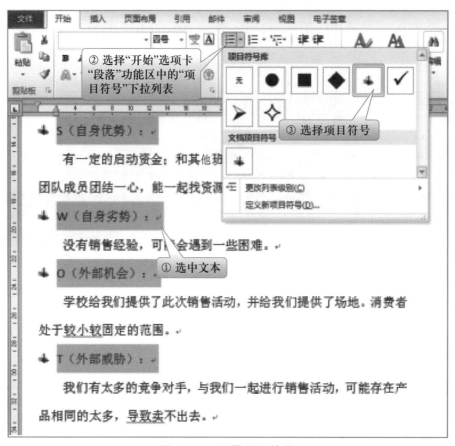

图 1–19 设置项目符号

 技能拓展

1. 设置字符其他格式

字符除了常用的格式设置以外,还有一些虽然不常用但很特别的格式,比如带圈字符、字符底纹、字符边框和字符拼音指南等,操作方法如图 1–20 所示。

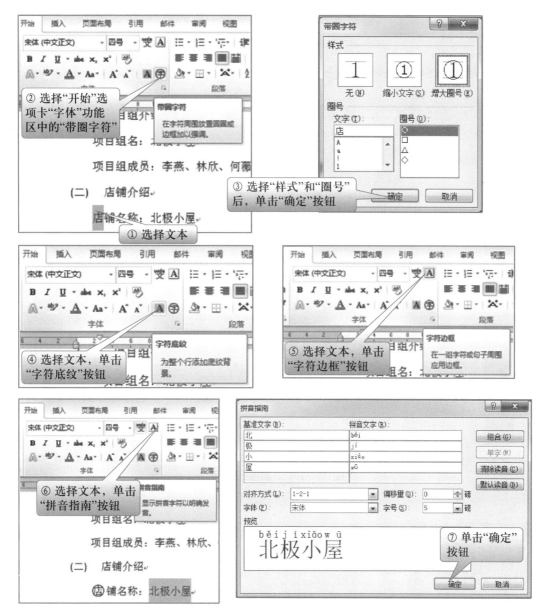

图 1-20　设置字符其他格式

2. 设置多级列表

有一些结构复杂的长文档,可使用多级列表为文档设置丰富的层次结构,最多可设置 9 个级别。在编辑文档时,可以通过更改编号列表级别创建多级编号列表,使 Word 编号列表的逻辑关系更加清晰,操作方法如图 1-21 所示。

3. 设置段落边框与底纹

字符可以设置边框和底纹,段落也可以设置边框和底纹,操作方法如图 1-22 所示。

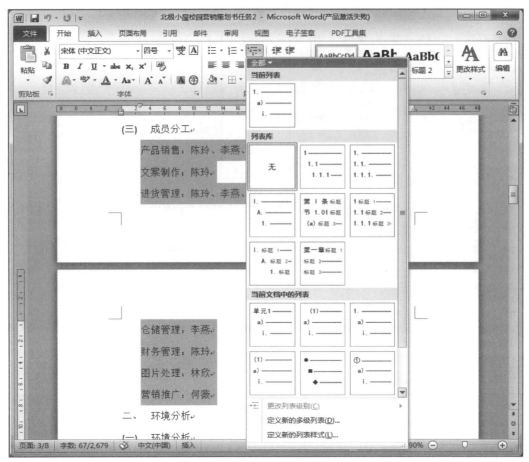

图 1-21　设置多级列表

图 1-22　设置段落的边框和底纹

提示

若在"边框和底纹"对话框中的应用范围是"文字",则对所选文本进行边框和底纹设置。

4. 设置样式

样式是指用有意义的名称保存的字符格式和段落格式的集合。在编排重复格式时,先创建一个该格式的样式,然后在需要的地方套用这种样式,就不必对它们进行重复的格式化操作。Word 2010 中自带有很多样式,对文本进行样式设置的方法如图 1-23 所示。

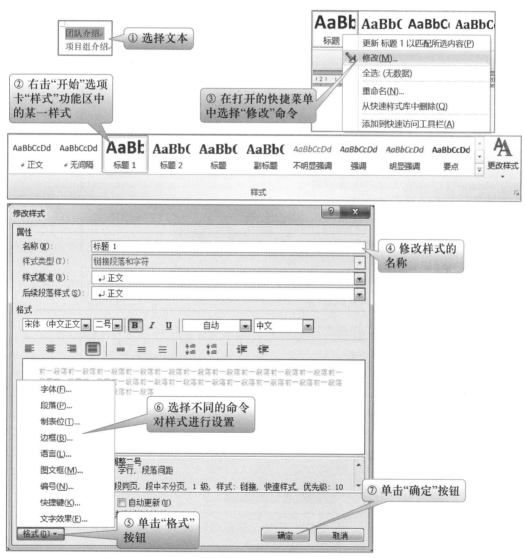

图 1-23　设置、修改样式

参考"北极小屋营销策划书任务 2.docx",将文档中的标题文本分别设置为三级标题样式,操作方法如图 1-24 所示。

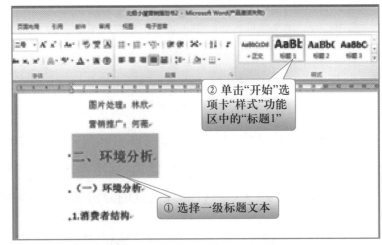

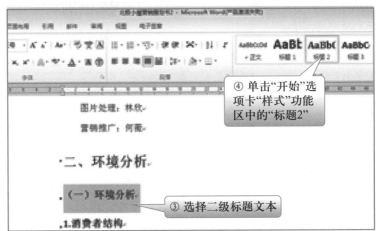

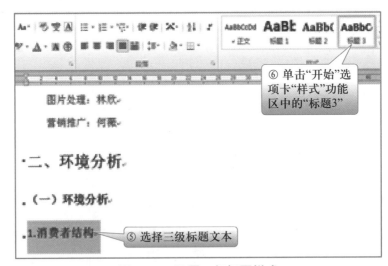

图 1-24　设置三级标题样式

5. 应用格式刷

利用格式刷可以将已设置的格式应用到其他地方,从而极大地简化格式设置工作。操作方法如下。

(1) 将光标定位在或选择已设置格式的文字。

（2）单击"开始"选项卡"剪贴板"功能区中的"格式刷"命令，如图1-25所示。

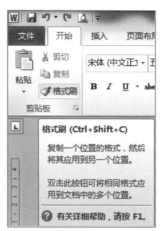

图1-25 "格式刷"命令

（3）在要复制该格式的文字处拖动，然后松开鼠标，即可将格式应用到该处。

提示

● 双击"格式刷"命令，可多次应用该格式，直到再次单击"格式刷"命令或按 Esc 键，才结束格式复制工作。

● "格式刷"不仅可以复制字符格式，还可以复制段落等其他格式。

讨论与学习

1. 已设置编号的段落可以重新设置编号值吗？

2. 如何区分字符和段落的边框、底纹？

3. 如何对文档的页面进行格式设置？

巩固与提高

1. 参考"北极小屋营销策划书任务2.docx"，尝试进行其他段落格式设置。

2. 尝试使用"格式刷"工具进行文档样式设置。

3. 尝试分别设置字符和段落的边框和底纹。

任务 3 使用表格

我们通常会使用表格对文本内容进行归类总结，以使文档更加直观简洁。Word 2010 为用户提供了表格的创建、行与列的编辑、单元格的编辑、表格与文本的互换、手绘表格、斜线表头的绘制、边框底纹的设置、数据的计算、排序等功能。

 任务情景

在学校举办的校园销售活动中,"光速队"根据前期的市场调查,为销售的商品进行了定价,并结合进货价,得到单价商品的利润,为了增强数据的可读性,项目组成员讨论在"北极小屋营销策划书"文档中设计一份商品定价表。

知识准备

1. 表格的组成元素

表格由单元格组成,在水平方向上排列的单元格形成行,垂直方向上排列的单元格形成列。行与列的交叉部分称为单元格,它是组成表格的最小单位,可进行合并和拆分。

2. 单元格的对齐方式

单元格的对齐方式是指单元格中文字在上下左右边界之间的排列方式。Word 2010提供了9种单元格对齐方式,包括"靠上两端对齐""靠上居中对齐""靠上右对齐""中部两端对齐""水平居中""中部右对齐""靠下两端对齐""靠下居中对齐"和"靠下右对齐"。

3. 边框与底纹

在编辑表格过程中,设置表格的边框与底纹可以使表格更醒目。可在"边框和底纹"对话框中选择"边框"选项卡,在"设置"区域中选择边框显示位置,如图1-26所示。

(1)"无":表示被选中的单元格或整个表格不显示边框。

(2)"方框":表示只显示被选中的单元格或整个表格的四周边框。

(3)"全部":表示被选中的单元格或整个表格显示所有边框。

(4)"虚框":表示被选中的单元格或整个表格四周为粗边框,内部为细边框。

(5)"自定义":表示被选中的单元格或整个表格由用户根据实际需要自定义设置边框的显示状态,而不仅仅局限于上述4种显示状态。

 任务实施

"光速队"通过讨论,要在策划书中使用 Word 2010 插入商品定价表,效果如图1-27所示。

图 1-26　设置表格边框

商品名称	进货价	销售价	单件利润	备注
充电宝	15	28	13	
毛绒玩具	4	8	4	
多肉植物	3	5	2	
小风扇	8	15	7	
冰袋	2	3	1	

图 1-27　表格效果

在 Word 2010 中,创建表格并且要使表格符合要求、美观,通常需要有如图 1-28 所示。

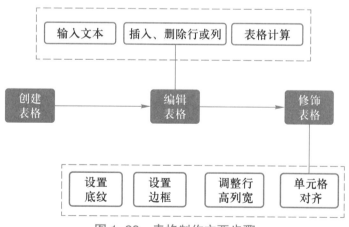

图 1-28　表格制作主要步骤

1. 创建表格

将光标定位到"北极小屋营销策划书.docx"文档中"2. 价格"文字后面,插入一个 6 行 4 列的数据表格,操作方法如图 1-29 所示。

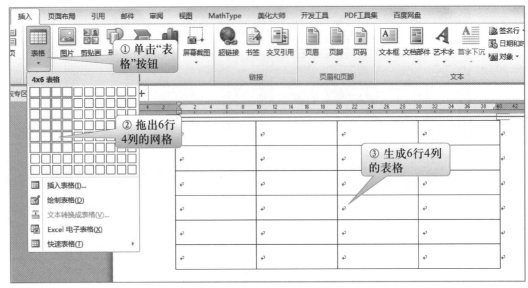

图 1-29   选择网格插入表格

 提示

通过此方法只能插入有限的行数与列数。

　　创建表格还有很多方法。如使用"快速表格"命令创建表格,如图 1-30 所示;利用"插入"选项卡"表格"功能区中的"表格"按钮创建表格,如图 1-31 所示。

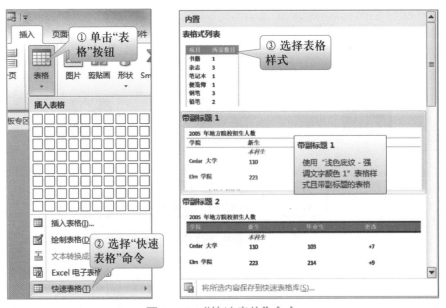

图 1-30   "快速表格"命令

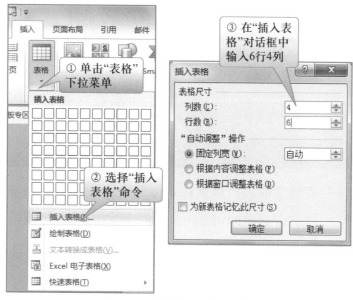

图 1-31 "插入表格"命令

2. 编辑表格

（1）输入文本。参考图 1-27 效果，将前 3 列数据录入新创建的表格中，在第 1 行第 4 列输入"备注"文字。

 提示

在 Word 2010 中，在表格中添加内容与在正文中添加内容方法一致。凡是在正文中能添加的内容（如文字、图片、文本框等）都能在表格中添加。

（2）插入列。在表格的第 4 列前插入"单件利润"列，操作方法如图 1-32 所示，效果如图 1-33 所示。

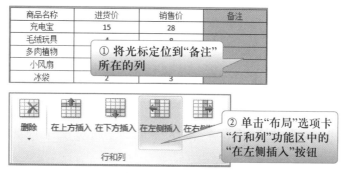

图 1-32 插入列

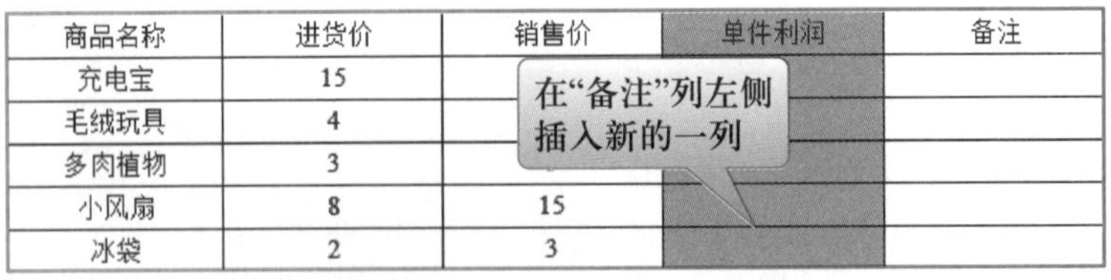

商品名称	进货价	销售价	单件利润	备注
充电宝	15			
毛绒玩具	4			
多肉植物	3		在"备注"列左侧插入新的一列	
小风扇	8	15		
冰袋	2	3		

图 1-33   插入列后的效果图

 提 示

用户可以根据实际需要插入、删除行或列。

使用快捷菜单也可完成列的插入。将光标定位到准备插入的列相邻的单元格内,右击,在弹出的快捷菜单中根据需要进行选择即可,如图 1-34 所示。插入行或插入列的方法都是通用的,只是选择的对象不同。

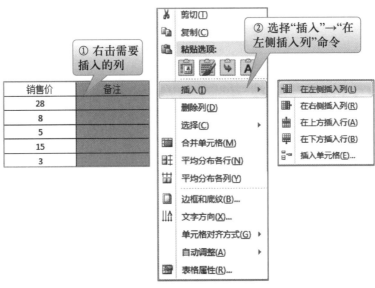

图 1-34   插入列

(3) 表格计算。在表格中计算商品的"单件利润",操作方法如图 1-35 所示。用同样的方法计算出其他几个单元格的值。

3. 修饰表格

(1) 调整单元格的对齐方式:将表格中所有单元格的对齐方式设置为"水平居中",操作方法如图 1-36 所示。

(2) 调整行高和列宽:设置表格的行高为 1 厘米,列宽为 3 厘米,操作方法如图 1-37 所示。

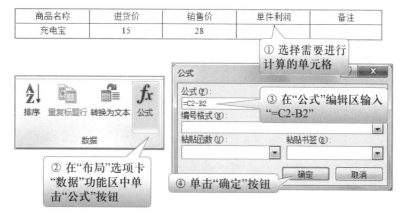

商品名称 进货价 销售价 单件利润 备注
充电宝 15 28
① 选择需要进行计算的单元格
排序 重复标题行 转换为文本 公式
数据
② 在"布局"选项卡"数据"功能区中单击"公式"按钮
公式
公式(F):
=C2-B2
③ 在"公式"编辑区输入"=C2-B2"
编号格式(N):
粘贴函数(U):
粘贴书签(B):
确定
取消
④ 单击"确定"按钮

图 1-35　公式计算

商品名称 进货价 销售价 单件利润 备注
充电宝 15 28 13
毛绒玩具 4 8 4
多肉植物 3 5 2
小风扇 8 15 7
冰袋 2 3 1
① 选择需要进行对齐设置的单元格
② 在"布局"选项卡"对齐方式"功能区中单击"水平居中"按钮
文字方向 单元格边距
对齐方式
表格效果

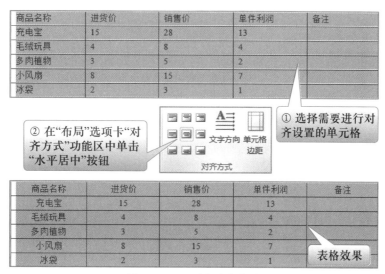

图 1-36　设置对齐方式

商品名称 进货价 销售价 单件利润 备注
充电宝 15 28 13
毛绒玩具 4 8 4
多肉植物 3 5 2
小风扇 8 15 7
冰袋 2 3 1
① 选择整个表格
自动调整
高度: 1 厘米
宽度: 3 厘米
分布行
分布列
单元格大小
② 在"布局"选项卡"单元格大小"功能区中直接输入行高和列宽值

图 1-37　设置行高和列宽

行高和列宽还可以通过"表格属性"对话框设置，在"行"和"列"选项卡中可以分别对行高和列宽进行设置，操作方法如图 1-38 所示。

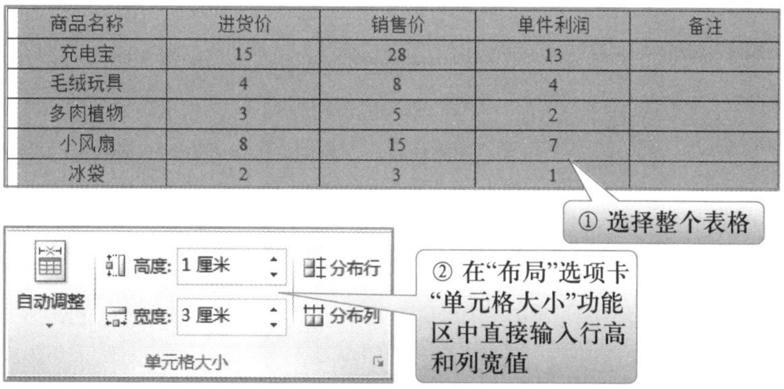

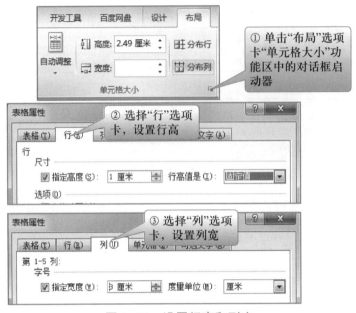

图 1-38　设置行高和列宽

（3）设置边框：将表格外边框线设置为"双横线"，宽度为 1.5 磅，操作方法如图 1-39 所示；将表格内框线设置为"单横线""0.5 磅"，操作方法如图 1-40 所示。

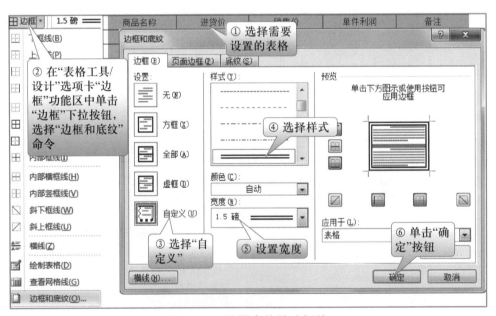

图 1-39　设置表格外边框线

图 1-40 设置表格内边框线

(4) 设置底纹：将表格第一行单元格底纹设置为"蓝色,强调文字颜色 1,淡色 40%",样式为 12.5%,操作方法如图 1-41 所示。

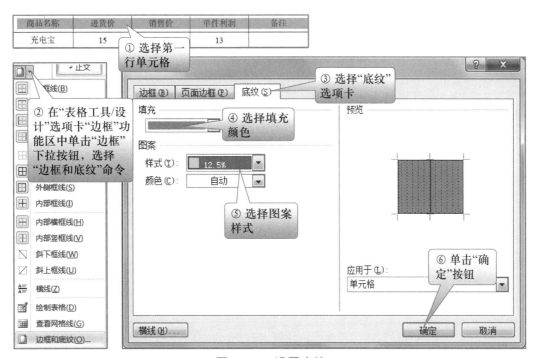

图 1-41 设置底纹

 技能拓展

1. 选择表格

在设置表格格式之前,通常会先选择需要设置的表格、行、列、单元格等,选择表格的方法有以下几种。

（1）选择行、列、单元格。将光标定位到需要选择的行、列、单元格，用"表"功能区中的"选择"按钮来完成，操作方法如图1-42所示。

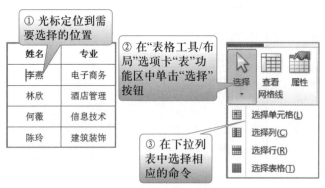

图1-42 "选择"下拉列表

（2）选择整个表格。鼠标移动到表格位置时，表格的左上角将出现 ⊞，单击它，整个表格将被选中。表格选择的常用操作方法见表1-2。

表1-2 表格选择的常用操作方法

操作	方法
选择整个表格	① 单击左上角的按钮 ⊞
	② 将光标定位到表格中任意位置，单击"表格工具/布局"选项卡"表"功能区中的"选择"按钮，在下拉列表中单击"选择表格"命令
选择一个单元格	① 鼠标移动到该单元格左侧，当指针变为"↗"时，单击
	② 单击"选择"按钮，在下拉列表中单击"选择单元格"命令
选择连续多个单元格	鼠标移动到起始单元格左侧，当指针变为"↗"时，按住鼠标左键，并横向或纵向拖动要选择的单元格，然后释放鼠标
选择一行	① 鼠标移动到该行左侧空白位置，指针变为"↗"时单击
	② 单击"选择"按钮，在下拉列表中单击"选择行"命令
选择连续多行	鼠标移动到该行左侧空白位置，指针变为"↗"时，按住鼠标左键不放，并纵向拖动要选择的行，然后释放鼠标
选择一列	① 鼠标移动到该列上方空白位置，指针变为"↓"时单击
	② 单击"选择"按钮，在下拉列表中单击"选择列"命令
选择连续多列	鼠标移动到该列上方空白位置，指针变为"↓"时，按住鼠标左键不放，并横向拖动要选择的列，然后释放鼠标
选择不连续的单元格、行或者列	先按住 Ctrl 键不放，然后用选择一个单元格、一行或者一列的方法选择相应的单元格、行或者列

2. 设置表格样式

表格样式是一组事先设置了表格边框、底纹、对齐方式等格式的表格模板，Word 2010 中提供了多种适用于不同用途的表格样式。用户可以借助这些表格样式快速格式化表格。

设置表格样式的操作方法如图 1-43 所示。

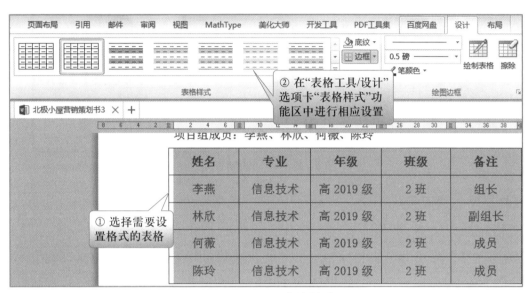

图 1-43　设置表格样式

3. 拆分单元格

以拆分"北极小屋收支表"表格为例，将光标定位到"销售商品"单元格，操作方法如图 1-44 所示。

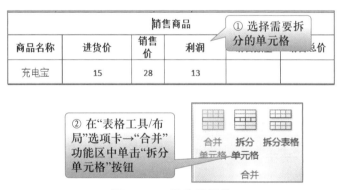

图 1-44　拆分单元格

4. 手动绘制表格

利用"绘制表格"命令插入表格可任意绘制表格，如图 1-45 所示。

根据需要在表格中绘制行和列，按照之前调整行高和列宽的方法将其调整到合适大小，进而完成表格的绘制。

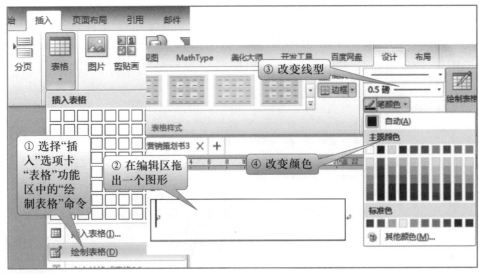

图1-45 手动绘制表格

5. 表格与文本的互换

（1）表格转换为文本：如果需要将表格中的文本提取出来，不需要一个一个地复制、粘贴，使用"转换为文本"按钮即可轻松完成。以"北极小屋团队成员名单"为例，将整个表格转换为文本，操作方法如图1-46所示，效果如图1-47所示。

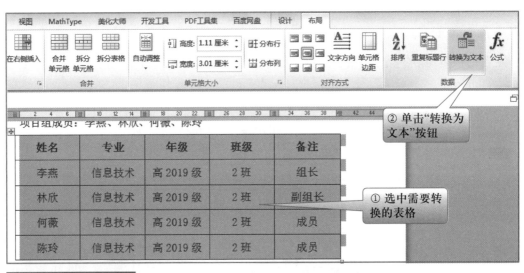

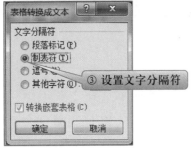

图1-46 表格转换为文本

姓名	专业	年级	班级	备注
李燕	信息技术	高 2019 级	2 班	组长
林欣	信息技术	高 2019 级	2 班	副组长
何薇	信息技术	高 2019 级	2 班	成员
陈玲	信息技术	高 2019 级	2 班	成员

图 1-47　表格转换为文本的效果

提 示

在"表格转换成文本"对话框中,选择"文字分隔符"中的任何选项都可以将表格转换为文本,只是转换成的排版方式或添加的标记符号有所不同。其中,常用的选项有"段落标记"和"制表符"两个选项最常用。若选择"转换嵌套表格"复选框,则可以将嵌套表格中的内容一同转换为文本。

(2) 文本转换为表格:在 Word 2010 中将文字转换为表格时,创建表格的行需要使用段落标记,创建表格的列则需要使用制表符或逗号(逗号必须是英文半角格式)。在需要转换为表格的文本中添加段落标记和逗号后,选择准备转换为表格的所有文本,操作方法如图 1-48所示。

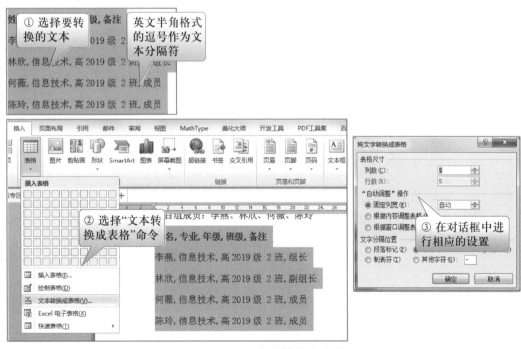

图 1-48　将文本转换为表格

6. 计算数据

在 Word 2010 中,不仅可以在表格中输入、编辑文本,还可以对表格中的数据进行简单的计算,以"北极小屋销售团队销售额汇总表"为例,计算表格中的数据。

(1) 计算销售总额:计算每一名成员的销售总额,操作方法如图 1-49 所示。

图 1-49　求和计算

用相同的方法计算其他成员的销售总额。

(2) 计算销售平均值:求出每一样商品的平均销售额和成员的平均销售额,操作方法如图 1-50 所示。

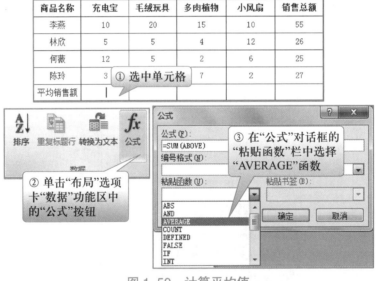

图 1-50　计算平均值

用同样的方法,计算其他成员的销售平均值。

提示

- 在单元格中输入公式：必须以"="开头，且位置不能遗漏或者重复，可选择函数并设置数字格式。
- 常用函数和方向含义见表 1–3。

表 1–3　常用函数和方向含义

函数名	含义	方向名	含义
SUM	求和	LEFT	向左
AVERAGE	求平均值	RIGHT	向右
COUNT	统计个数	ABOVE	向上
MAX	求最大值	BELOW	向下
MIN	求最小值		

- 计算时可引用单元格名称，其中行号用 1、2、3 等阿拉伯数字表示，列标用 A、B、C 等字母表示，如第 1 列第 3 行表示为 A3。公式"=MIN（B4：F9）"表示计算从第 2 列第 4 行单元格到第 6 列第 9 行单元格区域中的最小值，这种方式与 Microsoft Excel 2010 相同。
- 计算时，默认指定方向的优先级为：ABOVE 优先于 LEFT。建议使用 Word 表格计算时，可先计算下面的单元格，再计算上面的单元格，可让 LEFT 方向优先计算。

讨论与学习

1. 创建表格的方法还有哪些？

2. 改变行高与列宽，还有别的方法吗？

3. 绘制表格时会出现虚框，虚框可有助于更直观地对数据进行编辑和排版。如果不想显示虚框，该如何隐藏虚框？

巩固与提高

1. 创建一个 Word 表格（样张如图 1–51 所示，结果见"练习结果 1–3–1.docx"）。

（1）输入表格标题"北极小屋项目筹备组会议安排"，格式设置为黑体、三号、居中对齐。

（2）按照样张，创建表格。

（3）参照样张，输入文字，合并相关单元格，并调整相应的行高和列宽。

（4）参照样张，将表格的外边框设置为 0.75 磅，样式设置为双横线。

北极小屋项目筹备组会议安排

日期	时间	地点	内容
3月2日	10:00-10:30	小广场	1.确定团队成员，并选出组长
			2.讨论销售物品大致方向
3月3日	16:30-17:30	101教室	1.明确问卷调查的具体内容
			2.明确问卷调查的对象（是否包含老师）
			3.问卷调查实施的方案（怎样发放问卷调查）
			4.选出"问卷调查"的负责人
3月5日	12: 00-13:00	小广场	1.根据调查结果，讨论销售的具体物品
			2.讨论购买物品的时间，地点
			3.讨论活动当天的值班人员
			4.对活动当天的其他事宜进行安排

图 1-51   Word 样张

2. 按照要求设置表格（打开"练习素材 1-3-2.docx"）。

（1）将文档内的内容转换为表格，适当调整表格的行高和列宽。

（2）在表格的最后添加一行"平均费用"，分别计算出每一个季度各个项目的平均费用。

（3）将表格第一行"项目"到"第四季度"单元格，设置底纹为白色，深色 12.5%。

（4）该表格所有单元的对齐方式设置为"水平居中"。

任务 4   图文混排

图文混排是将文字与图片混合排列，文字可在图片的四周、嵌入图片下面、浮于图片上方等。在编辑 Word 文档过程中，图文混排是常见的一类操作，合理地运用图文混排能使文档更具特色和可读性。

 任务情景

任务 3 插入表格后，策划书内容更直观了，为了使其版面更生动美观、图文并茂，"光速队"准备设计一个封面，以进一步美化策划书。

 **知识准备**

1. 文本框

文本框是用于容纳文字或者图形的可移动、可调整大小的容器,是一种特殊的图形对象,可以放置于页面的任何位置,主要用于在文档中输入特殊文本。在 Word 软件中文本框非常实用、好用且应用广泛。

2. 艺术字

在文档中插入艺术字可以使文档更加生动活泼,艺术字结合了文本和图形的特点,能够使文本具有图形的某些属性,如设置旋转、三维、映像等效果。Word 2010 将艺术字作为文本框插入,用户可以任意编辑其中的文字并设置艺术字格式,包括艺术字的形状、线条、填充颜色、大小及环绕方式等。

3. SmartArt 图形

SmartArt 图形是信息和观点的视觉表现形式,可以帮助用户以动态可视的方式来阐明流程、概念、层次结构和关系。Word 2010 提供的 SmartArt 功能,可以让用户在 Word 2010 文档中插入丰富多彩、表现力强的 SmartArt 示意图。使用 SmartArt 可以轻松快速地创建具有设计师水准的示意图、组织结构图、流程图等。

4. 画布

画布上是文档中的一个特殊区域,可以用来绘制和管理多个图形对象。画布中所有对象都有一个绝对位置,可以将多个图形对象作为一个整体来移动位置或调整大小,避免文本中断或分页时出现图形异常。

5. 文字环绕方式

文字环绕主要用于设置 Word 文档中的图片、文本框、自选图形、剪贴画、艺术字等对象与文字之间的位置关系,一般包括嵌入型、四周型、紧密型、穿越型、上下型、衬于文字下方、浮于文字上方。

- 嵌入型:该方式使图形对象置于文档中文本行的插入点位置,并与文本位于同一层。
- 四周型:不管图片是否为矩形图片,文字以矩形方式环绕在图片四周。
- 紧密型:如果图片是矩形,则文字以矩形方式环绕在图片周围;如果图片是不规则图形,则文字将紧密环绕在图片四周。
- 穿越型:文字可以穿越不规则图片的空白区域环绕图片。
- 上下型:文字环绕在图片上方和下方。
- 衬于文字下方:图片在下、文字在上,分为两层,文字将覆盖图片。
- 浮于文字上方:图片在上、文字在下,分为两层,图片将覆盖文字。

任务实施

通过"光速队"的讨论、分析,初步确定策划书封面应该包含以下内容。

(1) 一个恰当的背景。

(2) 活动名称。

(3) 团队名称。

(4) 团队标志。

封面效果如图 1-52 所示。

图 1-52   封面效果

完成封面的制作,通常需要如图 1-53 所示的步骤。

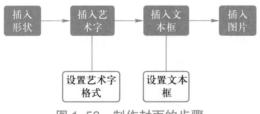

图 1-53   制作封面的步骤

1. 制作背景

在"北极小屋营销策划书 .docx"的最前面插入一个空页。在空页中插入矩形框形状,并填充图片"封面背景 .jpg",再调整形状大小,使其覆盖整个页面,形状轮廓设置为无。操作方法如图 1-54 所示。

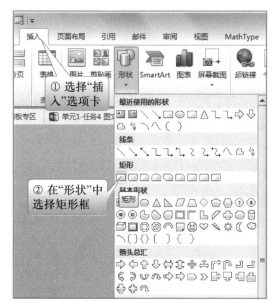
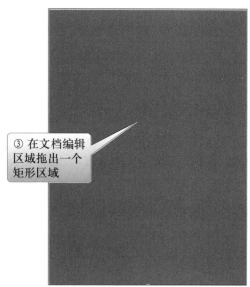

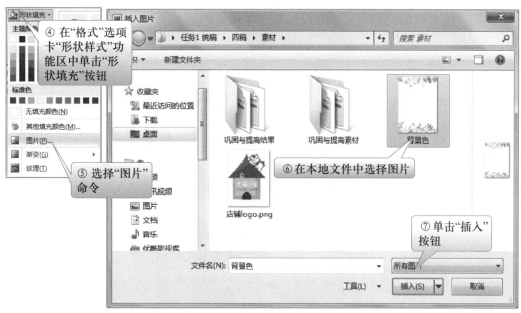

图 1-54　插入矩形框并填充图片背景

> **提示**
>
> 　绘制形状时,按下鼠标左键拖动鼠标即可完成绘制图形。如果在释放鼠标左键以前按住 Shift 键,则可以成比例绘制形状;如果按住 Ctrl 键,则可以在两个相反方向同时改变形状大小。

2. 插入艺术字

（1）插入艺术字。将光标定位到需要插入艺术字的位置,艺术字样式为"填充 - 橙色,强调文字颜色 6,轮廓 - 强调文字颜色 6,发光 - 强调文字颜色 6",操作方法如图 1-55 所示。

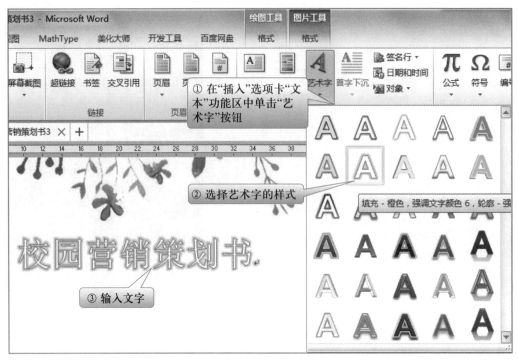

图 1-55 插入艺术字

（2）设置艺术字的格式。对已插入的艺术字，设置字体为"仿宋，56，加粗"，形状效果为"阴影 – 外部 – 右下斜偏移"，文本效果为"正方形"弯曲和"橙色，8pt，强调文字颜色 6"发光，设置形状效果和文本效果的操作方法如图 1-56 所示。

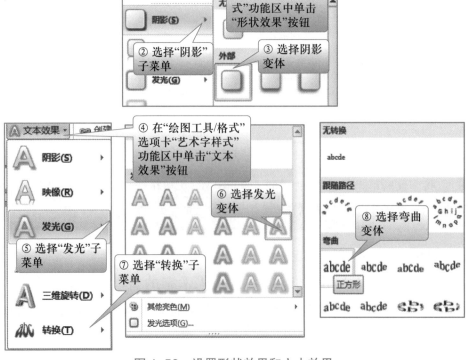

图 1-56 设置形状效果和文本效果

3. 设置文本框

团队名称"北极小屋"以文本框的形式输入,设置字体为"方正姚体,一号",形状轮廓设置为无,文本填充为"橙色,强调文字颜色 6,淡色 40%",文本效果为"内部左上角"阴影,操作方法如图 1-57 所示。

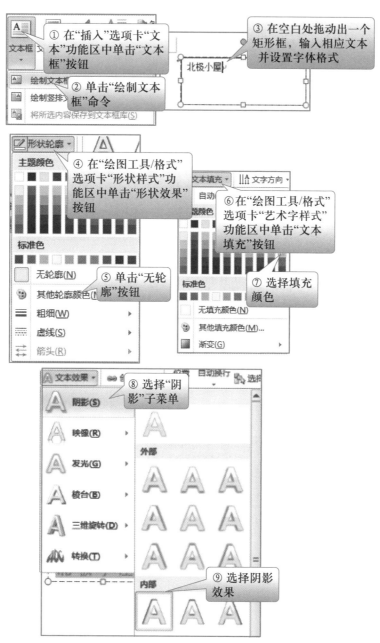

图 1-57　绘制和设置文本框

4. 插入图片

将素材中提供的团队标志图片插入封面的相应位置,设置图片环绕方式为"浮于文字上方",图片大小缩放至 95%,图片效果为"柔化边缘,25 磅",操作方法如图 1-58 所示。

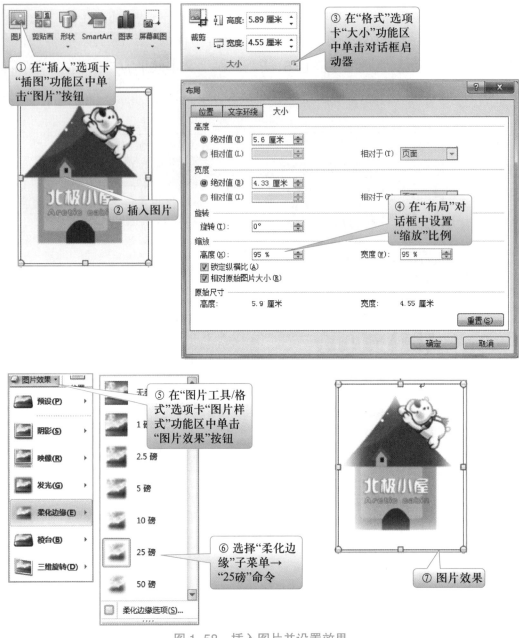

图 1-58　插入图片并设置效果

 技能拓展

1. 插入超链接

在日常编辑 Word 文档时,有时需要将某些内容链接到其他地方,如链接到其他段落、音频或者图片、视频,也有可能链接到网页,这时就需要利用 Word 自带的超链接功能。

先选择需要设计超链接的文字,然后对需要链接的内容进行相应的设置,操作方法如图 1-59 所示。

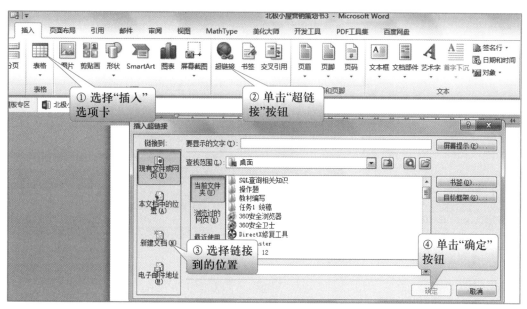

图 1-59　插入超链接

2. 插入 SmartArt 图形

Word 2010 提供了 SmartArt 功能,可以在文档中插入丰富多彩、表现力强的 SmartArt 示意图。向文档中添加 SmartArt 图形的操作方法如图 1-60 所示。

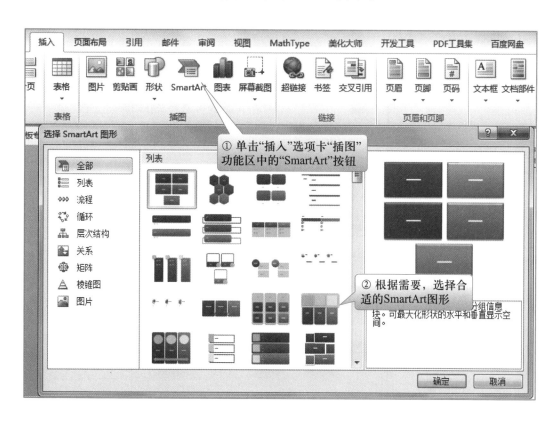

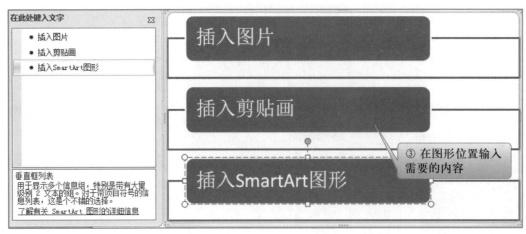

图 1-60　插入 SmartArt 图形

3. 插入公式

在 Word 2010 中编辑文档时,有时需要向文档中插入数学公式。插入公式时可以直接选择内置的公式。操作方法如图 1-61 所示。

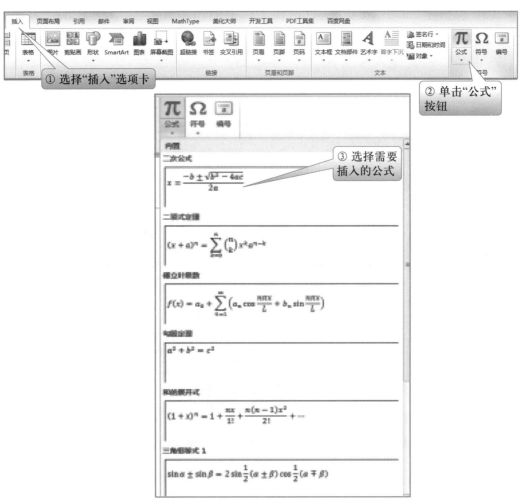

图 1-61　插入公式

如果内置的公式不能满足需要,可以单击"插入新公式"命令,进行公式编辑,操作方法如图 1-62 所示。

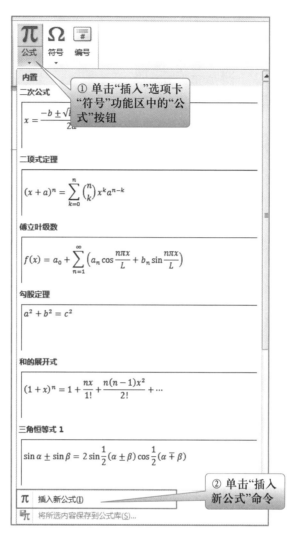

图 1-62　公式编辑

4. 绘制画布

绘制画布的操作方法如图 1-63 所示。

5. 插入封面

文档的封面除了自己进行设计外,还可以插入 Word 自带的封面模板,操作方法如图 1-64 所示。

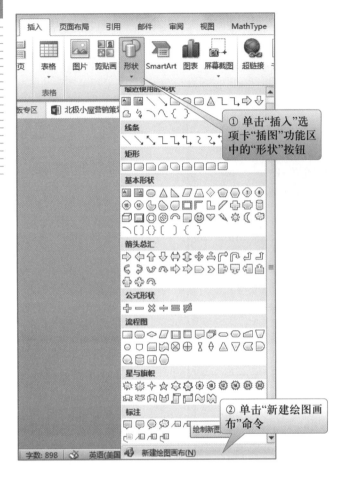

图 1-63　绘制画布　　　　　　　　　　　　　　图 1-64　插入封面

 讨论与学习

在绘制形状时,怎样将多个对象进行组合,当需要整体移动或调整大小时,不会改变各个对象的相对位置和大小?

巩固与提高

打开"练习素材 1-4.docx",按以下要求进行设置。

(1)给文章添加标题"数字化校园",并将其字体设置为楷体、二号、加粗、红色,居中,边框为浅绿、1.5 磅细线,加红色双实线下划线。

(2)在正文第一段插入一张"塔"的剪贴画,将其环绕方式设置为"四周型",左对齐。剪贴画高 2 cm,宽 2 cm,将图片调整为"亮度 +20%,对比度 +20%",图片边框为"深蓝,文字 2,淡色 60%",图片效果为"居中偏移"阴影。

（3）在文本中添加艺术字,内容为"发展背景",艺术字样式为"渐变填充 – 蓝色,强调文字 1,轮廓 – 白色";将艺术字文本填充设置为渐变"线性向下"浅色变体;文本效果设置为外部"右下斜偏移"阴影;环绕方式设置为"四周型"。

（4）为文章插入一个堆积型封面,标题为"Word 练习题",副标题文字输入自己的班级,作者输入自己的名字。

任务 5　完善文档

Word 长文档,如本硕博学位论文、公司的报告、计划书等,通常会被分为若干级别的章节,章节标题需要编号,各章节的格式要统一,前言和正文的页码格式可能不同等。随着文档内容的增加,靠手动设置格式和编号的效率比较低,这就需要使用 Word 的自动化功能来完善文档,如插入分隔符、页眉和页脚、目录、脚注和尾注、交叉引用、书签等,这些都是 Word 长文档排版的必备技巧。

任务情景

到目前,北极小屋营销策划书已基本制作完成。但还存在一些问题,如没有页眉页脚、目录、水印、页面背景和边框等,"光速队"需要对其进行完善和美化。

知识准备

1. 分隔符

分隔符是在编辑 Word 文档时,为了方便排版和美化文档的视觉效果,或者便于在同一个文档中为不同部分的文本设置不同格式,而将 Word 文档分成多个部分。主要是利用 Word 2010 提供的强制分节、分页和分栏功能,将文档分隔为多节,在特定位置强制分页和灵活处理分栏效果。

分节符:节是文档的一部分,插入分节符之前,Word 将整篇文档视为一节。在需要改变行号、分栏数或页眉页脚、页边距等特性时,需要创建新的节。

分页符:当文本或图形等内容填满一页时,Word 会插入一个自动"分页符"并开始新的一页。如果要在某个特定位置强制分页,可插入手动"分页符",这样可以确保章节标题总在新的一页开始。

分栏符:对文档(或某些段落)进行分栏后,Word 文档会在适当的位置自动分栏,若希望某一内容出现在下栏的顶部,则可使用插入分栏符的方法来实现。

2. 页眉和页脚

在 Word 中页眉和页脚通常用于显示文档的附加信息。页眉和页脚可以包括页码、日期、文档标题、文件名、作者名等文字或图形,这些信息通常打印在文档中每页的顶部或底部。在文档中可自始至终使用同一个页眉或页脚,也可在文档的不同部分使用不同的页眉和页脚。

3. 目录

目录通常是长文档不可缺少的部分,有了目录,用户就能很容易知道文档中有什么内容,如何查找内容等。Word 提供了自动生成目录的功能,使目录的制作变得非常简单和方便,而且在文档发生了改变后,还可以利用更新目录的功能来适应文档的变化。

4. 脚注和尾注

脚注和尾注用于为 Word 文档中的文本提供解释、批注以及相关的参考资料。脚注主要是指在 Word 页面底部添加的对内容有辅助性说明的文字,尾注是一种对 Word 文档中文本的补充说明,一般位于文档的末尾,列出引文的出处等。脚注和尾注都由两个互相链接的部分组成:注释引用标记和与其对应的注释文本。

5. 题注

在 Word 中,针对图片、表格、图表、公式一类的对象为它们建立的带有编号的说明段落,即称为题注。使用题注功能可以保证长文档中图片、表格或图表等项目能够顺序地自动编号。如果移动、插入或删除带题注的项目时,Word 可以自动更新题注的编号。

6. 交叉引用

在 Word 中使用交叉引用,可以在多个不同的位置使用同一个源的内容。建立交叉引用实际就是在需要引用内容的地方建立一个域,当引用源发生改变时,在引用的地方可以实现动态的更新。如可为标题、脚注、书签、题注、编号段落等创建交叉引用。

7. 书签

在 Word 中创建书签是为了方便后期快速返回文档指定位置,节约查找时间,即定位作用,比如说,在编辑或阅读一篇较长的 Word 文档时,想在某一处或几处留下标记,以便以后查找、修改,便可以在该处插入书签。

8. 批注和修订

批注是读者在阅读 Word 文档时所提出的注释、问题、建议或者其他想法。批注不会集成到文本编辑中,它们只是对文本编辑提出建议,批注本身不是文档的一部分。修订却是文档的一部分,修订是直接在文档中进行的修改。利用修订功能可以通过标记同时反映多位审阅者对文档所做的修改,这样文档的作者便可以对这些修改进行审阅,并确定接受或者拒绝这些修订。

9. 文档保护

有时候人们希望把自己的文档进行加密,或者根据浏览者的职位不同或者职能不同,对文档的修改也有一定的限制,或者只允许指定的用户查看文档内容。在 Word 2010 中,也提供了各种文档保护措施。

 **任务实施**

在 Word 2010 中,可以通过插入分隔符和页眉页脚,添加目录和页面背景,设置文档打印等操作来完善文档,本任务中完善文档的主要步骤如图 1–65 所示。

图 1–65　完善文档的主要步骤

1. 插入分节符

在正文第一页"目录"二字后插入分节符,操作方法如图 1–66 所示。

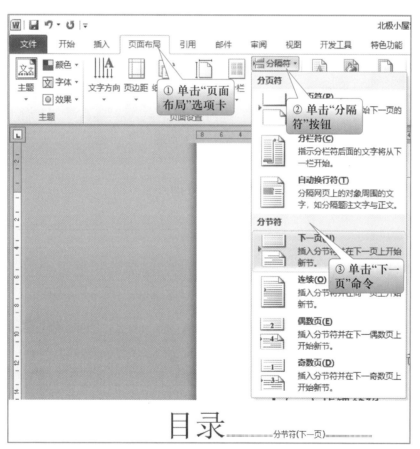

图 1–66　插入分节符

2. 插入页眉和页脚

在文档中插入页眉和页脚,页眉样式为内置"空白",字体为宋体、五号,页眉左边插入图片,并在文档第二节页面底端插入"普通数字 2"的页码,具体操作方法如下。

（1）将光标移至文档的第二节的任意一页，在"插入"选项卡中设置内置"空白"的页眉样式，如图 1–67 所示。

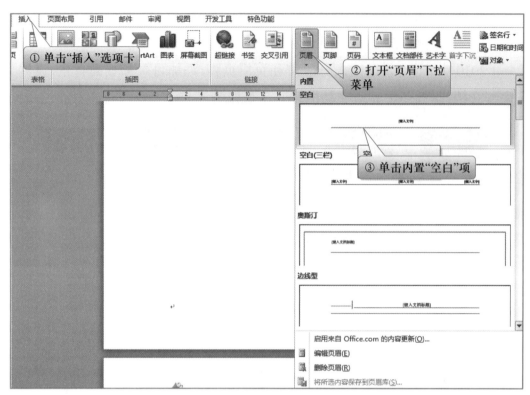

图 1–67 插入页眉

（2）在弹出的界面中输入页眉文字，如图 1–68 所示。

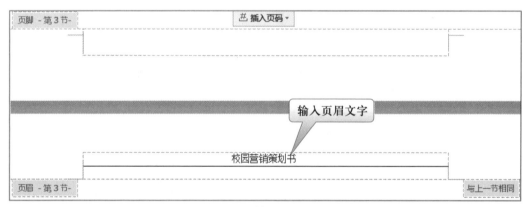

图 1–68 输入页眉文字

（3）双击，将光标定位在页眉左边，插入"页眉图片素材 .tif"，调整图片大小，操作方法如图 1–69 所示，效果如图 1–70 所示。

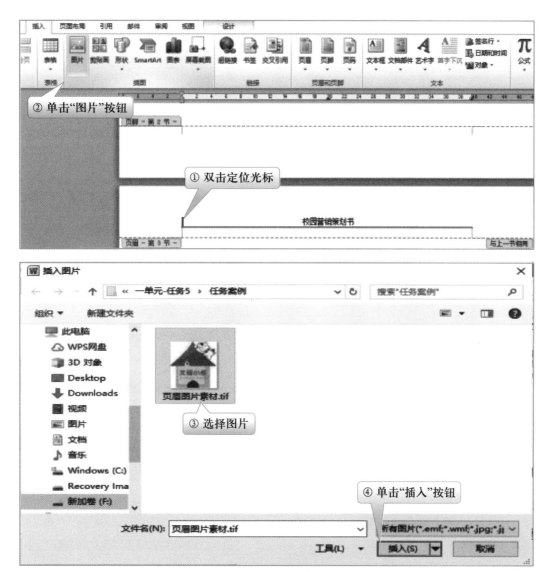

图 1-69　插入页眉图片的操作方法

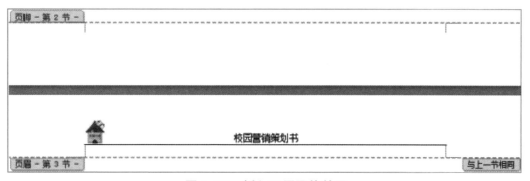

图 1-70　插入页眉图片效果

（4）双击页脚区域,在"设计"选项卡中插入"普通数字 2"的页码,操作方法如图 1-71 所示。

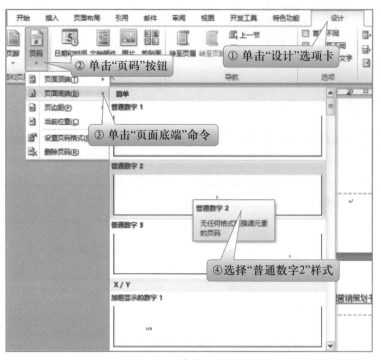

图 1-71　选择页码样式

 提示

● Word 2010 中预设了空白、边线型、传统型、瓷砖型、堆积型、反差型、反偶型、飞越型、年刊型等多种页眉和页脚的样式,可以根据需要选择。

● 如果文档设置了分节,为了与上一节页眉保持一致,可单击"设计"选项卡"导航"功能区中的"链接到前一条页眉"按钮;如果为了让页码从第二节开始,插入页码时应该关闭"链接到前一条页眉"按钮。

● 插入页码时,还可以设置页码格式,根据需要对编码格式、起始页码等进行设置。

（5）显示插入的页码效果。插入页码之后,双击文档的页面部分,切换到页面视图状态,即可看到添加页码后的效果,如图 1-72 所示。

3. 添加目录

为了方便查找策划书中的内容,需要插入目录,要求格式为"正式",显示级别为"3 级",显示页码,而且页码右对齐,不使用超链接,操作方法如图 1-73 所示,效果如图 1-74 所示。

图 1-72　插入页码后的效果

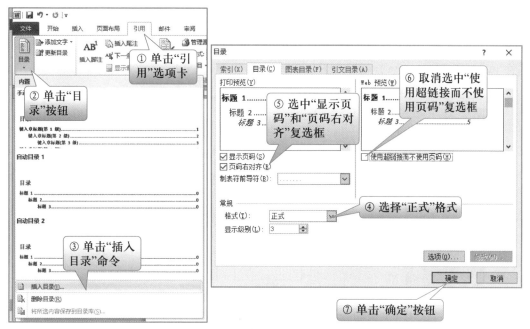

图 1-73　插入和设置目录

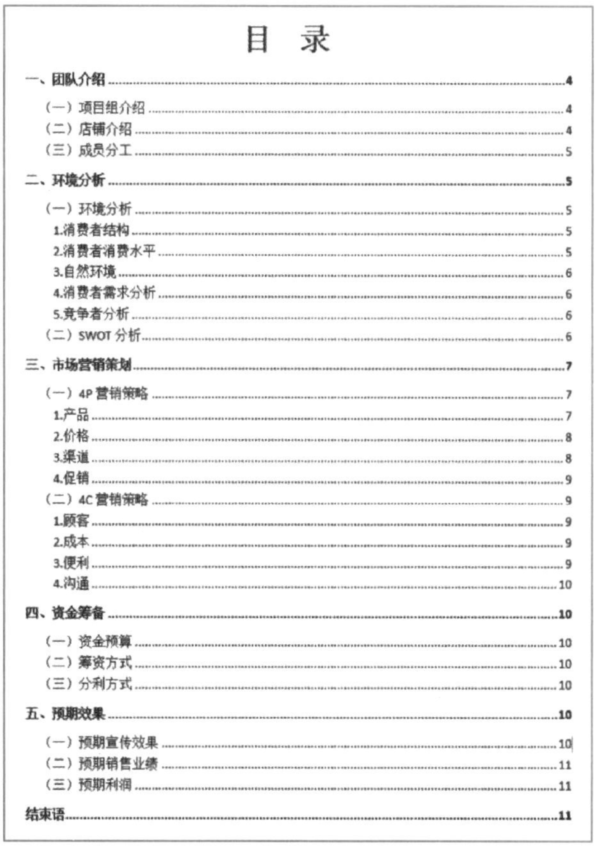

图 1-74　目录效果

4. 添加页面背景

为了保护版权，需要添加"光速队"3 个字的水印；为了美化文档，给文档添加纹理为"羊皮纸"的页面背景，同时给文档第二节添加红色心形艺术边框，边框宽度为 12 磅，具体操作方法如下。

（1）添加"光速队"水印。使用"页面布局"选项卡自定义水印，在"水印"对话框中完成设置，如图1-75所示。

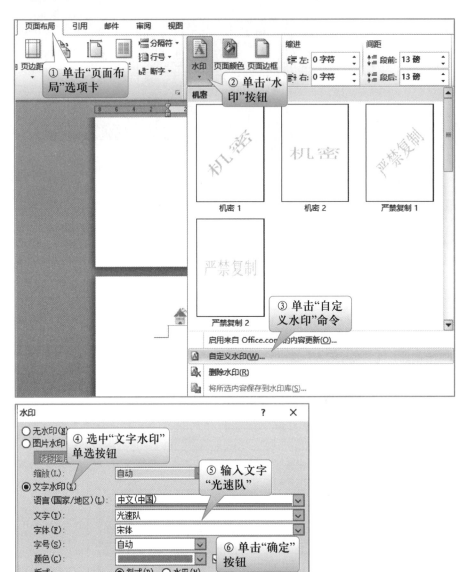

图1-75 添加水印

 提示

• 在制作水印时，可以根据需要选择内置的水印，如"机密1"等。

• 在自定义制作水印时，可以添加文字与图片两种类型的水印，添加文字水印时，可以设置字体、字号、颜色、透明度等。

• 删除文档水印：为文档添加了水印效果后，需要将水印删除，应打开文档，单击"页面布局"选项卡"页面背景"功能区中的"水印"按钮，在弹出的下拉列表中单击"删除水印"命令，即可将添加的水印删除。

（2）用"羊皮纸"纹理填充文档背景。使用"页面布局"选项卡中的"填充效果"选项完成"羊皮纸"纹理的填充，如图 1-76 所示。

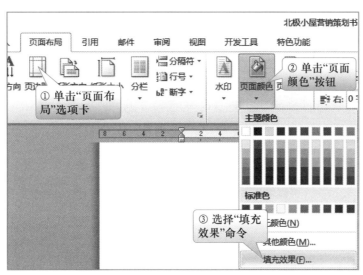

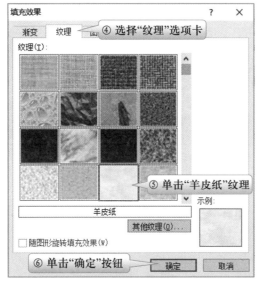

图 1-76　设置纹理填充效果

> **提示**
>
> ● 使用单色填充文档背景时，打开"页面颜色"下拉列表后，直接单击要使用的颜色，即可完成填充操作。
> ● 使用图片填充文档背景时，在选择填充文档背景的图片时，可以选择一些淡雅的图片进行填充。

（3）添加艺术型页面边框。将光标移至文档第二节的任意一页，在"页面布局"选项卡中给文档添加红色心型艺术边框，如图 1-77 所示，效果如图 1-78 所示。

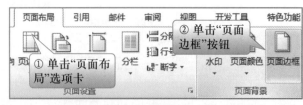

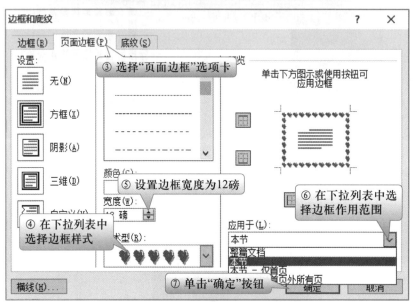

图 1-77　添加艺术型页面边框

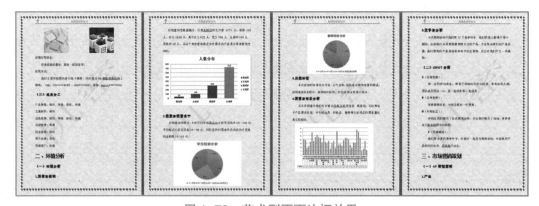

图 1-78　艺术型页面边框效果

5. 预览打印设置

在打印文档之前，通常需要预览文档的整体效果，如果不满意还可以进行修改。文档需要单面打印 1 份，使用 A4 纸，操作方法如图 1-79 所示。

图 1-79　文档打印设置

 技能拓展

1. 插入分页符和分栏符

（1）分页符。常用的插入分页符的方法如下。

• 按 Ctrl+Enter 组合键可以快速插入分页符。

• 使用"页面布局"选项卡插入分页符，如图 1-80 所示。

• 使用"插入"选项卡插入分页符，如图 1-81 所示。

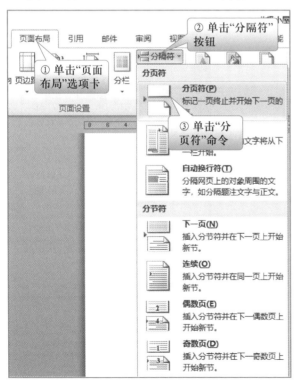

图 1-80　使用"页面布局"选项卡插入分页符

图 1-81　使用"插入"选项卡插入分页符

提示：

● 删除分页符的方法：单击"开始"选项卡"段落"功能区中的"显示 / 隐藏编辑标记"按钮，在插入分页符的地方显示出分页符标记，将光标定位到分页符的前面，按 Delete 键，分页符就被删除了。

● 在删除分节符的同时，也将删除该分节符前面文本格式的分节格式。该文本将变成下一节的一部分，并采用下一节的格式。

（2）分栏符。在分栏时，如果希望某一内容出现在下栏的顶部，则可使用插入分栏符的方法来实现。常用的插入分栏符的方法如图 1-82 所示。

2. 页边距设置

（1）选用内置页边距。设置上下各 2.54 厘米，左右各 3.18 厘米的内置页边距，操作方法如图 1-83 所示。

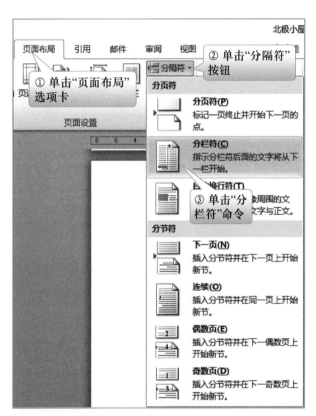

图 1-82 插入分栏符

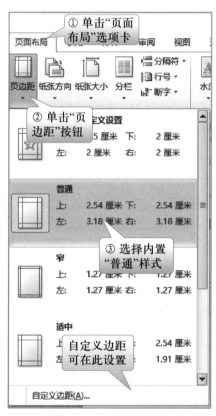

图 1-83 内置页边距设置

提 示

Word 2010 的内置页边距样式有 5 种，分别是：普通、窄、适中、宽、镜像，可以根据需要自行选择。

（2）自定义页边距。在"页面设置"对话框中自定义设置页边距，上下各 3 厘米，左右各 3.5 厘米，操作方法如图 1-84 所示。

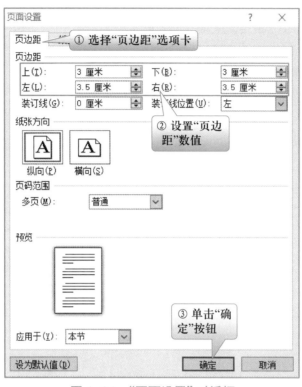

图 1-84 "页面设置"对话框

3. 插入脚注和尾注

（1）插入脚注。给文档中第一页"北极小屋"添加脚注，脚注注释文本如效果图，操作方法和效果如图 1-85 所示。

（2）插入尾注。给文档中第三页"环境分析"添加尾注，尾注注释文本如效果图，插入方法与脚注类似，效果如图 1-86 所示。

图 1-85 插入脚注和插入后的效果

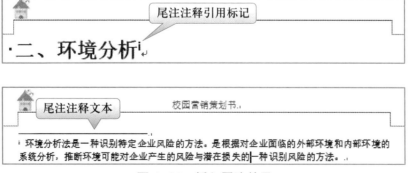

图 1-86 插入尾注效果

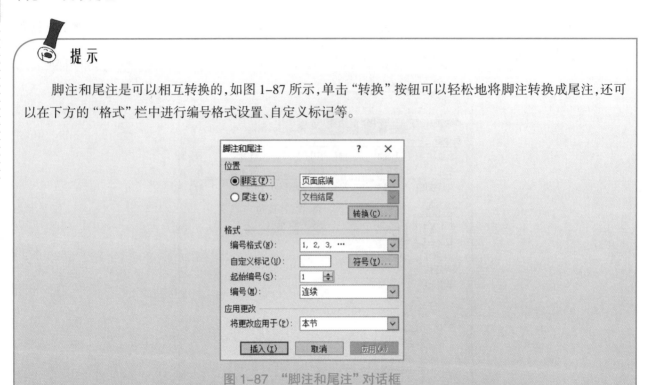

提示

　　脚注和尾注是可以相互转换的,如图 1-87 所示,单击"转换"按钮可以轻松地将脚注转换成尾注,还可以在下方的"格式"栏中进行编号格式设置、自定义标记等。

图 1-87   "脚注和尾注"对话框

4. 插入书签

(1) 使用"插入"选项卡在文档第一页"团队介绍"处添加书签,操作方法如图 1-88 所示。

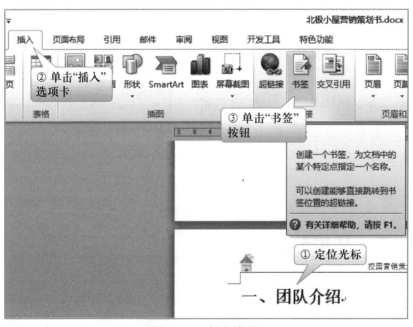

图 1-88   插入书签

（2）添加书签名"团队介绍"，操作方法如图 1-89 所示。

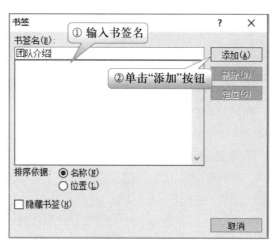

图 1-89 添加书签名

提示

注意，书签名必须以字母或汉字开头，可以包含数字和下划线，但不能包含 @、#、~ 等符号。

5. 插入题注和交叉引用

（1）插入题注。给文档第三页的"人数分布"图插入题注，题注内容为"图 1 本校人数分布图"，标签为"图"，位置在"所选项目下方"，如图 1-90 所示。

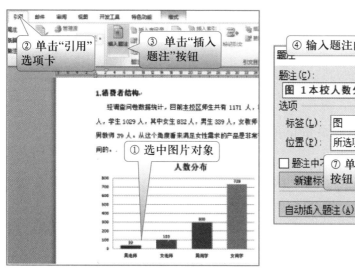
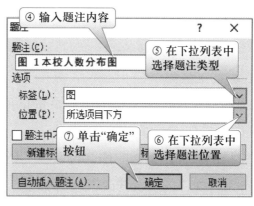

图 1-90 插入题注

提示

选择需要插入题注的目标对象,右击可以快速插入题注。

(2) 插入交叉引用。给"SWOT 分析"插入交叉引用,引用类型为"标题",引用内容为"标题文字",操作方法如图 1-91 和图 1-92 所示。

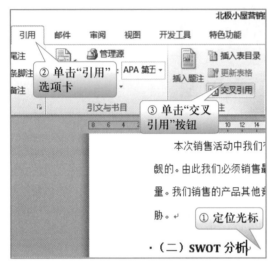

图 1-91　插入交叉引用

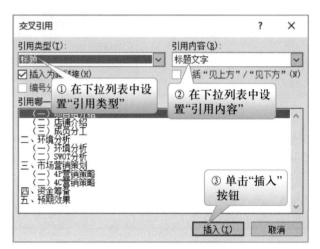

图 1-92　设置交叉引用

 提示

● 建立好引用以后,按住 Ctrl 键单击该文字,就可以直接跳转到被引用的位置上。

● 当文档中被引用项目发生了变化,如添加、删除或移动了标题,交叉引用应随之改变。如果要更新单个交叉引用则选定该交叉引用,若要更新文档中所有的交叉引用,则按 Ctrl+A 组合键选定整篇文档,再按 F9 键即可实现交叉引用的更新。

6. 文档的批注和修订

(1) 文档的批注。给文档中第六页价格范围"3~30 元"添加批注,批注内容为"此价格是否需再斟酌",操作方法如图 1-93 所示。

(2) 文档的修订。文档的修订可以在"审阅"选项卡中完成,如图 1-94 所示。启动修订模式后,接下来对文件的所有修改都会有标记。

修订有 4 种显示方式,如图 1-95 所示。

① 最终:显示标记——显示修订后的内容(有修订标记,并在右侧显示出对原文的操作,如删除、格式调整等)。

② 最终状态——只显示修订后的内容(不含任何标记)。

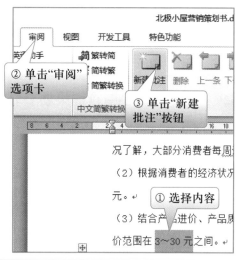

图 1-93 添加批注

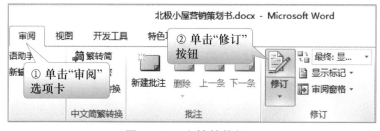

图 1-94 文档的修订

图 1-95 "修订"的 4 种显示状态

③ 原始：显示标记——显示原文的内容(有修订标记,并在右侧显示出修订操作,如添加的内容等)。

④ 原始状态——只显示原文(不含任何标记)。

再单击一次"修订"按钮,让其背景变成白色关闭修订。

> **提示**
>
> 如果要接受修订内容,可以单击"审阅"选项卡"更改"功能区中的"接受"按钮,在下拉菜单中选择"接受所有显示的修订"或"接受对文档的所有修订"命令。

7. 文档的保护

在 Word 2010 中可以各种方式保护文档,如仅授予某些用户编辑、批注或读取文档的权限,具体操作方法如下。

(1) 在"文件"选项卡中单击"信息",单击"保护文档"按钮,具体操作如图 1-96 所示。

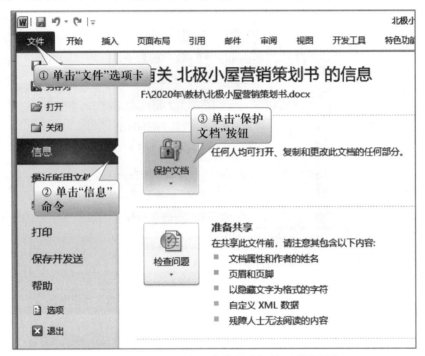

图 1-96　"文件"选项卡中的"保护文档"按钮

(2) 在下拉列表中单击"限制编辑"命令,如图 1-97 所示。

(3) 打开"限制格式和编辑"任务窗格,随后再进行相应的限制设置,如图 1-98 所示。

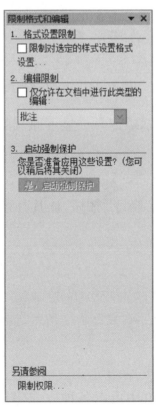

图 1-97　"保护文
档"按钮的下拉列表

图 1-98　"限制格
式和编辑"任务窗格

讨论与学习

1. 在 Word 2010 中,设置页边距影响原有的段落缩进吗?
2. 如何隐藏和删除批注?
3. 如何设置奇偶页不同的页眉、页脚和页码?
4. 分页符和分节符有什么不同?

 巩固与提高

何薇同学制作了一份"职业生涯规划",请你参照样张文件"样张 1–5–1.pdf",帮她把文档进一步完善。打开"练习素材 1–5–1.docx",具体要求如下。

1. 在文档第二页"目录"后插入分节符,并插入"正式"目录,目录字体为黑体、5 号。
2. 给文档设置页边距,上下各 2.5 厘米,左右各 3 厘米。
3. 给文档插入页眉"职业生涯规划",并从正文开始在页面底端插入页码。
4. 按照自己的想法给文档添加页面背景。

任务 6　使用邮件合并

在 Word 2010 中使用邮件合并功能的前提是要有数据源(Word 表格、电子表格、数据库)等,即一个标准的二维数据表,然后就可以使用邮件合并功能很方便地按一个记录一页(或多页)的方式打印出来。

 任务情景

通过前面任务的学习,同学们已经完成了北极小屋营销策划书的制作,"光速队"即将按照策划进行销售实践,销售需要客户,经过讨论,大家决定邀请家长代表、老师、同学来参加营销会,为表达诚意,将为每位被邀请者发一份邀请函,接下来的工作就是利用邮件合并功能批量制作营销会邀请函。

 知识准备

1. 邮件合并的功能

"邮件合并"是 Word 的高级应用,其功能是批量生成(打印、发送)文档,在办公自动化方面用处很大。公司、企业、学校、政府等经常要发大量通知、商品邮寄广告、录取通知书、成绩单、会议邀请函等,使用 Word 中的"邮件合并"功能可大大提高工作效率,具有很高的实用性。

2. 邮件合并的元素

要实现邮件合并功能,必须具备主文档和数据源两个文件。

(1) 主文档。主文档是指在 Word 2010 的邮件合并操作中,包含着每个分类文档所共有的标准文字和图形,也就是指邮件合并内容中固定不变的部分,如信函中的通用部分、信封的版式等。

(2) 数据源。数据源是包含着合并到文档中需要变化的信息的文件,也就是数据记录表,该表格可以是 Word 表格,也可以是 Excel 表格。

 任务实施

邮件合并通常可以采用 Word 2010 中的"邮件"选项卡中的各项功能来完成,"光速队"要使用邮件合并完成邀请函的批量制作,可以通过如图 1–99 所示的步骤实施。

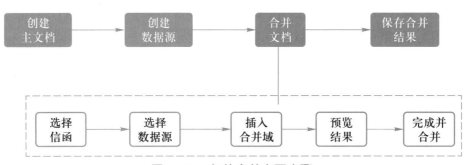

图 1–99   邮件合并主要步骤

采用"邮件"选项卡功能区中的各项功能来完成邮件合并,具体操作方法如下。

(1) 创建"邀请函——数据源 .docx",文档中的内容如图 1–100 所示。

"光速队"校园展销会邀请家长参会时段区域安排表			
姓名	称谓	参会时段	参会区域
张轩瑞	妈妈	上午	A 区
张宇豪	爷爷	上午	B 区
汪梦琪	爸爸	下午	C 区
刘佳雨	姐姐	下午	C 区
张灯	妈妈	下午	B 区
夏洁栖	妈妈	下午	A 区
周军	爸爸	上午	A 区
彭雨欣	奶奶	上午	B 区
刘涛	哥哥	上午	C 区
陈剑桥	妈妈	下午	A 区

图 1–100   "邀请函"数据源

(2) 创建"邀请函——主文档 .docx",文档中的内容如图 1–101 所示。

(3) 合并文档。

① 选择"信函",操作方法如图 1–102 所示。

② 选择收件人,操作方法如图 1–103 所示。

图 1-101 "邀请函" 主文档

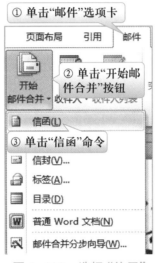

图 1-102 选择"信函"

图 1-103 选择收件人

③ 插入合并域。操作方法如图 1–104 所示，效果如图 1–105 所示。

④ 预览结果。预览效果如图 1–106 所示。

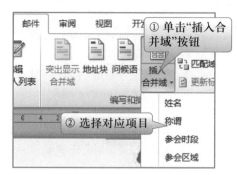

图 1–104 插入合并域

图 1–105 插入合并域效果

图 1–106 预览效果

⑤ 完成并合并。操作方法如图 1–107 所示,最终会生成一个新文档,该文档包含了所有发给家长的邀请函,如图 1–108 所示。

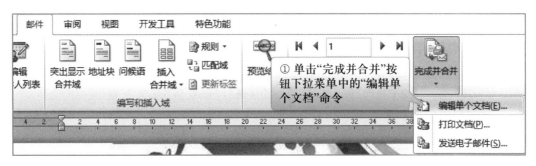

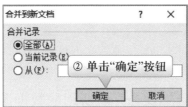

图 1–107 完成合并到新文档

图 1–108 生成的邮件合并新文档

(4) 保存合并结果。

完成邮件合并后,将生成的邮件合并新文档另存为"邮件合并—结果 .docx"。

提 示

● 邮件合并还可以使用"邮件合并分步向导"来完成,方法是打开主文档之后,单击"邮件"选项卡"开始邮件合并"功能区中的"开始邮件合并"按钮,在下拉菜单中选择"邮件合并分步向导"命令,根据提示一步一步完成。

● 在"完成并合并"的下拉列表中,单击"编辑单个文档"命令会生成一个名为"信函1"的新文档;单击"打印文档"命令会直接将合并的结果打印出来;单击"发送电子邮件"命令会直接将合并结果发送给别人。

● 在"合并到新文档"对话框中,可以根据需要选择合并全部记录还是部分记录。

 技能拓展

1. 修改数据源

在 Word 2010 中,可以修改进行邮件合并时所用的数据源,修改数据源后进行保存并关闭,接下来需要在主文档中重新合并数据到新文档。

2. 设置显示格式

在 Word 2010 中进行邮件合并时,可以在主文档中统一设置格式,插入的合并域也可以设置格式,这样生成的新文档中的每一页都会按设置的相应格式显示。

 讨论与学习

1. "邮件合并"组成要素有哪些?
2. 在插入数据源之后、插入合并域之前,能对数据进行的操作有哪些?

巩固与提高

"光速队"为了答谢家长、老师和同学们的支持,队长准备向消费额超过 100 元的人发一份"获奖通知单"。通知他们来领取答谢礼品,"获奖通知单"的主文档如图 1–109 所示,数据源如图 1–110 所示,请使用邮件合并功能生成每位获奖人员的新文档并打印(主文档也可以自行设计)。

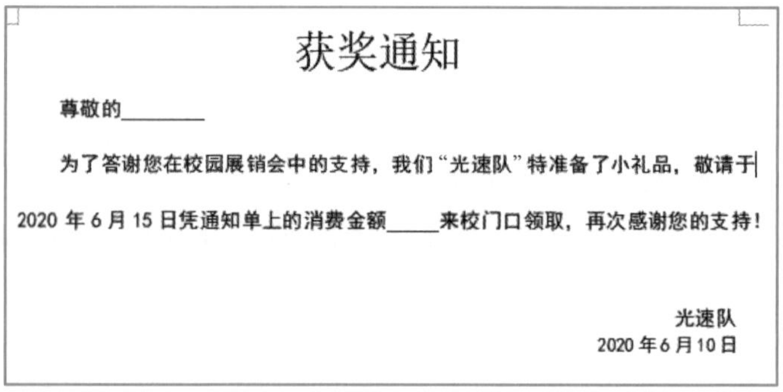

获奖通知

尊敬的_____

为了答谢您在校园展销会中的支持,我们"光速队"特准备了小礼品,敬请于 2020 年 6 月 15 日凭通知单上的消费金额____来校门口领取,再次感谢您的支持!

光速队
2020 年 6 月 10 日

图 1–109　"获奖通知"主文档

2020"光速队"销售情况表		
姓名	称谓	消费金额（元）
张瑞	同学	80
张小宸	同学	110
汪晨琪	爸爸	120
刘雨	老师	150
张其	同学	200
夏叶	同学	60
周军	爸爸	30
彭雨欣	奶奶	110
刘涛	哥哥	130
陈剑桥	妈妈	240
张涛	同学	60
丁世杰	老师	50
郑军	同学	30

图 1-110 "获奖通知"数据源

单 元 小 结

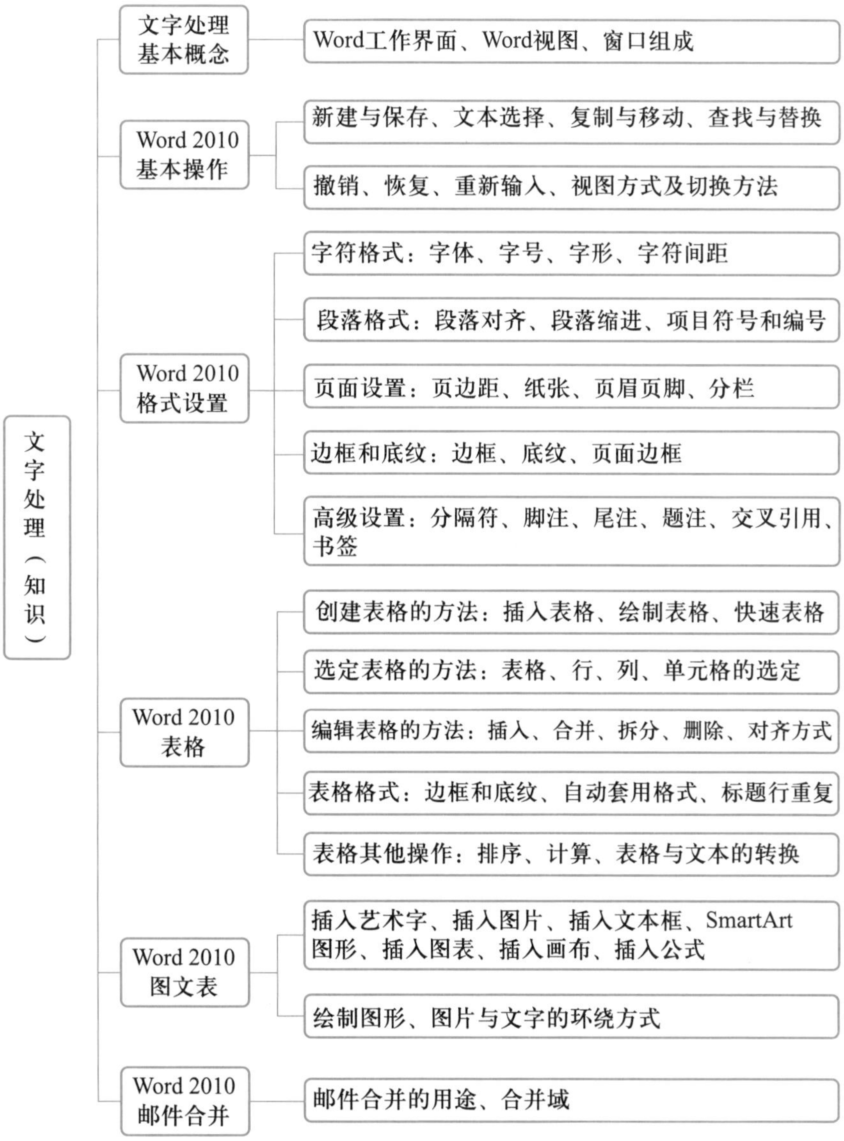

文字处理（知识）

- 文字处理基本概念 —— Word工作界面、Word视图、窗口组成
- Word 2010 基本操作
  - 新建与保存、文本选择、复制与移动、查找与替换
  - 撤销、恢复、重新输入、视图方式及切换方法
- Word 2010 格式设置
  - 字符格式：字体、字号、字形、字符间距
  - 段落格式：段落对齐、段落缩进、项目符号和编号
  - 页面设置：页边距、纸张、页眉页脚、分栏
  - 边框和底纹：边框、底纹、页面边框
  - 高级设置：分隔符、脚注、尾注、题注、交叉引用、书签
- Word 2010 表格
  - 创建表格的方法：插入表格、绘制表格、快速表格
  - 选定表格的方法：表格、行、列、单元格的选定
  - 编辑表格的方法：插入、合并、拆分、删除、对齐方式
  - 表格格式：边框和底纹、自动套用格式、标题行重复
  - 表格其他操作：排序、计算、表格与文本的转换
- Word 2010 图文表
  - 插入艺术字、插入图片、插入文本框、SmartArt图形、插入图表、插入画布、插入公式
  - 绘制图形、图片与文字的环绕方式
- Word 2010 邮件合并 —— 邮件合并的用途、合并域

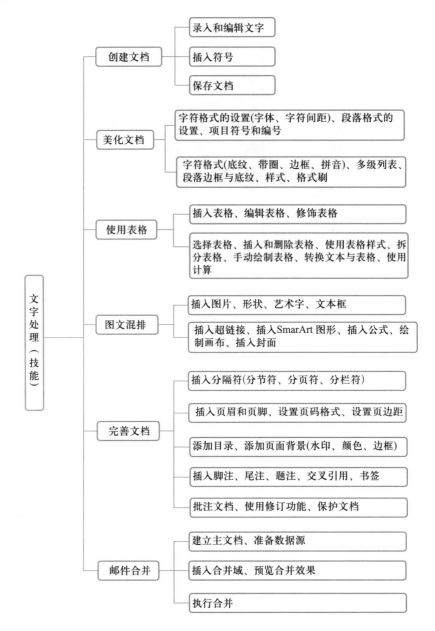

综合实训 1

一、制作店铺宣传单

1. 请根据你在校园销售活动中经营的产品和营销活动,制作一张图文混排的店铺宣传单,可参考图 1-111。

2. 主题为店铺宣传。

3. 必须包含图片和文字。

4. 必须包含至少一个店铺在线服务二维码(如 QQ、微信、公众号、抖音号等)。

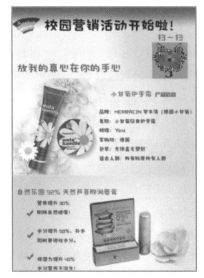

图 1-111　参考效果图

二、中职生职业生涯规划书

1. 打开素材"中职生职业生涯规划书 .docx",参考样张对中职生职业生涯规划书进行美化。

2. 封面单独成页,参考样张添加图 1、图 2,添加艺术字"中职生职业生涯规划书"。

3. 封底单独成页,参考样张添加图 3、图 4。

4. 目录单独成页,标题字体为宋体、小二、加粗、居中,段前段后间距为 1 行。

5. 设置标题样式,自动生成目录,显示二级标题,目录内容字体为宋体、小四。

6. 前言单独成页,标题字体为宋体、小二、加粗、居中,段前段后间距为 1 行。

7. 一级标题编号为:"一 . 二 . 三 .",字体为宋体、小三、加粗、居左。

8. 二级标题编号为:"1.2.3.",字体为宋体、四号、加粗、居左。

9. 结束语标题字体为宋体、小二、加粗、居中,段前段后间距为 1 行。

10. 正文字体设置为宋体、小四,行距为 1.5 倍。

11. 按照样张样式添加页眉页码,并设置为首页不同。

习题 1

一、填空题

1. Word 2010 是_____公司推出的办公应用软件的套件之一。

2. 启动 Word 后,Word 会自动创建一个名为_____的空白文档。

3. 编辑完文档,如果要退出 Word,最简单的方法是_____击标题栏上的 Word 图标。

4. 在 Word 2010 窗口的工作区中,闪烁的垂直条表示_____。

5. Word 2010 把格式化分为三类设置,分别是字符、_____和页面格式化。

6. Word 2010 文档的默认文件扩展名是_____。

7. 在 Word 2010 中,保存文件的快捷键是_____。

8. 在 Word 2010 文档中绘制正方形,步骤是单击"矩形"按钮,按住_____键的同时拖动鼠标。

9. 在 Word 2010 表格中,对当前单元格左边的所有单元格中的数值求和,应使用_____公式。

10. 在 Word 2010 文档中,要截取计算机屏幕的内容,可以利用 Word 2010 提供的_____功能。

11. 在 Word 2010 和 Word 2007 窗口界面中,最大的改变是将_____按钮变成"文件"选项卡。

12. 在 Word 2010 中可以利用_____图形制作出表示流程、层次结构、循环或关系的图形。

13. 在 Word 2010 中,如果输入的字符替换或覆盖插入点后的字符,这种方式叫_____。

14. 在 Word 2010 编辑状态下,拖动标尺左侧上面的倒三角可设定_____。

15. 在 Word 2010 编辑状态下,拖动标尺左侧下面的小方块可设定_____。

16. 如果要在 Word 2010 文档中寻找一个关键词,需使用_____选项卡中的"查找"命令。

17. 在 Word 2010 文档中,给选定的文本添加阴影、发光或映像等外观效果的命令称为_____。

18. 在 Word 2010 中编辑表格时,插入列是指在选定列的_____边插入一列。

19. 在 Word 2010 文档中,设置首字下沉,可切换到_____选项卡,单击_____功能区中的_____按钮进行设置。

20. 在 Word 2010 中,文档中两行之间的间隔叫_____。

21. 在 Word 2010 中,完成一篇文档的编辑排版后,选择"文件"选项卡中的_____命令,可以先查看整篇文档的整体打印效果,然后再执行打印操作。

22. 在 Word 2010 中,分隔符包括分页符、分栏符和换行符,其中将插入点后的内容移到下一页的分隔符是_____。

23. 打开一个 Word 2010 文档,默认的纸张大小是_____。

24. 设置文档的纸张方向应在_____对话框中进行。

25. 打印的快捷键是_____。

26. 若要在文档中加入页眉、页脚,应当使用_____选项卡中的"页眉、页脚"按钮。

27. 对页眉页脚编辑完成后,可_____就进入正文的编辑状态。

28. 如果要使文档具有类似报纸的分栏效果,可以单击_____选项卡中的_____按钮。

29. 在 Word 2010 中,编者对文章的修改订正应当使用_____选项卡中的"修订"命令。

30. 在 Word 2010 中插入目录时,在_____选项卡中单击"目录"按钮,在弹出的下拉菜单中选择相应命令来完成。

二、单项选择题

1. Word 具有的功能是(　　)。

　　A. 表格处理　　　　　B. 绘制图形　　　　　C. 自动更正　　　　　D. 以上三项都是

2. 通常情况下,下列选项中不能用于启动 Word 2010 的操作是(　　)。

　　A. 双击 Windows 桌面上的 Word 2010 快捷方式图标

　　B. 单击"开始"→"所有程序"→"Microsoft Office"→"Microsoft Word 2010"命令

　　C. 在 Windows 资源管理器中双击 Word 文档图标

　　D. 单击 Windows 桌面上的 Word 2010 快捷方式图标

3. 在 Word 2010 中,用快捷键退出 Word 的最快方法是(　　)。

　　A. Alt+F4　　　　　B. Alt+F5　　　　　C. Ctrl+F5　　　　　D. Alt+Shift

4. 下面关于 Word 标题栏的叙述中,错误的是(　　　)。

　　A. 双击标题栏,可最大化或还原 Word 窗口

　　B. 拖曳标题栏,可将最大化窗口拖到新位置

　　C. 拖曳标题栏,可将非最大化窗口拖到新位置

　　D. 以上三项都是

5. 在 Word 2010 中,"文件"选项卡下的"最近所用文件"选项所对应的文件是(　　　)。

　　A. 当前被操作的文件　　　　　　　　　B. 当前已经打开的 Word 文件

　　C. 最近被操作过的 Word 文件　　　　　D. 扩展名是 .docx 的所有文件

6. 在 Word 2010 编辑状态中,能设定文档行距的功能按钮位于(　　　)中。

　　A. "文件"选项卡　　　　　　　　　　　B. "开始"选项卡

　　C. "插入"选项卡　　　　　　　　　　　D. "页面布局"选项卡

7. Word 2010 中的文本替换功能所在的选项卡是(　　　)。

　　A. "文件"　　　　　B. "开始"　　　　　C. "插入"　　　　　D. "页面布局"

8. 在 Word 2010 的编辑状态下,"开始"选项卡"剪贴板"功能区中的"剪切"和"复制"按钮呈浅灰色而不能用时,说明(　　　)。

　　A. 剪切板上已经有信息存放了　　　　　B. 在文档中没有选中任何内容

　　C. 选定的内容是图片　　　　　　　　　D. 选定的文档太长,剪贴板放不下

9. 在 Word 2010 中,可以很直观地改变段落的缩进方式,调整左右边界和改变表格的列宽,应该利用(　　　)。

　　A. 字体　　　　　　B. 样式　　　　　　C. 标尺　　　　　　D. 编辑

10. 在 Word 2010 的编辑状态下,文档窗口显示出水平标尺,拖动水平标尺上的"首行缩进"滑块,则(　　　)。

　　A. 文档中各段落的首行起始位置都重新确定

　　B. 文档中被选择的各段落首行起始位置都重新确定

　　C. 文档中各行的起始位置都重新确定

　　D. 插入点所在行的起始位置被重新确定

11. 在 Word 2010 文档中,每个段落都有自己的段落标记,段落标记的位置在(　　　)。

　　A. 段落的首部　　　　　　　　　　　　B. 段落的结尾处

　　C. 段落的中间位置　　　　　　　　　　D. 段落中,但用户找不到的位置

12. 在 Word 2010 中,能够切换"插入和改写"两种编辑状态的操作是(　　　)。

　　A. 按 Ctrl+I 组合键　　　　　　　　　　B. 按 Shift+I 组合键

　　C. 单击状态栏中的"插入"或"改写"按钮　D. 单击状态栏中的"修订"按钮

13. 根据文件的扩展名,下列属于 Word 2010 文档的是(　　　)。

　　A. text.wav　　　　B. text.txt　　　　　C. text.png　　　　　D. text.docx

14. 在 Word 2010 的编辑状态中,可以显示页面四角的视图方式是(　　　)。

　　A. 草稿视图　　　　B. 大纲视图　　　　C. 页面视图　　　　D. 阅读版式视图

15. 在 Word 2010 中编辑文档时,为了使文档更清晰,可以对页眉页脚进行编辑,如输入时间、日期、页码、文字等,但要注意的是页眉页脚只允许在(　　　)中使用。

A. 大纲视图　　　　　B. 草稿视图　　　　　C. 页面视图　　　　　D. 以上都不对

16. 能够看到 Word 2010 文档的分栏效果的页面格式是(　　)视图。

A. 页面　　　　　　　B. 草稿　　　　　　　C. 大纲　　　　　　　D. Web 版式

17. 在 Word 2010 中,各级标题层次分明的是(　　)。

A. 草稿视图　　　　　B. Web 版式视图　　　C. 页面视图　　　　　D. 大纲视图

18. 在 Word 2010 中,能将所有的标题分级显示出来,但不显示图形对象的视图是(　　)。

A. 页面视图　　　　　B. 大纲视图　　　　　C. Web 版式视图　　　D. 草稿视图

19. 在 Word 2010 中,下列操作中不能建立一个新文档的是(　　)。

A. 在 Word 2010 中的"文件"选项卡下选择"新建"命令

B. 按"Ctrl+N"组合键

C. 单击快速访问工具栏中的"新建"按钮(若该按钮不存在,则可添加"新建"按钮)

D. 在 Word 2010 中的"文件"选项卡下选择"打开"命令

20. 在 Word 2010 中"打开"文档的作用是(　　)。

A. 将指定的文档从外存中读入,并显示出来

B. 将指定的文档从内存中读入,并显示出来

C. 为指定的文档打开一个空白窗口

D. 显示并打印指定文档的内容

21. 在 Word 2010 中,不用打开文件对话框就能直接打开最近使用过的文档的方法是(　　)。

A. 单击快速访问工具栏中的"打开"按钮

B. 在 Word 2010 中的"文件"选项卡中选择"打开"命令

C. 按 Ctrl+O 组合键

D. 在 Word 2010 中的"文件"选项卡中选择"最近"选项

22. 在 Word 2010 中的"文件"选项卡中,"最近所用文件"选项下显示文档名的个数最多可设置为(　　)。

A. 10 个　　　　　　　B. 20 个　　　　　　　C. 25 个　　　　　　　D. 50 个

23. 在 Word 2010 的编辑状态中,当前正编辑一个新建文档"文档 1",当执行"文件"选项卡中的"保存"命令后,(　　)。

A. "文档 1"被存盘　　　　　　　　　　　B. 弹出"另存为"对话框,供进一步操作

C. 自动以"文档 1"为名存盘　　　　　　　D. 不能以"文档 1"为名存盘

24. 在 Word 2010 的编辑状态中,打开了一个文档编辑,再进行"保存"操作后,该文档(　　)。

A. 被保存在原文件夹下　　　　　　　　　B. 可以保存在已有的其他文件夹下

C. 可以保存在新建文件夹下　　　　　　　D. 保存后文档被关闭

25. 在 Word 2010 中,对文件 A.docx 进行修改后退出时(或直接单击"关闭"按钮),Word 2010 会提示:"是否将更改保存到 A.docx 中",如果希望保留原文件,将修改后的文件存为另一文件,应当选择(　　)。

A. 保存　　　　　　　B. 不保存　　　　　　C. 取消　　　　　　　D. 帮助

26. 在输入 Word 2010 文档的过程中,为了防止意外而不使文档丢失,Word 2010 设置了自动保存功能,欲使自动保存时间间隔为 10 分钟,应依次进行的一组操作是(　　)。

A. 选择"文件"→"选项"→"保存",再设置自动保存时间间隔

B. 按 Ctrl+S 组合键

C. 选择"文件"选项卡中的"保存"命令

D. 以上都不对

27. 在 Word 2010 编辑状态下,要想删除光标前面的字符,可以按(　　)键。

　　A. Backspace　　　　B. Del(或 Delete)　　　C. Ctrl+P　　　　D. Shift+A

28. 在 Word 2010 中,欲删除刚输入的汉字"李",错误的操作是(　　)。

　　A. 单击快速访问工具栏中的"撤销"按钮　　　B. 按 Ctrl+Z 组合键

　　C. 按 Backspace 组合键　　　　　　　　　　D. 按 Delete 组合键

29. 在 Word 2010 编辑状态中,使插入点快速移动到文档末尾的操作是(　　)。

　　A. 按 Home 键　　　　　　　　　　　　　B. 按 Ctrl+End 组合键

　　C. 按 Alt +End 组合键　　　　　　　　　　D. 按 Ctrl+ Home 组合键

30. 在 Word 2010 窗口中,如果双击某行文字左端的空白处(此时鼠标指针将变为空心头状),可选择(　　)。

　　A. 一行　　　　　　B. 多行　　　　　　　C. 一段　　　　　　D. 一页

31. 不选择文本,而设置 Word 2010 字体,则(　　)。

　　A. 不对任何文本起作用　　　　　　　　　B. 对全部文本起作用

　　C. 对当前文本起作用　　　　　　　　　　D. 对插入点后新输入的文本起作用

32. 在 Word 2010 编辑状态下,"绘制文本框"按钮所在的选项卡是(　　)。

　　A."引用"　　　　　B."插入"　　　　　　C."开始"　　　　　D."视图"

33. Word 2010 的替换功能在"开始"选项卡的(　　)功能区中。

　　A."剪贴板"　　　　B."字体"　　　　　　C."段落"　　　　　D."编辑"

34. 在 Word 2010 中,下列叙述正确的是(　　)。

　　A. 不能够将"考核"替换为"kaohe",因为一个是中文,一个是英文字符串

　　B. 不能够将"考核"替换为"中级考核",因为它们的字符长度不相等

　　C. 能够将"考核"替换为"中级考核",因为替换长度不必相等

　　D. 不可以将含空格的字符串替换为无空格的字符串

35. 在 Word 2010 文档中插入数学公式,在"插入"选项卡中应选的按钮是(　　)。

　　A. 符号　　　　　　B. 图片　　　　　　　C. 形状　　　　　　D. 公式

36. 在 Word 2010 编辑状态中,如果要输入希腊字母 Ω,则需要使用的选项卡是(　　)。

　　A."引用"　　　　　B."插入"　　　　　　C."开始"　　　　　D."视图"

37. 在 Word 2010 编辑状态中,若要进行字体效果设置(如上标 M^2),则首先单击"开始"选项卡,在(　　)功能区中即可找到相应的设置按钮。

　　A."剪贴板"　　　　B."字体"　　　　　　C."段落"　　　　　D."编辑"

38. 在 Word 2010 的"字体"对话框中,不可以设置文字的(　　)。

　　A. 删除线　　　　　B. 行距　　　　　　　C. 字号　　　　　　D. 字符间距

39. 在 Word 2010 中,对于选定的文字不能进行设置的是(　　)。

　　A. 文字效果　　　　B. 加下划线　　　　　C. 加着重号　　　　D. 自动版式

40. 在 Word 2010 中,不缩进段落的第一行,而缩进其余的行,是指(　　)。

　　A. 首行缩进　　　　B. 左缩进　　　　　　C. 悬挂缩进　　　　D. 右缩进

41. 在 Word 2010 编辑状态中,选择了文档全文,若在"段落"对话框中设置行距为 20 磅的格式,应当选择"行距"列表框中的(　　　)。

  A. 单倍行距　　　　B. 1.5 倍行距　　　　C. 固定值　　　　D. 多倍行距

42. 在 Word 2010 中,选择某段文本,双击格式刷进行格式应用时,格式刷可以使用的次数是(　　　)。

  A. 1　　　　　　　　B. 2　　　　　　　　C. 有限次　　　　D. 无限次

43. 在 Word 2010 编辑状态下,要将另一文档的内容全部添加在当前文档的当前光标处,应选择的操作是依次单击(　　　)。

  A. "文件"选项卡和"打开"选项　　　　　　B. "文件"选项卡和"新建"选项

  C. "插入"选项卡和"对象"按钮　　　　　　D. "文件"选项卡和"超链接"按钮

44. 在 Word 2010 中,下面关于页眉和页脚的叙述错误的是(　　　)。

  A. 一般情况下,页眉和页脚适用于整个文档

  B. 在编辑"页眉与页脚"时可同时插入时间和日期

  C. 在页眉和页脚中可以设置页码

  D. 一次可以为每一页设置不同的页眉和页脚

45. 在 Word 编辑状态下,对当前文档中的文字进行"字数统计"操作,应当使用的是(　　　)。

  A. "字体"功能区　　B. "段落"功能区　　C. "样式"功能区　　D. "校对"功能区

46. 在 Word 2010 中,如果使用了项目符号或编号,则项目符号或编号在(　　　)时会自动出现。

  A. 每次按回车键　　　　　　　　　　B. 一行文字输入完毕并按回车键

  C. 按 Tab 键　　　　　　　　　　　　D. 文字输入超过右边界

47. 若要设定打印纸张大小,在 Word 2010 中可在(　　　)进行。

  A. "开始"选项卡的"段落"功能区中

  B. "开始"选项卡的"字体"功能区中

  C. "页面布局"选项卡的"页面设置"功能区中

  D. 以上说法都不正确

48. 在 Word 2010 中,打印页码 5-7,9,10,表示打印的页码是(　　　)。

  A. 第 5、7、9、10 页　　　　　　　　　B. 第 5、6、7、9、10 页

  C. 第 5、6、7、8、9、10 页　　　　　　　D. 以上说法都不对

49. 在 Word 2010 中,可以把预先定义好的多种格式的集合全部应用在选定的文字上的特殊文档称为(　　　)。

  A. 母版　　　　　　B. 项目符号　　　　C. 样式　　　　　　D. 格式

50. 在 Word 2010 中,单击"插入"选项卡中的"表格"按钮,然后选择"插入表格"命令,则(　　　)。

  A. 只能选择行数　　　　　　　　　　B. 只能选择列数

  C. 可以选择行数和列数　　　　　　　D. 只能使用表格设定的默认值

51. 可以在 Word 2010 表格中填入的信息(　　　)。

  A. 只限于文字形式

  B. 只限于数字形式

  C. 可以是文字、数字和图形对象等

  D. 只限于文字和数字形式

52. 在 Word 2010 中,如果插入表格的内外框线是虚线,假如光标在表格中(此时会自动出现"表格工具"选项卡,其中有"设计"和"布局"选项),要想将框线变为实线,应使用的命令(按钮)是( )。

 A."开始"选项卡中的"更改样式"

 B."设计"选项卡"边框"下拉列表中的"边框和底纹"

 C."插入"选项卡中的"形状"

 D. 以上都不对

53. 在 Word 2010 中,在"表格属性"对话框中可以设置表格的对齐方式、行高和列宽等,选择表格后会自动出现"表格工具"选项卡,"表格属性"在"布局"选项卡的( )功能区中。

 A."表" B."行和列" C."合并" D."对齐方式"

54. 在 Word 2010 编辑状态下,若想将表格中连续三列的列宽调整为 1 厘米,应该先选中这三列,然后在( )对话框中设置。

 A."行和列" B."表格属性" C."套用格式" D. 以上都不对

55. 在 Word 2010 中,表格和文本是可以互相转换的,有关它的操作不正确的说法是( )。

 A. 文本能转换成表格 B. 表格能转换成文本

 C. 文本与表格可以相互转换 D. 文本与表格不能相互转换

56. 在 Word 2010 表格中求某行数值的平均值,可使用的统计函数是( )。

 A. Sum( ) B. Total( ) C. Count( ) D. Average( )

57. 对于 Word 2010 中表格的叙述,正确的是( )。

 A. 表格中的数据不能进行公式计算 B. 表格中的文本只能垂直居中

 C. 可对表格中的数据排序 D. 只能在表格的外框画粗线

58. 在 Word 2010 编辑状态下,插入图形并选择图形将自动出现"绘图工具"选项卡,插入图片并选择图片将自动出现"图片工具"选项卡,关于它们的"格式"选项卡说法不正确的是( )。

 A. 在"绘图工具 | 格式"选项卡中有"形状样式"功能区

 B. 在"绘图工具 | 格式"选项卡中有"文本"功能区

 C. 在"图片工具 | 格式"选项卡中有"图片样式"功能区

 D. 在"图片工具 | 格式"选项卡中没有"排列"功能区

59. 在 Word 2010 中,当文档中插入图片对象后,可以通过设置图片的文字环绕方式进行图文混排,下列哪个不是 Word 提供的文字环绕方式? ( )

 A. 四周型 B. 衬于文字下方 C. 嵌入型 D. 左右型

60. 在 Word 2010 窗口的状态栏中显示的信息不包括( )。

 A. 页面信息 B."插入"或"改写"状态

 C. 当前编辑的文件名 D. 字数信息

61. 在 Word 中,如果要使文档内容横向打印,在"页面设置"对话框中应选择的选项卡是( )。

 A. 文档网格 B. 纸张 C. 版式 D. 页边距

62. 下列能够预览文档打印效果的操作是( )。

 A. 单击"文件"选项卡中的"新建"命令

 B. 单击快速访问工具栏上的"快速打印"按钮

 C. 单击"开始"选项卡中的"粘贴"按钮

D. 单击"文件"选项卡中的"打印"命令

63. 在 Word 2010 中,有关"分栏"的操作或说法正确的是(   )。

    A."分栏"的设定在"段落"对话框中进行

    B."分栏"的设定在"字体"对话框中进行

    C."分栏"的最大值只能设置为 3 栏

    D."分栏"的效果在草稿视图中不能够看到

64. "页码"按钮位于哪个选项卡下?(   )

    A. 文件   B. 开始   C. 插入   D. 页面布局

65. 下面说法中不正确的是(   )。

    A. 插入页码时可以将页码插入文档页面的右下方

    B."页码"按钮在"插入"选项卡下

    C. 插入页码后不可以再进行修改

    D. 可以对页码编号的格式进行编辑

66. 在页面视图方式下,对整个文档执行分栏操作,显示的文档内容全部居于页面的左侧,页面右侧为空白,最可能的原因是(   )。

    A. 在"分栏"对话框中选择了"一栏"

    B. 在"分栏"对话框中选择了"偏左"

    C. 在"分栏"对话框中选择了"偏右"

    D. 相对页面,文档太短,全部内容在左栏中已经排完

67. 要删除一个脚注,应怎样操作?(   )

    A. 将插入点移到页面底端,删除注释内容

    B. 在"引用"选项卡中打开"脚注和尾注"对话框,单击其中的"取消"

    C. 在文档中删除该脚注的注释标记

    D. 在文档中将被注释的词句删除

68. 在打印预览中显示的文档外观与下面哪个视图下显示的外观完全相同?(   )

    A. 草稿视图   B. 页面视图   C. 大纲视图   D. 阅读版式视图

69. 在 Word 2010 中,页眉和页脚的作用范围是(   )。

    A. 全文   B. 节   C. 页   D. 段

70. 在 Word 2010 中,能够浏览背景设置效果的视图模式是(   )。

    A. 普通视图   B. Web 版式视图   C. 页面视图   D. 大纲视图

三、多项选择题

1. 下列段落对齐中属于 Word 2010 的对齐效果是(   )。

    A. 左对齐   B. 右对齐   C. 居中对齐   D. 分散对齐

2. 下列段落缩进属于 Word 2010 的缩进效果是(   )。

    A. 左缩进   B. 右缩进   C. 分散缩进   D. 首行缩进

3. 关于保存与另存为的说法正确的有(   )。

    A. 在文件第一次保存时,两者功能相同

    B. 两者在任何情况下都相同

C. 另存为可以将文件另外以不同的路径和文件名保存一份

D. 用另存为保存的文件不能与原文件同名

4. 关于制表位,说法正确的是(　　　　)。

A. 按 Tab 键,切换到下一制表位

B. 在水平标尺上,可对制表位进行设置、删除、移动

C. 竖线对齐方式可让文本垂直方向比较齐

D. 不可一次清除所有制表位

5. 在 Word 2010 中,保存一个文件的方法有(　　　　)。

A. 单击标题栏上的"保存"按钮　　　　　　　B. 单击"文件"选项卡中的"保存"命令

C. 按 Ctrl+S 组合键　　　　　　　　　　　D. 利用功能键 F12

6. 在 Word 2010 中,删除制表位的方法有(　　　　)。

A. 将制表位拖到标尺以外的区域

B. 将制表位在标尺上水平左右拖动

C. 双击制表位所在的位置,在出现的对话框中进行删除

D. 单击"开始"选项卡"段落"功能区中的"制表位"按钮,在出现的对话框中进行删除

7. 按(　　　　)键可在 Word 2010 表格中快速插入一行。

A. Tab　　　　　　　B. Shift+Tab　　　　　　C. Enter　　　　　　D. Ctrl+Enter

8. 项目符号可以是(　　　　)。

A. 文字　　　　　　　B. 符号　　　　　　　C. 图片　　　　　　D. 表格

9. 有关拆分 Word 2010 文档窗口的方法正确的是(　　　　)。

A. 按 Ctrl+Enter 组合键

B. 按 Ctrl+Alt+S 组合键

C. 拖动垂直滚动条上方的拆分按钮

D. 在"视图"选项卡"窗口"功能区中单击"拆分"按钮

10. 关于 Word 2010 中的云形标注,下面哪些说法是正确的? (　　　　)

A. 在云形标注中可以插入图片

B. 在云形标注中不可以插入图片

C. 在云形标注中可以使用项目符号和编号

D. 在云形标注中不可以使用项目符号和编号

11. 利用"带圈字符"命令可以给字符加上(　　　　)。

A. 圆形　　　　　　　B. 正方形　　　　　　C. 菱形　　　　　　D. 三角形

12. 在修改图形的大小时,若想保持其长宽比例不变,应该怎样操作? (　　　　)

A. 用鼠标拖动四角上的控制点

B. 按住 Shift 键,同时用鼠标拖动四角上的控制点

C. 按住 Ctrl 键,同时用鼠标拖动四角上的控制点

D. 在"布局"对话框中锁定纵横比

13. 关于 Word 2010 表格,下列说法正确的是(　　　　)。

A. 可以删除表格中的某行　　　　　　　　　B. 可以删除表格中的某列

C. 按 Delete 键,可删除表格的内容　　　　D. 按 Delete 键,可删除整个表格

14. 以下关于"项目符号"的说法正确的是(　　　　)。

A. 可以使用"项目符号"按钮来添加　　　　B. 可以自己设计项目符号的样式

C. 可以使用软键盘来添加　　　　D. 可以使用格式刷来添加

15. 修改字体的方法有(　　　　)。

A. 在右键快捷菜单中选择"字体"命令

B. 在"开始"选项卡"字体"功能区中修改字体

C. 在"视图"选项卡中修改字体

D. 在"页面布局"选项卡中修改字体

16. 在 Word 2010 的"查找"对话框中查找内容包括(　　　　)。

A. 格式　　　　B. 表格　　　　C. 特殊格式　　　　D. 图片

17. 在 Word 2010 中,边框可以应用到以下(　　　　)项。

A. 文字　　　　B. 段落　　　　C. 表格　　　　D. 单元格

18. 以下(　　　　)对象可以插入到 Word 2010 文档中。

A. 组织结构图　　　　B. Bmp 图形　　　　C. 图像文档　　　　D. 写字板文档

19. 在 Word 2010 中,要将 123456 转换成 6 列 1 行的表格,则应先将其分隔。下列分隔方法正确的是(　　　　)。

A. 1,2,3,4,5,6　　　　B. 1*2*3*4*5*6

C. 1/2/3/4/5/6　　　　D. 1！2！3！4！5！6

20. 关于自动更正的说法有错误的是(　　　　)。

A. 自动更正只能更正符号

B. 通过自动更正不可以将"ABCDEFG"替换为"ABC"

C. 通过自动更正不可以用符号替换文字

D. 自动更正仅限于英文

21. 下列关于 Word 2010 文档窗口的说法,错误的是(　　　　)。

A. 只能打开一个文档窗口

B. 可以同时打开多个文档窗口,被打开的窗口都是活动窗口

C. 可以同时打开多个文档窗口,但其中只有一个是活动窗口

D. 可以同时打开多个窗口,但是屏幕上只能见到一个文档窗口

22. 关于 Word 2010 中的样式,说法正确的是(　　　　)。

A. 用户可以自己新建样式　　　　B. 可以为样式指定快捷键

C. 可以删除正文样式　　　　D. 可以修改正文样式

23. 在 Word 2010 中可隐藏(　　　　)。

A. 功能区　　　　B. 标尺　　　　C. 网格线　　　　D. 选中的字符

24. 自动图文集可快速插入(　　　　)。

A. 文本　　　　B. 图片　　　　C. 表格　　　　D. 艺术字

25. 在 Word 2010 状态栏中,可以显示(　　　　)。

A. 当前页码　　　　B. 总页码　　　　C. 字数　　　　D. 显示比例

26. Word 2010 中的字数统计, 可统计(   )。

    A. 字数　　　　　　　B. 页数　　　　　　　C. 空格　　　　　　　D. 行数

27. 在 Word 2010 中, 定位命令可以定位到(   )。

    A. 页　　　　　　　　B. 书签　　　　　　　C. 脚注　　　　　　　D. 字

28. 在 Word 2010 的打印预览状态下, 可以(   )。

    A. 打印文件　　　　　　　　　　　　　B. 根据指定的纸张进行缩放

    C. 选择打印机　　　　　　　　　　　　D. 打印份数

29. 阴影效果可以应用到(   )对象。

    A. 图片　　　　　　　B. 自选图形　　　　　C. 艺术字　　　　　　D. 表格

30. 下面(   )命令是在"插入"选项卡中。

    A. 带圈字符　　　　　B. 图片　　　　　　　C. 文档部件　　　　　D. 文本框

31. 在 Word 2010 中, 关于文档的批注及修订的说法正确的是(   )。

    A. 可以在"审阅"选项卡"批注"功能区中新建批注

    B. 在"批注"框中输入批注文字

    C. 在审阅文档后, 对文档的修改内容不能设置不同的标记

    D. 不能隐藏文档中所有添加的修订标记和批注

32. 保护文档的方式有(   )。

    A. 以只读方式或副本方式打开文档　　　B. 为文档设置密码

    C. 加密文件夹　　　　　　　　　　　　D. 为文档设置隐藏属性

33. 在 Word 2010 中, 文档的页边距可以(   )来设置。

    A. 利用"页面设置"对话框　　　　　　　B. 通过调整标尺

    C. 利用"段落"对话框　　　　　　　　　D. 利用"样式和格式"对话框

34. 在 Word 2010 中, 通过"页面设置"对话框可以完成(   )设置。

    A. 页边距　　　　　　B. 纸张　　　　　　　C. 段落　　　　　　　D. 字体

35. 在 Word 2010 中, 下列描述正确的有(   )。

    A. 给选中的字符设置斜体效果的快捷键是 Ctrl+I

    B. 在插入点设置分页符, 执行"页面布局"选项卡中的"分隔符"命令

    C. "打印"对话框"页面范围"中的"当前页"是指光标插入点所在页

    D. 要为当前文档中的文字设定行距, 可在"字体"对话框中进行

四、判断题

1. Word 2010 不具有绘图功能。(   )

2. 在 Word 2010 中, 段落格式与样式是同一个概念的两种不同说法。(   )

3. Word 2010 允许同时打开多个文档, 但只能有一个文档窗口是当前活动窗口。(   )

4. 在 Word 2010 中进行打印预览时, 只能一页一页地观看。(   )

5. 普通视图模式是 Word 2010 文档的默认查看模式。(   )

6. 在普通视图中, 需打开"插入"选项卡, 单击"脚注"或"尾注", 打开一个专门的注释内容编辑区, 才能查看和编辑注释内容。(   )

7. 页面视图所显示的文档的状态属性不能打印出来。(   )

8. 在文档的一行中插入或删除一些字符后,该行会变得比其他行长些或短些,必须用标尺或对齐命令加以调整。(　　　)

9. "恢复"命令的功能是将误删除的文档内容恢复到原来位置。(　　　)

10. 进行"列选定"的方法是按住 Ctrl 键,同时将鼠标指针拖过要选定的字符。(　　　)

11. "居中""右对齐""分散对齐"等对齐方式的效果,只在针对短行时才能表现出来。(　　　)

12. Word 2010 把艺术字作为图形来处理。(　　　)

13. 打印机打印文档的结果是不可显示的乱码,原因是没有选择好打印机。(　　　)

14. 删除表格的方法是将整个表格选定,按 Delete 键。(　　　)

15. 给 Word 2010 文档设置的密码生效后,就无法对其进行修改了。(　　　)

16. 在 Word 2010 中,要在页面上插入页眉、页脚,应使用"视图"选项卡中的"页眉和页脚"命令。(　　　)

17. 文本块的复制和粘贴必须经过剪贴板。(　　　)

18. Word 2010 中的表格只有求和计算功能。(　　　)

19. 在处理很长的文档时,需要直接移到文档中的某个具体页码时,可以通过"查找和替换"对话框中的"定位"选项卡实现。(　　　)

20. 在 Word 2010 中,设置了文档的页面边框后,便无法将其取消。(　　　)

21. Word 2010 中的"分栏"命令分出的都是等宽的栏。(　　　)

22. Word 2010 中的分栏不但可以对整个文档进行分栏,也可以对部分选定的内容分栏。(　　　)

23. 给文档加上"打开权限密码"后,不知道密码的人仍可以以只读状态打开文档。(　　　)

24. 在草稿视图中,需打开"引用"选项卡,单击"插入尾注"按钮,打开一个专门的注释编辑区,才能查看和编辑注释内容。(　　　)

25. 使插入点后的文字移动到下一行,但强迫换行的文字仍属于同一段落。(　　　)

26. 文档的合并可以在"插入"选项卡中完成。(　　　)

27. 书签是为文档中某个特定点指定一个名称。(　　　)

28. 插入水印的方式是单击"插入"选项卡中的"水印"按钮,选择"自定义水印"命令。(　　　)

单元 2
电子表格处理

在现代工作中,人们每天都要面对各种各样的数据,对于这些数据的处理通常运用电子表格来完成。电子表格软件具有制作表格、处理数据、分析数据、创建图表等功能,广泛应用于财务、统计、行政管理、工程数据和办公自动化等领域。Microsoft Office Excel 2010 是目前常用的电子表格处理软件。

学 习 要 点

(1) 了解 Microsoft Office Excel 2010 的窗口界面及视图。

(2) 理解工作簿、工作表及单元格等基本概念。

(3) 掌握创建、保存、打开和关闭工作簿的方法。

(4) 掌握创建、删除、重命名、复制、移动工作表的方法。

(5) 理解 Excel 数据类型。

(6) 掌握录入、填充、编辑数据的方法。

(7) 掌握操作行、列、单元格的方法。

(8) 掌握设置单元格格式、套用表格格式的方法。

(9) 掌握冻结窗格的方法。

(10) 掌握设置条件格式的方法。

(11) 理解单元格引用的概念及分类,掌握单元格引用的方法。

(12) 掌握公式的使用方法。

(13) 理解常用函数功能,会使用函数、运算表达式进行数据运算。

（14）掌握排序、筛选、合并计算、分类汇总数据的方法。

（15）了解创建数据透视表和数据透视图的方法。

（16）了解图表构成及图表类型。

（17）掌握创建图表、设置图表格式的方法。

（18）掌握插入分页符、设置打印标题、页面参数以及预览和打印工作表的方法。

▶ 工　作　情　景

　　根据人才培养方案和课程标准的要求，某职业学校安排学生到企业进行实践性教学活动，信息技术2班的同学分成几个小组在一家儿童网络书店的不同岗位进行跟岗实习。销售组的同学们每天都要整理图书的销售情况，对图书的销售数量、金额等进行统计分析。为了提高工作效率，同学们想到了运用 Word 表格把每天的销售数据记录下来，指导老师却告诉他们，还有一款比 Word 软件更适合做数据统计分析的软件，那就是 Excel 电子表格软件，它可以更智能、高效地进行销售数据的统计，还可以创建图表，更清晰、直观地展示图书的销售情况。

　　本单元将运用 Microsoft Office Excel 2010 对网络书店的销售情况进行数据的采集、统计和分析工作。

　　在实际工作中，对电子表格的要求不同，其制作流程会有所变化，但基本上可以按照图 2-1 所示的流程来制作。在整个流程中，可能不需要某些步骤，可根据要解决的问题灵活选用。

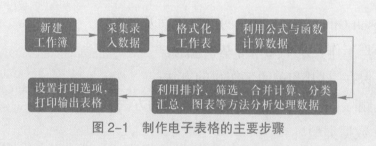

图 2-1　制作电子表格的主要步骤

任务 1　采集数据

任务情景

　　小张是在销售组跟岗实习的一名同学，主要负责图书的销量统计分析，首先要做的工作就是制作图书销售情况表。

 知识准备

1. Excel 2010 的工作界面

启动 Excel 2010，即可看到其工作界面，如图 2-2 所示。

图 2-2　Excel 2010 工作界面

（1）名称框：显示活动单元格的名称，可用于快速定位单元格或单元格区域。

（2）编辑栏：显示、输入和编辑活动单元格中的数据或公式。

（3）工作表编辑区：编辑工作表的工作区域，可以选择、输入、删除、移动单元格的数据或公式。

2. Excel 2010 的视图

Excel 2010 的"视图"选项卡中包含多种视图，让用户可以选择以不同的方式查看工作表，如图 2-3 所示。

图 2-3　工作簿视图

（1）普通视图：Excel 的默认视图，是最常用的视图方式，大多数操作都在普通视图中完成。

（2）页面布局视图：在该视图中，既能对单元格进行编辑修改，也能查看和修改页边距、页眉和页脚，同时还会显示水平标尺和垂直标尺。

（3）分页预览视图：按打印方式显示工作表的内容，可以通过拖动分页符调整工作表分页的位置。

（4）全屏显示视图：在该视图中，可以在工作界面上尽可能多地显示工作表中的内容。Excel 将不显示功能区和状态栏等区域，并可在其他几种视图的基础上切换到该视图进行显

示,按 Esc 键即可退出该视图。

（5）自定义视图：除了系统提供的几种视图外,用户还可将自己特定的显示设置和打印设置保存为自定义视图。

3. 工作簿及组成

（1）工作簿：Excel 的一个工作簿就是一个 Excel 文件,其中可以包含一张或多张工作表。工作簿名就是文件名,扩展名为 ".xlsx"。

（2）工作表：工作表是显示在工作簿窗口中的表格,是工作簿的重要组成部分,由单元格组成。用户可以通过单击工作表标签在工作表之间快速切换。

（3）单元格：单元格是 Excel 中的最小单位,单元格在工作表中的位置称为单元格地址,每个单元格的地址是唯一的,用行号和列标组合来表示,例如 A1 表示由第 A 列与第 1 行的单元格。

活动单元格是当前进行数据编辑的单元格。每张工作表虽然有多个单元格,但只有一个活动单元格。单击某个单元格,这个单元格边框将变成粗黑线,便成为活动单元格。只有活动单元格中的数据才能被修改。

 任务实施

小张要完成数据的采集工作,主要步骤如图 2-4 所示。

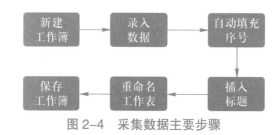

图 2-4　采集数据主要步骤

1. 新建工作簿

启动 Excel 2010,系统会自动新建一个名为 "工作簿 1" 的空白工作簿,并且默认包含三张工作表,名称分别为 Sheet1、Sheet2、Sheet3,如图 2-2 所示。

2. 录入数据

在 Sheet1 工作表中录入如图 2-5 所示的数据。

选中要录入数据的单元格,直接输入相关数据,输入内容会同时显示在编辑栏中,输入完成后按回车键。

在单元格中录入数据后,若发现输入错误可以进行修改。修改单元格时,选中需要编辑的单元格,直接输入新的数据即可覆盖原有数据。

	A	B	C	D	E	F	G
		A1		fx	序号		
1	序号	书籍名称	类别	出版时间	销售数量	定价	折扣
2		时代广场的蟋蟀	儿童文学	2017年9月	875	18	0.75
3		爱德华的奇妙之夜	儿童文学	2016年5月	750	22	0.75
4		父与子全集	动漫/幽默	2017年5月	685	39	0.9
5		365夜故事	儿童文学	2012年6月	590	13.8	0.68
6		我们的身体	科普/百科	2012年6月	455	21.2	0.96
7		黄冈小状元作业本 一年级数学（上）R人教版	中小学教辅	2019年5月	780	28.8	0.96
8		53天天练 小学语文 一年级下册 RJ（人教版）	中小学教辅	2019年12月	842	20.5	0.96
9		小学教材全解 三年级语文下 人教版	中小学教辅	2019年12月	468	39.8	0.96
10		安徒生童话	儿童文学	2015年5月	1120	20	0.75
11		如果历史是一群喵1-5	动漫/幽默	2019年10月	286	279	0.72
12		笑背古诗：漫画版（全4册 ）	动漫/幽默	2019年9月	283	140	0.83
13		神奇校车·桥梁书版（全20册）	科普/百科	2014年4月	844	150	0.89
14		上下五千年	科普/百科	2011年7月	1050	88	0.83
15		十万个为什么	科普/百科	2014年1月	547	128	0.69
16		郑渊洁四大名传：皮皮鲁传	儿童文学	2015年12月	678	25	0.5
17		米小圈上学记一年级	儿童文学	2018年4月	987	100	0.83

图 2-5　录入工作表数据

提 示

编辑单元格还可以采用以下两种方法。

- 双击需要编辑的单元格，将光标定位到其中，然后对其中的数据进行编辑。
- 选中需要编辑的单元格，将光标定位到编辑栏中，对编辑栏中的数据进行编辑。

3. 自动填充序号

表格 A 列的数据是步长为 1 的等差数列，为了提高录入速度，利用 Excel 提供的自动填充功能实现数据的快速录入，操作方法如图 2-6 所示。

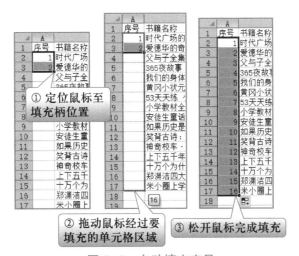

① 定位鼠标至填充柄位置

② 拖动鼠标经过要填充的单元格区域

③ 松开鼠标完成填充

图 2-6　自动填充序号

4. 插入标题

表格通常需要一个标题行，在 Sheet1 工作表第一行前面插入一行并输入标题，操作方法如图 2-7 所示。

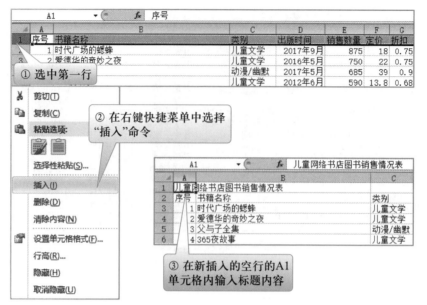

图 2-7　插入工作表行

 提 示

插入列的方法与插入行的操作方法类似。

5. 重命名工作表

将"Sheet1"工作表重命名为"销售情况表",操作方法如图 2-8 所示。

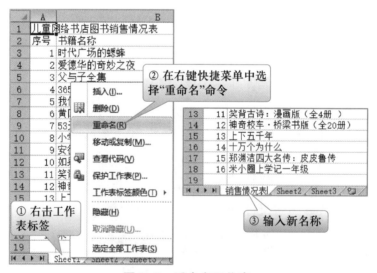

图 2-8　重命名工作表

 提 示

直接在工作表标签上双击,输入新名称,也可实现重命名工作表的操作。

6. 保存工作簿

完成以上操作后,选择"文件"选项卡中的"保存"命令,将文件保存为"图书销售情况表 .xlsx"。

技能拓展

1. 录入数据

(1) 序列填充,其常见的类型和方法见表 2-1。

表 2-1　序列填充的几种常见类型和方法

填充序列类型	操作方法
填充文本或格式	先选择填充文本的起始单元格,然后拖动填充柄至结束的单元格,再单击右下角的"自动填充选项"按钮 ,选择填充选项"复制单元格""仅填充格式"或"不带格式填充"
填充日期序列	填充方法与填充文本类似,日期序列的填充选项包括按日、工作日、月、年增长的序列
填充等差序列	选择包含两个数值的单元格,拖动填充柄至结束的单元格,步长值是起始两个单元格的差
填充等比数列	选择包含两个数值的单元格,将鼠标指向填充柄,然后按下鼠标右键拖动填充柄至结束的单元格,释放鼠标后,在快捷菜单上选择"等比数列"命令

提示

- 如果用鼠标左键按住填充柄进行填充,系统将默认为是等差序列填充。
- 如果单元格中包含数字、日期、序号或时间,则在自动填充时,会将数字按序列规律填充到相应的单元格中。

(2) 输入文本格式的数字。在单元格内输入数字,系统会默认为是数值型。有时工作中需要输入文本格式的数字,如身份证号、电话号码、邮政编码等,应先输入一个英文单引号"'",或者将单元格格式设置为"文本"格式,再输入数字。

(3) 输入分数。输入分数时,为了避免与日期发生混淆,应在数值前面输入"0"和一个空格,如输入"1/4"时,应输入"0 1/4",否则会自动变为"1 月 4 日"。如果输入的分数不会与日期发生混淆,则可以直接输入分数,如"15/23"。

(4) 输入负数。在数字前面输入"-",或者用圆括号将数字括起来,都可表示负数,如输入"-10"或"(10)"都表示输入 -10。

(5) 输入日期和时间。在输入日期时,可以使用"-"或"/"分隔年、月、日。输入时间,可按 24 小时或 12 小时制输入,如果按 12 小时制输入,在时间后输入一个空格,然后输入"AM"或"PM",表示上午或下午。输入当前日期,可按"Ctrl+;"组合键,输入当前时间,按"Ctrl+Shift+;"组合键。

(6) 同时输入相同的数据。选择相邻的或不相邻的多个单元格后,输入数据,然后按

Ctrl+Enter 组合键,可实现同时在所选单元格内输入相同的数据。

2. 插入工作表

根据工作的实际需要,有时需要添加新的工作表,操作方法如图 2-9 所示。

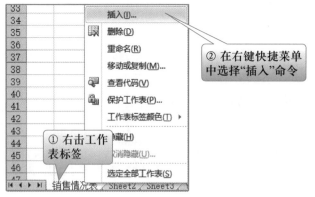

图 2-9　插入工作表

3. 移动或复制工作表

有时需要移动或复制工作表,操作方法如图 2-10 所示。

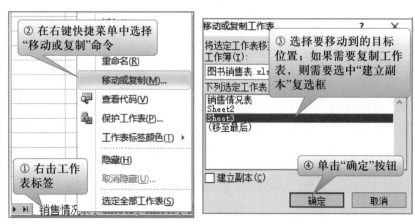

图 2-10　移动或复制工作表

> **提示**
>
> ● 将鼠标指针指向被移动工作表标签,按住左键拖动,当小三角箭头移动至目标位置时释放鼠标,可以在工作簿内改变工作表排列位置。
>
> ● 将鼠标指针指向被复制工作表标签,按住 Ctrl 键拖动鼠标至目标位置,可以在工作簿内为原工作表生成一个副本。

4. 删除工作表

对于不需要的工作表可以删除,操作方法如图 2-11 所示。

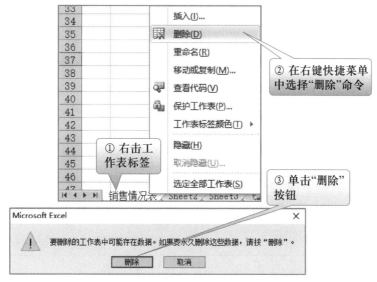

图 2-11　删除工作表

5. 隐藏工作表

隐藏工作表的方法如图 2-12 所示。

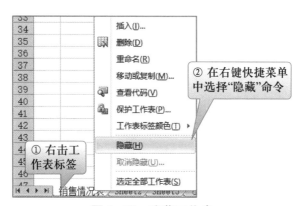

图 2-12　隐藏工作表

提示

工作表被隐藏后,右击任意工作表标签,选择"取消隐藏"命令,即可将被隐藏的工作表重新显示。

6. 自定义序列

Excel 默认提供的序列有时不能满足实际工作的需要,这时可以自定义序列。选择"文件"选项卡中的"选项"命令,在打开的"Excel 选项"对话框中选择"高级"选项卡,然后单击右侧"常规"栏下的"编辑自定义列表"按钮,弹出"自定义序列"对话框。自定义序列的操作方法如图 2-13 所示。

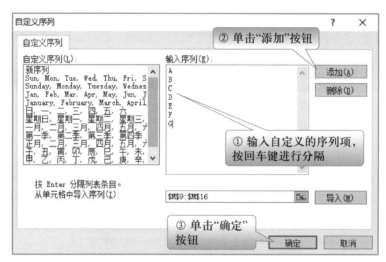

图 2-13　"自定义序列"对话框

自定义序列后,即可按照自动填充的方法填充序列。

7. 使用模板创建工作簿

Excel 2010 提供了很多标准的工作簿模板,通过这些模板创建工作簿,可以自动创建相应格式的工作表。

例如,通过模板创建"贷款分期付款"工作簿,操作方法如图 2-14 所示。创建的"贷款分期偿还计划表"如图 2-15 所示,其中已经自动创建了相应的工作表格式,只需要在相应的单元格内输入内容即可。

图 2-14　通过模板创建工作簿

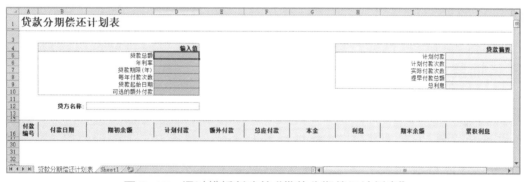

图 2-15　通过模板创建的"贷款分期偿还计划表"

 讨论与学习

1. 工作簿、工作表与单元格之间是什么关系？
2. 如何移动或复制单元格、行和列？
3. 如何隐藏行和列？如何取消隐藏？
4. 如何在单元格内强制换行？
5. 如何保护工作表？

 巩固与提高

1. 尝试选取连续的单元格区域和不连续的单元格区域。

2. 尝试在"数据"选项卡"获取外部数据"功能区中导入各种外部数据。

3. 打开"练习素材 2–1–1.xlsx"，在"书籍名称"一列左侧插入一个空列，并在单元格内输入相对应的内容，如图 2–16 所示，完成后将工作簿保存为"图书销售情况表 1.xlsx"。

	A	B	C	D
1	儿童网络书店图书销售情况表			
2	序号	书号ISBN	书籍名称	类别
3	1	9787536557406	时代广场的蟋蟀	儿童文学
4	2	9787530763926	爱德华的奇妙之夜	儿童文学
5	3	9787533948573	父与子全集	动漫/幽默
6	4	9787552202366	365夜故事	儿童文学
7	5	9787541745546	我们的身体	科普/百科
8	6	9787801914354	黄冈小状元作业本 一年级数学	中小学教辅
9	7	9787519100858	53天天练 小学语文 一年级下册	中小学教辅
10	8	9787545038170	小学教材全解 三年级语文下 人	中小学教辅
11	9	9787533673253	安徒生童话	儿童文学
12	10	9787557020149	如果历史是一群喵1-5	动漫/幽默
13	11	9787553960272	笑背古诗：漫画版（全4册）	动漫/幽默
14	12	9787221116604	神奇校车·桥梁书版（全20册）	科普/百科
15	13	9787532487462	上下五千年	科普/百科
16	14	9787502043742	十万个为什么	科普/百科
17	15	9787534290770	郑渊洁四大名传：皮皮鲁传	儿童文学
18	16	9787536587694	米小圈上学记一年级	儿童文学

图 2–16　插入新列并输入内容

4. 利用"个人月预算"模板创建"个人月度预算表"，并尝试输入相关数据。

5. 收集本班同学基本信息，新建工作簿，在工作表内输入相关数据，包括"序号""学号""姓名""性别""民族""身份证号""家庭住址""联系电话""中考成绩"等内容，将工作表重命名为"基本信息表"，并将工作簿保存为"学生基本信息表 1.xlsx"。

任务 2　修饰工作表

任务情景

在任务 1 中，小张完成了"图书销售情况表 .xlsx"中数据的采集工作，但是工作表内的数据有的没有显示完整，有的太紧密了，看起来不太美观。利用 Excel 提供的强大而灵活的格式编排功能，可以使表格看起来更漂亮和便于阅读，能更清晰地传递信息，同时也能打造自己的专业素养，提升自己的职业竞争力。

本任务将对工作表进行修饰。

知识准备

Excel 的单元格中可以输入多种类型的数据，如文本、数值、日期、时间、货币等。通过"数字"选项卡可以设置单元格的数据类型。数字格式及含义见表 2–2。

表 2–2　数字格式及含义

格式	含义
常规	默认的数字格式，不包含特定的数字格式
数值	用于一般数字的表示，可以设置小数位数、千位分隔符和负数格式
货币	用于表示一般货币数值，可以设置小数位数、负数格式和货币符号

续表

格式	含义
会计专用	可对一列数值进行货币符号和小数点对齐
日期	将日期和时间系列数值显示为日期值
时间	将日期和时间系列数值显示为时间值
百分比	将单元格中数值乘 100,并以百分数形式显示
分数	根据指定的分数类型,以分数形式显示数值
科学计数	以科学计数法显示数值,可以设置小数位数
文本	数字作为文本处理,单元格显示的内容与输入的内容完全一致
特殊	用于跟踪数据列表及数据库的值
自定义	创建自定义的数字格式

 任务实施

本任务通过如图 2-17 所示的几个步骤,对工作表的外观进行设计和修饰。

图 2-17 修饰工作表的主要步骤

1. 设置字符格式

将 A1 单元格中的标题设置为"微软雅黑、18 号、蓝色",操作方法如图 2-18 所示。

图 2-18 设置字体格式

2. 设置对齐方式

将 A、E、F、G、H 五列设置为水平居中对齐,操作方法如图 2-19 所示。按同样的方法,设置其余列左对齐。

图 2-19 设置对齐方式

 提 示

单击"对齐方式"功能区右下角的按钮,打开"设置单元格格式"对话框,切换到"对齐"选项卡,如图 2-20 所示。在该对话框中,除了设置文本对齐方式外,可以设置文本控制方式,包括单元格内自动换行、缩小字体填充、合并单元格等,还可以设置文字方向。

图 2-20 "对齐"选项卡

3. 合并单元格

将标题行前 8 个单元格合并后居中,使标题位于表格 8 列内容的中部,操作方法如图 2-21 所示。

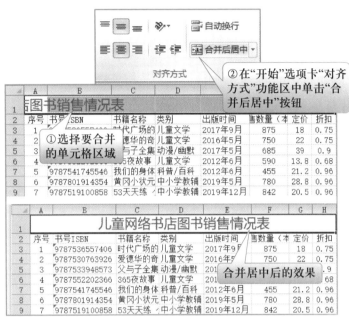

图 2-21 合并及居中

提 示

- 合并单元格时如果每个单元格中都有数据,系统会弹出如图 2-22 所示的提示对话框。单击"确定"按钮后,只有左上角单元格中的数据保留在合并后的单元格中,其他单元格中的数据将被删除。在合并单元格时应注意。
- 单元格合并后再次单击"合并后居中"按钮可以取消合并。

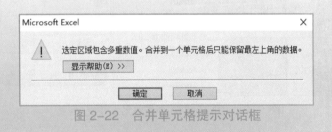

图 2-22 合并单元格提示对话框

4. 调整行高和列宽

当单元格内容过于紧密或显示不完整时,需要调整行高或列宽,可以使用鼠标调整(操作方法如图 2-23 所示),也可以使用命令精确设置(操作方法如图 2-24 所示)。

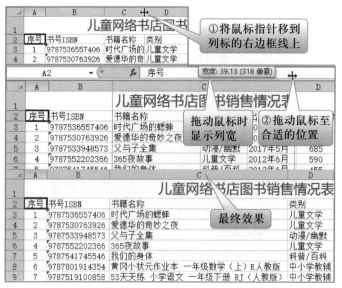

图2-23   用鼠标调整列宽

 提示

当单元格内是日期、时间或数值时，如果单元格内容不能完全显示，则会显示为"######"。遇到这种情况，只需用鼠标拖动调整列宽至内容完全显示即可。

图2-24   用右键快捷菜单命令调整列宽

用同样的方法为其他列设置合适的列宽。

调整第2~18行的行高为18，操作方法如图2-25所示。

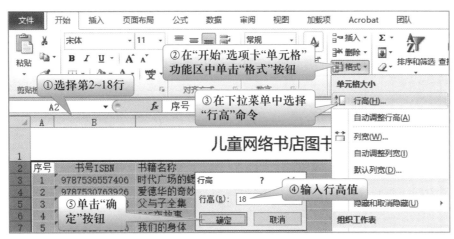

图 2-25　用"格式"按钮调整行高

 提 示

　　当单元格的内容没有完整显示时,选择"格式"按钮下拉菜单中的"自动调整行高"命令或"自动调整列宽"命令,系统会根据单元格内容自动设置合适的行高或列宽。

5. 设置单元格边框

Excel 单元格默认的灰色边框线在打印时不会打印出来。为了表格数据更加清晰、美观,需要设置单元格边框。为"儿童网络书店图书销售情况表"数据区域 A2 :H18 设置外边框为黑色双实线,内部边框为黑色单实线,操作方法如图 2-26 所示。

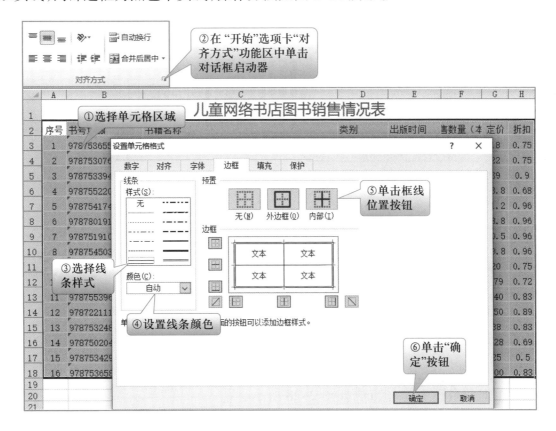

	A	B	C	D	E	F	G	H
1			儿童网络书店图书销售情况表					
2	序号	书号ISBN	书籍名称	类别	出版时间	售数量(本	定价	折扣
3	1	9787536557406	时代广场的蟋蟀	儿童文学	2017年9月	875	18	0.75
4	2	9787530763926	爱德华的奇妙之夜	儿童文学	2016年5月	750	22	0.75
5	3	9787533948573	父与子全集	动漫/幽默	2017年5月	685	39	0.9
6	4	9787552202366	365夜故事	儿童文学	2012年6月	590	13.8	0.68
7	5	9787541745546	我们的身体	科普/百科	2012年6月	455	21.2	0.96
8	6	9787801914354	黄冈小状元作业本 一年级数学（上）R人教版	中小学教辅	2019年5月	780	28.8	0.96
9	7	9787519100858	53天天练 小学语文 一年级下册 RJ（人教版）	中小学教辅	2019年12月	842	20.5	0.96
10	8	9787545038170	小学教材全解 三年级语文下 人教版	中小学教辅	2019年12月	468	39.8	0.96
11	9	9787533673253	安徒生童话	儿童文学	2015年5月	1120	20	0.75
12	10	9787557020149	如果历史是一群喵1-5	动漫/幽默	2019年10月	286	279	0.72
13	11	9787553960272	笑背古诗：漫画版（全4册 ）	动漫/幽默	2019年9月	283	140	0.83
14	12	9787221116604	神奇校车·桥梁书版（全20册）	科普/百科	2014年4月	844	150	0.89
15	13	9787532487462	上下五千年	科普/百科	2011年7月	1050	88	0.83
16	14	9787502043742	十万个为什么	科普/百科	2014年1月	547	128	0.69
17	15	9787534290770	郑渊洁四大名传：皮皮鲁传	儿童文学	2015年12月	678	25	0.5
18	16	9787536587694	米小圈上学记一年级	儿童文学	2018年4月	987	100	0.83

设置边框线后的效果

图 2-26　设置单元格边框

6. 设置单元格底纹

在工作表中设置底纹,不仅可以区分不同的数据区域,还会使表格更加美观。为"儿童网络书店图书销售情况表"第二行设置标准色中的浅绿色底纹,操作方法如图 2-27 所示。

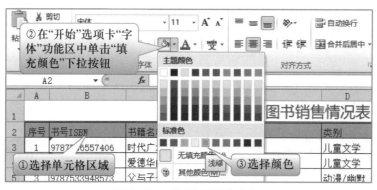

图 2-27　设置单元格底纹

 提示

与设置边框类似,在"设置单元格格式"对话框的"填充"选项卡中也可以设置单元格底纹,还可以设置底纹的填充效果、图案颜色和图案样式。

7. 冻结窗格

利用 Excel 的冻结窗格功能可以将指定的行或列的内容固定不动,便于对照查看。将工作表前二行和前三列冻结,操作方法如图 2-28 所示。

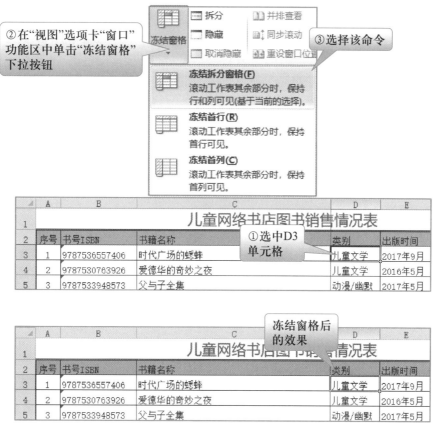

图 2-28　冻结拆分窗格

 提示

- 冻结拆分窗格后，在被冻结的区域下方和右面会出现一条分隔线。
- 利用"冻结窗格"按钮，除了冻结拆分窗格外，也可冻结首行和首列，还可以取消冻结窗格。

 技能拓展

1. 新建批注

批注的作用就是对某个单元格的内容做一个注释或说明，一般在浏览表格和打印时都不显示，只有把鼠标放在单元格上停留几秒时才会显示出来。为 C3 单元格新建批注的操作方法如图 2-29 所示。

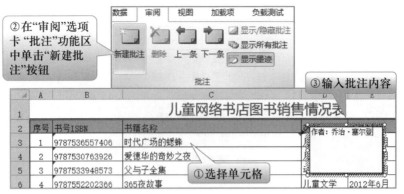

图 2-29　新建批注

 提 示

　　新建批注后，"批注"功能区中"新建批注"按钮变为"编辑批注"按钮，可以对批注进行编辑。在"批注"功能区中，单击"删除"按钮，可以删除选中的批注，还可以显示 / 隐藏批注，查看上一条或下一条批注。

2. 套用表格格式

　　Excel 提供了许多预定义的表样式，可以快速设置一组单元格的格式。为工作表数据区域套用表格格式的操作方法如图 2-30 所示。

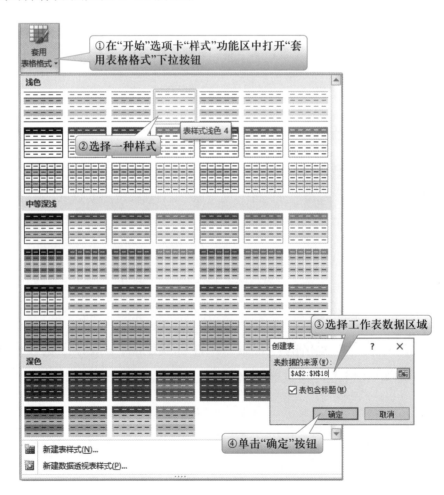

套用表格格式后的效果
儿童网络书店图书销售情况表

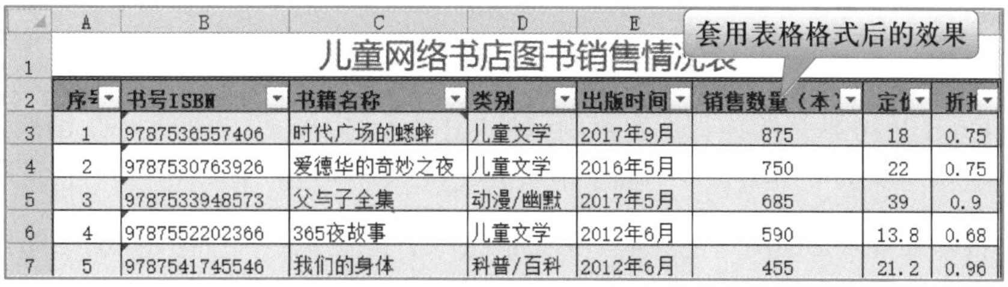

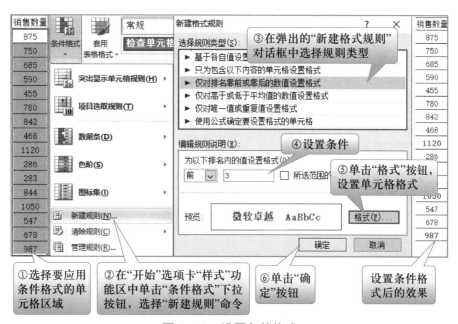

图 2-30　套用表格格式

提示

如果预定义的表样式不能满足需要，可以创建并应用自定义的样式。

3. 设置条件格式

为单元格设置条件格式，可以根据指定的条件突出显示单元格，强调异常值。为“儿童网络书店图书销售情况表”中的销售数量前三名设置条件格式：红色字体、加粗，操作方法如图 2-31 所示。

③在弹出的“新建格式规则”对话框中选择规则类型
④设置条件
⑤单击“格式”按钮，设置单元格格式
①选择要应用条件格式的单元格区域
②在“开始”选项卡“样式”功能区中单击“条件格式”下拉按钮，选择“新建规则”命令
⑥单击“确定”按钮
设置条件格式后的效果

图 2-31　设置条件格式

Excel 2010 中条件格式的类型有 5 种，见表 2-3。

表 2-3　条件格式类型及功能

类型	功能
突出显示单元格	为包含指定内容的单元格使用条件格式，可以突出显示符合条件的单元格内容。Excel 2010 默认突出显示单元格规则包括“大于”“小于”“介于”“等于”“文本包含”“发生日期”“重复值”，用户还可以自行设定新的规则

续表

类型	功能
项目选取	Excel 2010 默认的项目选取规则包括"值最大的 10 项""值最大的 10% 项""值最小的 10 项""值最小的 10% 项""高于平均值""低于平均值",用户还可以自行设定新的规则
数据条	数据条可以帮助用户查看某个单元格相对于其他单元格的值。数据条的长度代表单元格中的值。数据条越长,表示值越高,数据条越短,表示值越低。在观察大量数据中的较高值和较低值时,数据条尤为有用
色阶	作为一种直观显示,可以帮助用户了解数据分布和数据变化。双色刻度使用两种颜色的渐变来帮助用户比较单元格区域,三色刻度则使用三种颜色
图标集	使用图标集可以对数据进行注释,并可以按阈值将数据分为 3~5 个类别,每个图标代表一个值的范围

4. 绘制斜线

在工作表中,有时需要利用斜线以区分横行与纵列的含义,绘制斜线的操作方法如图 2-32 所示。

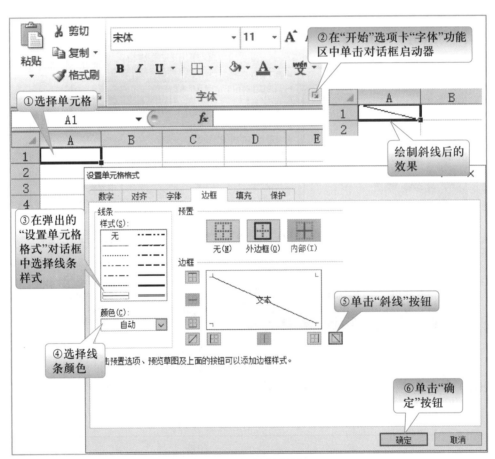

图 2-32　绘制斜线

讨论与学习

1. 如何使用格式刷快速设置格式？

2. 如何设置工作表标签的颜色？

3. 如何清除工作表中已经套用的表格格式？

4. 如何清除所选单元格的条件格式？

巩固与提高

1. 尝试为单元格填充渐变色。

2. 尝试自定义表格样式。

3. 尝试冻结工作表的首行。

4. 尝试为"儿童网络书店图书销售情况表"中"销售数量"一列的数据创建"数据条"条件格式。

5. 打开"练习素材 2-2-1.xlsx"，按下列要求完成操作，然后将工作簿保存为"学生基本信息表 2.xlsx"。

（1）在"性别"后面插入"籍贯"列，并输入对应内容，如"四川成都"。

（2）在第一行前面插入标题行，在 A1 单元格内输入标题"XX 班学生基本信息表"，将 A1 :J1 单元格区域合并后文字居中，并参照图 2-33 设置表格格式。

（3）为"家庭住址"单元格新建批注，并输入批注内容为"现在常住地址"。

（4）运用条件格式，将"中考成绩"列高于 400 分的单元格设置为浅红色填充。

	A	B	C	D	E	F	G	H	I	J
1	2020级电子商务1班学生基本信息表									
2	序号	学号	姓名	性别	籍贯	民族	身份证号	家庭住址	联系电话	中考成绩
3	1	203101	杨小红	女	四川南充	汉		四川省南充市仪陇县		405
4	2	203102	湄岩	男	四川广元	汉		四川省广元市朝天区		398
5	3	203103	张军	男	四川雅安	汉		四川省雅安市汉源县		357
6	4	203104	谭伟	男	四川成都	汉		四川省成都市金牛区		422
7	5	203105	张艳阳	女	四川绵阳	汉		四川省华蓥市双河街		342
8	6	203106	刘敏聪	男	四川成都	汉		四川省成都市锦江区		369
9	7	203107	曹源	男	四川绵阳	汉		四川省绵阳市洁城区一		408
10	8	203108	侯梅	女	四川巴中	汉		四川省巴中市巴州区三		389
11	9	203109	陈明	男	四川遂宁	汉		四川省遂宁市安居区石		342
12	10	203110	陈力	男	四川遂宁	汉		四川省遂宁市安居区石		350

图 2-33　基本信息表 2

任务 3　使用公式和函数

任务情景

在任务 2 中,小张利用 Excel 提供的格式编排功能,对图书销售情况表进行了美化,表格看起来更漂亮和清晰了。现在需要对销售表数据进行统计和分析。小张接受了这项任务,他决定好好学习一下公式和函数的相关知识。

知识准备

1. 单元格引用

在 Excel 中,公式和函数可以直接使用数据进行计算,但源数据变化后,公式或函数的结果却不能自动变化。因此,在 Excel 中往往通过使用单元格引用来表示数据,这样随着引用地址中数据的变化,公式或函数的结果也会跟着变化。

(1) 引用样式。

单元格引用分为 A1 和 R1C1 两种引用样式。在 A1 引用样式中,用单元格所在列标和行号表示其位置,如 B4,表示 B 列第 4 行。在 R1C1 引用样式中,R 表示 row(行)、C 表示 column(列),R2C4 表示第 2 行第 4 列,即 D4 单元格。

(2) 单元格的引用种类。

Excel 单元格引用主要包括 4 种:相对引用、绝对引用、混合引用、三维引用。

● 相对引用:例如 A1,在使用时会随着公式或函数的行或列的位置变化而自动变化。默认情况下,新公式使用相对引用。

● 绝对引用:例如 \$A\$1,在使用时不会随着公式或函数的行或列的变化而变化。

● 混合引用:例如 \$A1,A\$1,在使用时随着公式或函数的行或列的变化,包含了"\$"标记的行或列不会发生改变,不包含"\$"标记的会随着行或列的变化而变化。

● 三维引用:例如 Sheet2 :Sheet6 ! A2 :A5,对跨工作表或工作簿的两个甚至多个工作表中的单元格及单元格区域的引用。

2. 常用运算符

在 Excel 数据处理中,会根据不同的数据类型选择不同的运算符,主要包括 4 种类型的运算符:算术运算符、文本运算符、比较运算符和引用运算符。

(1) 算术运算符:用于对数值型单元格或数值进行运算,如加法、减法、乘法和除法等。常用的算术运算符及其含义见表 2-4。

表 2-4　算术运算符及其含义

算术运算符	含义	示例
+（加号）	加法运算	A3+B4
−（减号）	减法运算	C5−B2
	负数	−500
*（星号）	乘法运算	D2*200
/（正斜线）	除法运算	B2/C2
%（百分号）	百分比	50%
^（插入符号）	乘方运算	4^3

（2）文本运算符：用于对文本型单元格或文本数据进行运算，产生文本结果。常用的文本运算符及其含义见表 2-5。

表 2-5　文本运算符及其含义

文本运算符	含义	示例
&	文本连接	"科学"&"计算"（得到结果：科学计算）

（3）比较运算符：用于比较两个值。比较的结果为逻辑值 TURE 或 FALSE。比较运算符两端的数据类型要一致。常用的比较运算符及其含义见表 2-6。

表 2-6　比较运算符及其含义

比较运算符	含义	示例
=（等号）	等于	A3=B2
>	大于	A3>B2
<	小于	A3<300
>=	大于或等于	C4>=1 000
<=	小于或等于	B3<=500
<>	不等于	C2<>D2

（4）引用运算符：用于单元格地址的引用。常用的引用运算符及其含义见表 2-7。

表 2-7　引用运算符

算术运算符	含义	示例
:（冒号）	区域运算符,包括在两个引用之间的所有单元格	SUM（A4：A9）
,（逗号）	联合运算符,将多个引用合并为一个引用	SUM（A3：A9,B2：B10）（引用 A3：A9 和 B2：B10 两个单元格区域）
空格	交叉运算符,产生对两个引用共有的单元格的引用	SUM（A1：D1 B1：B5）（引用 A1：D1 和 B1：B5 两个单元格区域相交的 B1 单元格）

3. 公式

Excel 公式是工作表中进行数值计算的等式。公式是以 "=" 开始,其后是公式的表达式,如 "=A1+B1"。公式通常由运算符和参与运算的操作数组成。操作数可以是常量、单元格引用、函数等。

4. 函数

使用 Excel 制作表格整理数据时,常常会用到它的函数功能来自动统计处理表格中的数据。Excel 函数其实是一些预定义的公式。Excel 函数共包含 11 类,分别是统计函数、数学和三角函数、查询和引用函数、文本函数、日期与时间函数、财务函数、逻辑函数、信息函数、工程函数、数据库函数以及用户自定义函数。下面介绍部分常用的函数,见表 2-8~ 表 2-12。

表 2-8　常用统计函数

函数名	格式	含义	返回结果	示例
SUM	=SUM(参数 1,参数 2,…)	无条件求和	数值	=SUM(A1:D6,H3:I6)
SUMIF	=SUMIF(条件单元格引用,条件参数,求和单元格引用)	条件求和	数值	=SUMIF(D3:D18," 儿童文学 ",F3:F20)
AVERAGE	=AVERAGE(参数 1,参数 2,…)	求平均值	数值	=AVERAGE(F3:F20)
MAX	=MAX((参数 1,参数 2,…)	求最大值	数值	=MAX(F3:F20)
MIN	=MIN((参数 1,参数 2,…)	求最小值	数值	=MIN(F3:F20)
COUNT	=COUNT((参数 1,参数 2,…)	计算指定单元格引用中数值、日期单元格个数	数值	=COUNT(F3:F20)
COUNTIF	=COUNTIF(条件单元格引用,条件参数)	计算指定单元格引用内满足条件的单元格个数	数值	=COUNTIF(F3:F20,>200)
RANK	=RANK(排序参数,单元格引用区域参数,升降序参数)	对单元格引用区域中的值进行排名	数值	=RANK(F3,F3:F20,0)

表 2-9　常用文本函数

函数名	格式	含义	返回结果	示例
LEN	=LEN(文本参数)	求文本参数的长度	数值	=LEN(C3)
LEFT	=LEFT(文本参数,截取位数)	截取文本参数左边指定长度的字符	文本	=LEFT(C3,2)
RIGHT	=RIGHT(文本参数,截取位数)	截取文本参数右边指定长度的字符	文本	=RIGHT(C3,2)
MID	=MID(文本参数,起始位数,截取位数)	截取文本参数中指定起始位置开始后指定位数的字符	文本	=MID(K3,2,3)

表 2-10　常用日期和时间函数

函数名	格式	含义	返回结果	示例
DATE	=DATE(年,月,日)	将指定的年、月、日数值转换为日期	日期	=DATE(2020,1,20)
TIME	=TIME(时,分,秒)	将指定的时、分、秒数值转换为时间	时间	=TIME(24,8,40)

函数名	格式	含义	返回结果	示例
TODAY	=TODAY（）	求系统当前的日期	日期	=TODAY（）
YEAR	=YEAR（日期参数）	从日期参数中提出"年"	数值	=YEAR（"2020-2-2"）
MONTH	=MONTH（日期参数）	从日期参数中提出"月"	数值	=MONTH（TODAY（））
DAY	=DAY（日期参数）	从日期参数中提出"日"	数值	=DAY（"2020-2-2"）

表 2-11 常用逻辑函数

函数名	格式	含义	返回结果	示例
IF	=IF（条件参数，返回参数1，返回参数2）	根据条件参数结果返回参数1或参数2		=IF（C2>=60，"及格"，"不及格"）
AND	=AND（条件参数，返回参数1，…）	求满足所有条件的参数	逻辑	=AND（D3="儿童文学"，H3=0.96）
OR	=OR（条件参数，返回参数1，…）	求满足其中一个条件的参数	逻辑	=OR（D3="儿童文学"，H3=0.96）
NOT	=NOT（条件参数）	求指定参数的相反条件	逻辑	=NOT（D3〈〉"儿童文学"）

表 2-12 常用数学和三角函数

函数名	格式	含义	返回结果	示例
INT	=INT（参数）	对数值取整	数值	=INT（1314.212）
ABS	=ABS（参数）	取数值的绝对值	数值	=ABS（D3+B3）
ROUND	=ROUND（参数，小数位数）	对数值进行四舍五入	数值	=ROUND（D3*0.5，3）

5. 单元格名称

Excel 表格中每一个单元格都有一个默认的名字，由列标和行号组成，如"A1"，用户在 Excel 工作过程中可以对单元格或单元格区域重新建立一个名称，当单元格或单元格区域有了名称后，就可以在公式或函数中通过该名称来引用它，这样可以增加公式或函数的可读性。

 任务实施

1. 使用公式

利用公式计算实际单价和销售总额。

（1）选择"儿童网络书店图书销售情况表"工作表，在"折扣"后插入"实际单价"列，计算图书实际单价（实际单价 = 定价 * 折扣），操作方法如图 2-34 所示。

（2）在"实际单价"后插入"销售总额"列，计算出图书销售总额（销售总额 = 销售数量 * 实际单价），操作方法与计算"实际单价"类似，结果如图 2-35 所示。

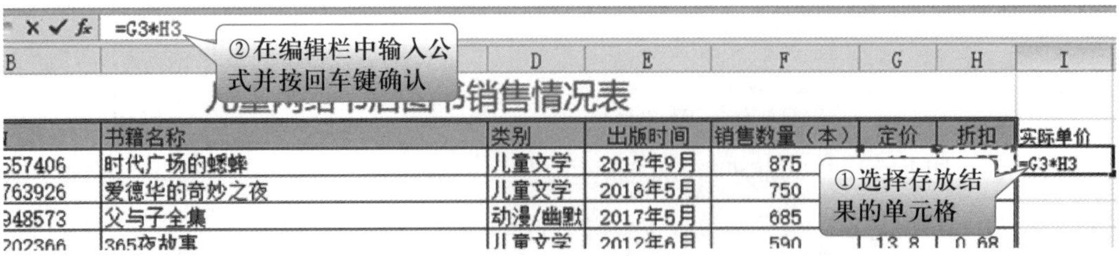

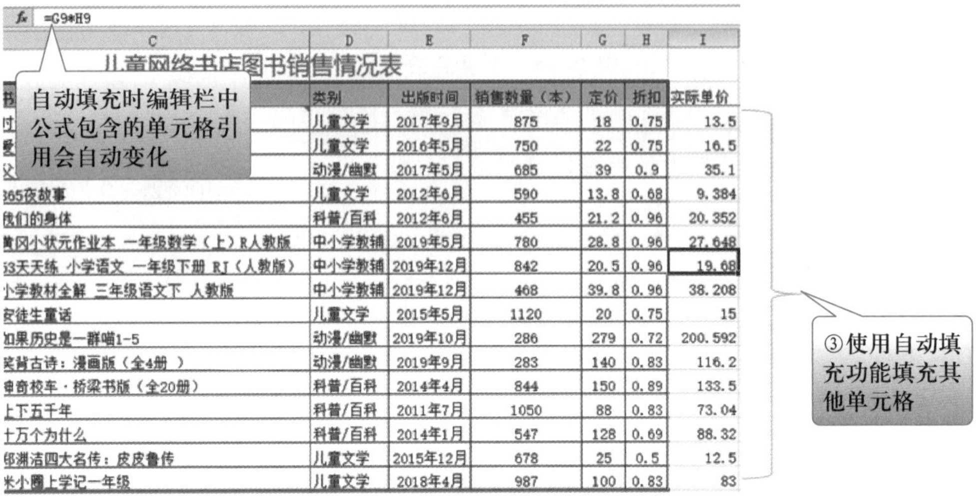

图2-34 使用公式计算实际单价

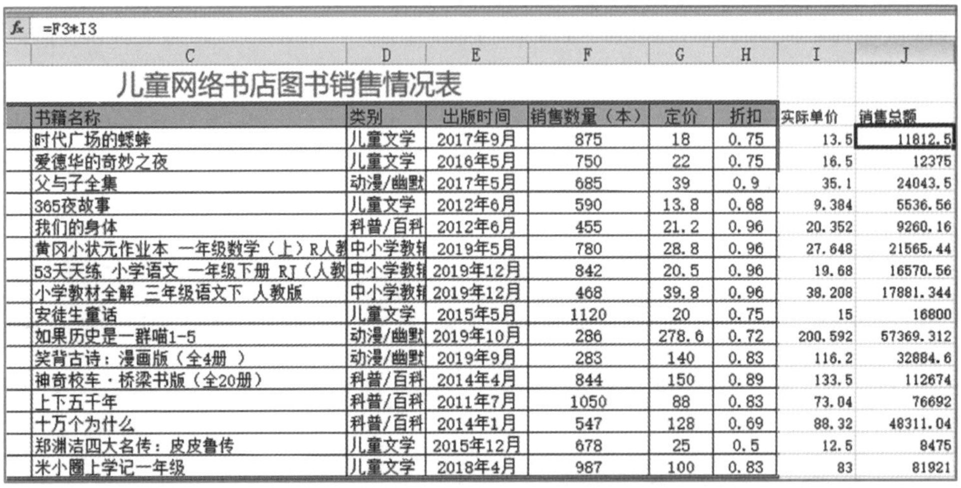

图2-35 使用公式计算销售总额

2. 使用函数

利用求和函数在第19行F19、J19单元格中计算所有图书的"销售总量"和"销售总额"。依据"销售数量"求图书销售排名且在"备注"中标注出"畅销书籍"(销售数量大于等于500本的为畅销书籍)。

(1) 利用求和函数计算销售总量和销售总额,操作方法如图2-36和图2-37所示。

=sum(F3:F18)

	C	D	E	F
	小 网络书店图书销售情况表			
名称	②在编辑栏中输入 函数，按回车键	类别	出版时间	销售数量（本）
广场的蟋蟀		儿童文学	2017年9月	875
华的奇妙之夜		儿童文学	2016年5月	750
子全集		动漫/幽默	2017年5月	685
故事		儿童文学	2012年6月	590
的身体		科普/百科	2012年6月	455
小状元作业本 一年级数学（上）R人教版		中小学教辅	2019年5月	780
天练 小学语文 一年级下册 RJ（人教版）		中小学教辅	2019年12月	842
教材全解 三年级语文下 人教版		中小学教辅	2019年12月	468
生童话		儿童文学	2015年5月	1120
历史是一群喵1-5		动漫/幽默	2019年10月	286
古诗：漫画版（全4册 ）		动漫/幽默	2019年9月	283
校车·桥梁书版（全20册）		科普/百科	2014年4月	844
五千年		科普/百科	2011年7月	1050
个为什么		科普/百科	2014年1月	547
洁四大名传：皮皮鲁传		儿童文学	2015年12月	678
圈上学记一年级		儿童文学	2018年4月	987
				=sum(F3:F18)

①选中要存放
结果的单元格
F19

图 2-36　使用函数计算销售总量

②在"开始"选项卡"编辑"
功能区中单击"自动求和"
下拉按钮中的"求和"按钮

（本）	定价	折扣	实际单价	销售总额
5	18	0.75	13.5	11812.5
0	22	0.75	16.5	12375
5	39	0.9	35.1	24043.5
0	13.8	0.68	9.384	5536.56
5	21.2	0.96	20.352	9260.16
0	28			21565.44
2		68		16570.56
3	39		208	17881.344
0	20	0.75	15	16800
6	279	0.72	200.592	57369.312
3	140	0.83	116.2	32884.6
4	150	0.89	133.5	112674
0	88	0.83	73.04	76692
7	128	0.69	88.32	48311.04
3	25	0.5	12.5	8475
7	100	0.83	83	81921
40				554172.016

①选择需要
计算的单元
格区域

得到计算
结果

图 2-37　使用函数计算销售总额

（2）利用条件函数计算"销售排名"。在"销售总额"后插入"销售排名"列，求"销售排名"的操作方法如图 2-38 和图 2-39 所示。

（3）在"销售排名"后插入一列，在 L3 单元格中输入"备注"，把"销售数量"大于 500 的书籍标注为"畅销书籍"，操作方法如图 2-40 和图 2-41 所示。

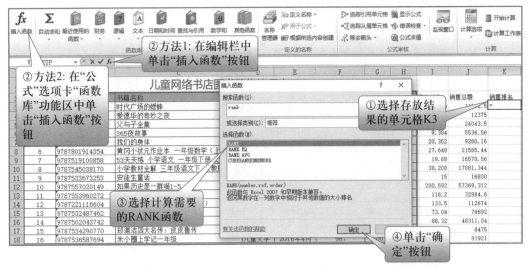

图 2-38　使用条件函数计算图书销售排名(1)

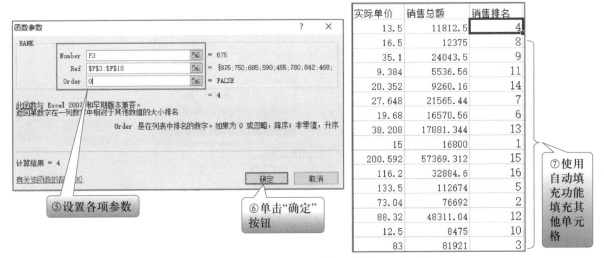

图 2-39　使用条件函数计算图书销售排名(2)

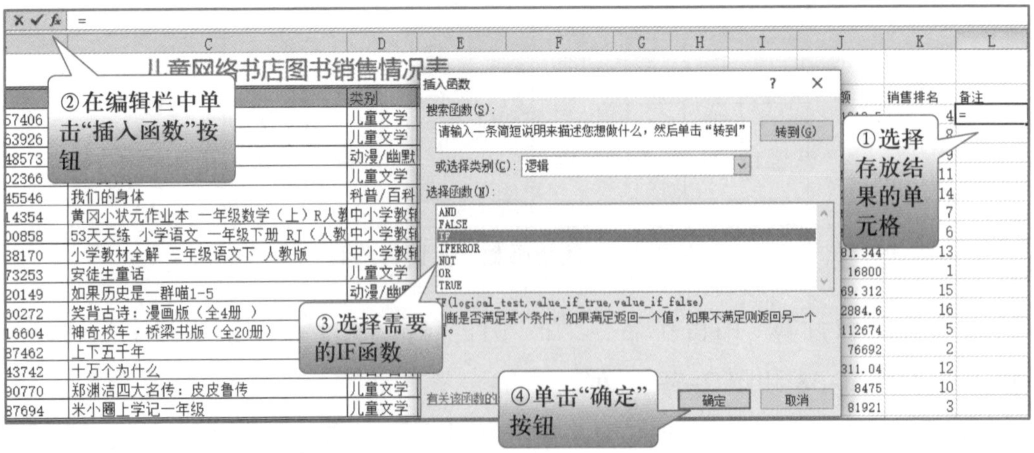

图 2-40　使用 IF 函数标注"畅销书籍"(1)

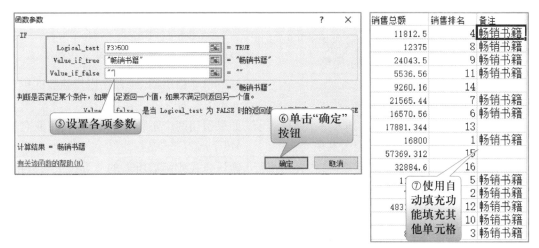

图 2-41　使用 IF 函数标注"畅销书籍"(2)

设置表格格式,效果如图 2-42 所示。

序号	书号ISBN	书籍名称	类别	出版时间	销售数量（本）	定价	折扣	实际单价	销售总额	销售排名	备注
		儿童网络书店图书销售情况表									
1	9787536557406	时代广场的蟋蟀	儿童文学	2017年9月	875	18	0.75	13.5	11812.5	13	畅销书籍
2	9787530763926	爱德华的奇妙之夜	儿童文学	2016年5月	750	22	0.75	16.5	12375	12	畅销书籍
3	9787533948573	父与子全集	动漫/幽默	2017年9月	685	39	0.9	35.1	24043.5	7	
4	9787552202366	365夜故事	儿童文学	2012年6月	590	13.8	0.68	9.384	5536.56	16	
5	9787541745546	我们的身体	科普/百科	2012年4月	455	21.2	0.96	20.352	9260.16	14	
6	9787801914354	黄冈小状元作业本 一年级数学（上）R人教	中小学教辅	2019年5月	780	28.8	0.96	27.648	21565.44	8	畅销书籍
7	9787519100858	53天天练 小学语文 一年级下册 RJ（人教	中小学教辅	2019年12月	842	20.5	0.96	19.68	16570.56	11	畅销书籍
8	9787545038170	小学教材全解 三年级语文下 人教版	中小学教辅	2019年12月	468	39.8	0.96	38.208	17881.344	9	
9	9787533673253	安徒生童话	儿童文学	2015年5月	1120	20	0.75	15	16800	10	畅销书籍
10	9787557020149	如果历史是一群喵1-5	动漫/幽默	2019年10月	286	278.6	0.72	200.592	57369.312	4	
11	9787553960272	笑猫古诗：漫画版（全4册 ）	动漫/幽默	2019年8月	283	140	0.83	116.2	32884.6	6	
12	9787221116604	神奇校车·桥梁书版（全20册）	科普/百科	2014年4月	844	150	0.89	133.5	112674	1	畅销书籍
13	9787532487462	上下五千年	科普/百科	2011年7月	1050	88	0.83	73.04	76692	3	畅销书籍
14	9787502043742	十万个为什么	科普/百科	2014年1月	547	128	0.69	88.32	48311.04	5	畅销书籍
15	9787534290770	郑渊洁四大名传：皮皮鲁传	儿童文学	2015年12月	678	25	0.5	12.5	8475	15	畅销书籍
16	9787536587694	米小圈上学记一年级	儿童文学	2018年4月	987	100	0.83	83	81921	2	畅销书籍
		合计			11240				554172.016		

图 2-42　设置表格格式

 技能拓展

1. 使用嵌套函数

处理数据时经常会用到多个函数,有的函数会嵌套在其他的函数内。要计算函数值,其规则是先计算嵌套的函数,后计算被嵌套函数的值。如表达式"=IF(AND(A33>=-5,A33<=5),"合格","不合格")",使用了 IF 和 AND 两个函数,在计算时先计算出 AND(A33>=-5,A33<=5)的值,再将这个值进行判断,返回值"合格"或"不合格"。在嵌套函数中要注意括号的配套和参数的完整,否则就会出现错误提示。

2. Excel 公式或函数错误信息

在处理数据时,如果表达式错误或函数参数不正确会显示错误信息,见表 2-13。

表 2-13　Excel 公式或函数错误信息

错误信息	错误原因	解决办法
#####	输入单元格中的数据太长或公式产生的结果太长,单元格太窄,无法显示完整	增加列的宽度,使结果能够完全显示
#DIV/0!	公式除数为 0(零)	修改单元格引用,或者在用作除数的单元格中输入不为零的值
#NULL!	在公式中的两个范围之间插入一个空格表示交叉点,但这两个范围没有公共单元格	如果引用两个不相交的区域,使用联名运算符逗号(,)
#VALUE!	使用了不正确的参数或运算符,或者当执行自动更正公式功能时不能更正公式	确认公式或函数所需的运算符或参数正确,并且公式引用的单元格中包含有效的数值
#NAME?	在公式中使用了 Excel 不能识别的文本	确认使用的名称确实存在。如果所需的名称、函数名拼写错误应改正过来。如果所需的名称没有被列出来,就添加相应的名称
#N/A!	当在函数或公式中没有可用的数值时,将产生错误值 #N/A!	在缺少数据的单元格内填充上数据
#NUM!	提供了无效的参数给工作表函数,或是公式的结果太大或太小而无法在工作表中表示	确认函数中使用的参数类型是否正确,检查数字是否超出限定区域
#REF!	单元格引用无效	恢复被引用的单元格范围,或者重新设定引用范围

 讨论与学习

如何利用函数从身份证号码中提取出生日期、判定性别和计算年龄?

巩固与提高

打开"练习素材 2-3-1.xlsx",完成以下操作。

1. 利用公式按表中第二行中各部分成绩所占比例计算"总成绩"。

2. 利用 RANK( )函数按总成绩计算成绩排名。

3. 利用函数在 G 列根据学生总成绩评定等级,总分在 90 分及以上为优秀、80~89 分为良好,60~79 分为及格,其余为不及格。结果如图 2-43 所示。

学生成绩统计表						
学号	平时成绩（占30%）	期中成绩（占20%）	期末成绩（占50%）	总成绩	成绩排名	等级
001	78	89	79	80.7	6	良好
002	65	78	63	66.6	12	及格
003	87	96	81	85.8	2	良好
004	73	67	69	69.8	11	及格
005	92	85	76	82.6	3	良好
006	92	85	76	82.6	3	良好
007	79	91	73	78.4	8	及格
008	66	82	91	81.7	5	良好
009	92	90	88	89.6	1	良好
010	60	85	78	74	10	及格
011	79	91	69	76.4	9	及格
012	78	85	80	80.4	7	良好

图 2-43　学生成绩统计表样文

任务 4 分析管理数据

任务情景

小张成功地完成了图书销售金额的统计,经理又对小张提出了新的要求,希望他能够把这个表按销售情况排序,筛选出特殊图书的销售情况,并利用合并计算和分类汇总等方法将销售情况汇总。

知识准备

1. 数据排序规则

在 Excel 2010 中,各类数据都可以根据其在计算机内的值进行排序,用户还可以自定义排列顺序。

(1) 数值的排序:按数值的大小进行排序。

(2) 文本的排序:按文本的 ASCII 值排序,顺序一般为空格、常用符号、数字、大写字母、小写字母、不常用符号、汉字,其中汉字默认按照汉语拼音的顺序进行排序(也可以定义使用笔画顺序进行排序)。

(3) 日期的排序:按时间的先后顺序,日期较早的为先。

(4) 逻辑数据的排序:逻辑数据只有真(True)和假(Flase)两种,排序时按其字母顺序排序。

(5) 颜色排序:按颜色色标进行排序。

> **提示**
>
> 排序分为升序和降序。
> - 升序:按字母表顺序、数值由小到大、日期由前到后排序。
> - 降序:按反向字母表顺序、数值由大到小、日期由后向前排序。

2. 数据筛选

数据筛选可以在工作表的数据清单中快速查找具有特定条件的记录,以便于浏览。筛选的方法主要有自动筛选和高级筛选。

3. 分类汇总

分类汇总是分析数据的常用方法,可以根据不同的类别对数据进行汇总,汇总的方式有求和、平均值、最大值、最小值等统计运算。分类汇总前必须按照分类字段进行排序,排序的目的就是为了分类。

提示

要清除分类汇总结果,在"分类汇总"对话框中单击"全部删除"按钮即可。

 任务实施

1. 使用排序

复制"销售情况表",并将新复制的工作表标签重命名为"排序",删除"合计"行数据,然后按"类别"为主要关键字、"实际单价"为次要关键字进行升序排序。"排序"操作方法如图2-44所示,排序结果如图2-45所示。

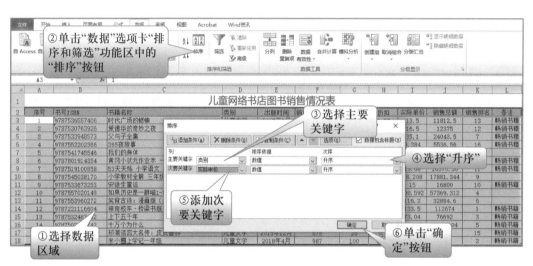

图2-44　排序数据

图2-45　排序结果

> **提示**
>
> 　　当排序关键字只有一个时,可以选中"关键字"那列数据,单击"开始"选项卡"编辑"功能区中的"排序和筛选"按钮,单击 ↓(升序按钮)或 ↓(降序按钮)进行排序,在弹出的对话框中选择排序依据,如果只对本列数据进行排序就选择"以当前选定区域排序",如果所有数据都需要排序就选择"扩展选定区域"。

2. 使用筛选

　　复制"销售情况表",并将新复制的工作表标签重命名为"筛选",删除"合计"行数据,筛选出"销售数量"大于 800 或者小于 400 的记录。操作方法如图 2-46 所示,结果如图 2-47 所示。

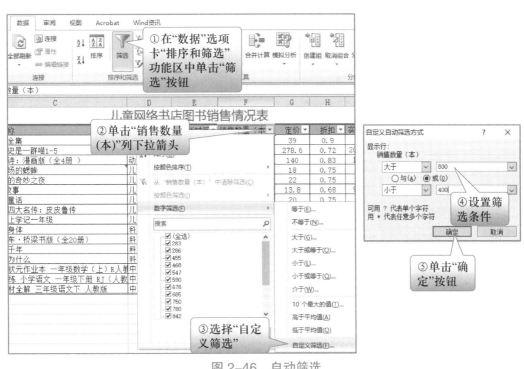

图 2-46　自动筛选

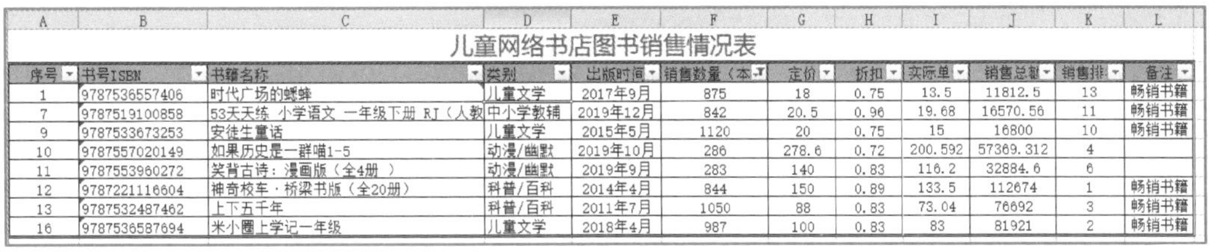

图 2-47　筛选结果

3. 分类汇总数据

　　复制"销售情况表",并将新复制的工作表标签重命名为"分类汇总",删除"合计"行数据,以"类别"为分类字段,对"销售数量"进行求"平均值"的分类汇总。首先根据选定的分类关键字"类别"将原始数据表进行排序。分类汇总方法如图 2-48 所示,结果可以分级显示,如图 2-49 和图 2-50 所示。

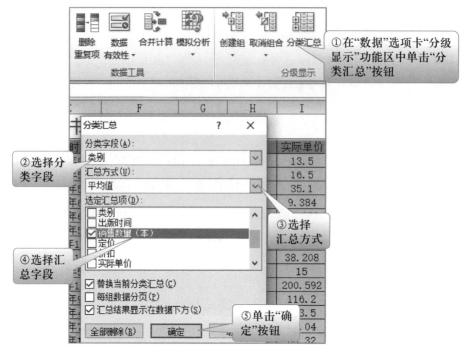

图 2-48 "分类汇总"对话框

图 2-49　3 级分类汇总结果

图 2-50　2 级分类汇总结果

 提示

- 分类汇总前需要先将进行分类汇总的单元格区域按照关键字排序,这点尤其要注意。

- 分类汇总后,工作表左上角出现 1 2 3 分级显示按钮,单击不同级别的按钮,显示不同级别的汇总数据,数字越大,显示内容越精细。使用 + 和 - 可以折叠和显示相应级别的内容。

技能拓展

1. 合并计算数据

合并计算是指将一个或多个源区域的数据合并到一个新的单元格区域。

使用工作簿"海滨市图书销售情况表 .xlsx"Sheet1 工作表中的数据,在"图书销售情况表"的表格中进行"求和"的合并计算操作。操作方法如图 2-51 所示,结果如图 2-52 所示。

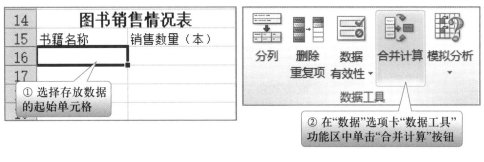

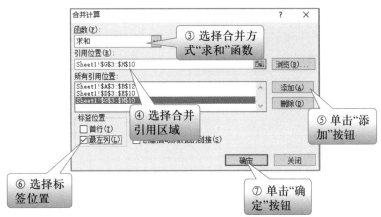

图 2-51　合并计算

14	图书销售情况表	
15	书籍名称	销售数量（本）
16	中学物理辅导	14400
17	中学化学辅导	13800
18	中学数学辅导	14240
19	中学语文辅导	13680
20	健康周刊	2860
21	医学知识	14490
22	饮食与健康	12880
23	十万个为什么	12970
24	丁丁历险记	18420
25	儿童乐园	13780

图 2-52　合并计算结果

2. 使用高级筛选功能

使用高级筛选功能可以对工作表数据进行更复杂的筛选和查询操作。

筛选"海滨市图书销售情况表.xlsx"Sheet2 工作表中的"类别"为"少儿读物"且"销售数量(本)"大于 6 000 的数据,可使用高级筛选完成。操作方法如图 2-53 所示,结果如图 2-54 所示。

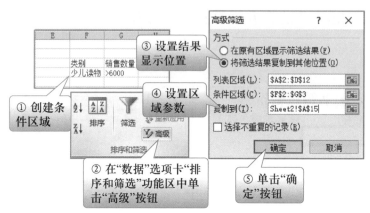

图 2-53　设置高级筛选

15	书籍名称	类别	销售数量（本）	单价
16	十万个为什么	少儿读物	6850	32.6
17	儿童乐园	少儿读物	6640	21.2

图 2-54　高级筛选结果

提示

- 筛选条件的标题要和数据表中的标题一致。
- 筛选条件中的值在同一行表示"且"的关系。
- 筛选条件中的值在不同行表示"或"的关系。

3. 使用多重分类汇总

多重分类汇总是依据两个或多个分类项,对工作表中的数据进行分类汇总。

使用"海滨市图书销售情况表.xlsx"Sheet3 工作表中的数据,以"类别"和"单价"为分类字段,对"销售数量(本)"进行求和的嵌套分类汇总。

(1) 使用"类别"为主要关键字、"单价"为次要关键字对数据进行升序排序。

(2) 分类汇总。先进行第一重分类汇总,操作方法如图 2-55 所示,第一重分类汇总结果如图 2-56 所示。再进行第二重分类汇总,得到多重分类汇总结果,如图 2-57 所示。

图 2-55　第一重分类汇总

	A	B	C	D
1	文化书店图书销售情况表			
2	书籍名称	类别	销售数量（本）	单价
3	中学语文辅导	课外读物	4860	16.5
4	中学数学辅导	课外读物	4680	16.5
5	中学物理辅导	课外读物	4300	16.5
6	中学化学辅导	课外读物	4000	16.5
7		课外读物 汇	17840	
8	儿童乐园	少儿读物	6640	21.2
9	丁丁历险记	少儿读物	5840	23.5
10	十万个为什么	少儿读物	6850	32.6
11		少儿读物 汇	19330	
12	健康周刊	生活百科	2860	15.6
13	饮食与健康	生活百科	3860	16.4
14	医学知识	生活百科	4830	16.8
15		生活百科 汇	11550	
16		总计	48720	

图 2-56　第一重分类汇总结果

	A	B	C	D
1	文化书店图书销售情况表			
2	书籍名称	类别	销售数量（本）	单价
3	中学语文辅导	课外读物	4860	16.5
4	中学数学辅导	课外读物	4680	16.5
5	中学物理辅导	课外读物	4300	16.5
6	中学化学辅导	课外读物	4000	16.5
7			17840	16.5 汇总
8		课外读物 汇	17840	
9	儿童乐园	少儿读物	6640	21.2
10			6640	21.2 汇总
11	丁丁历险记	少儿读物	5840	23.5
12			5840	23.5 汇总
13	十万个为什么	少儿读物	6850	32.6
14			6850	32.6 汇总
15		少儿读物 汇	19330	
16	健康周刊	生活百科	2860	15.6
17			2860	15.6 汇总
18	饮食与健康	生活百科	3860	16.4
19			3860	16.4 汇总
20	医学知识	生活百科	4830	16.8
21			4830	16.8 汇总
22		生活百科 汇	11550	
23		总计	48720	

图 2-57　多重分类汇总

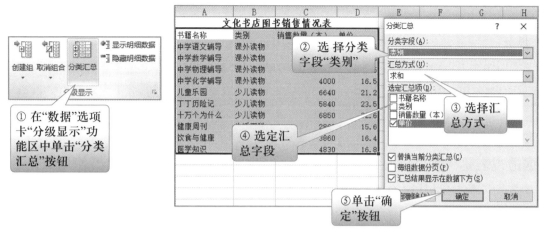

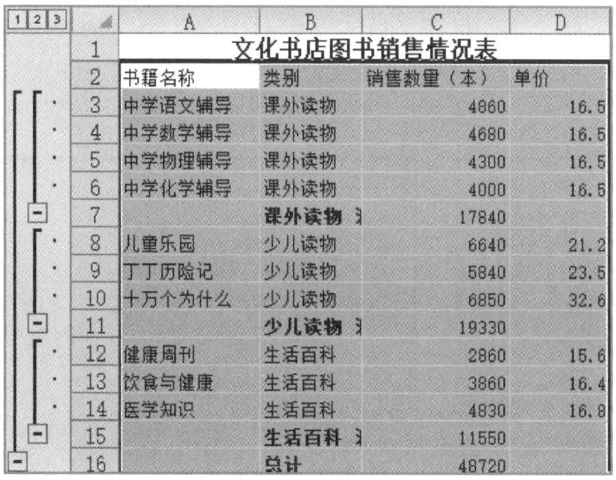

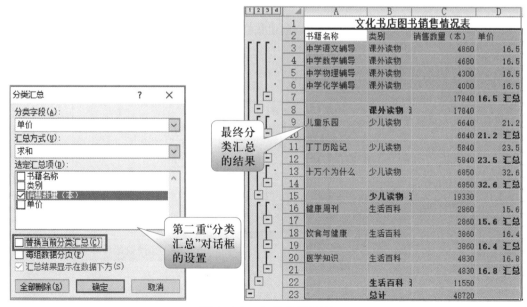

提示

　　在多重分类汇总中,除了第一个字段分类汇总需要选中"替换当前分类汇总"复选框以外,其余字段进行分类汇总时都不用选中。

4. 创建数据透视表

　　数据透视表是一种可以快速汇总、分析大量数据表格的交互式工具。使用数据透视表可以按照表格的不同字段从多个不同角度进行透视,并建立交叉表格,用来查看数据表格不同层面的汇总信息、分析结果以及摘要数据。

　　使用"海滨市图书销售情况表.xlsx""数据源"工作表中的数据,以"书店名称"为报表筛选项,以"书籍名称"为行标签,以"类别"为列标签,以"销售数量(本)"为求平均值项,从Sheet4 工作表 A1 单元格起建立数据透视表。操作方法如图 2-58 和图 2-59 所示,结果如图 2-60 所示。

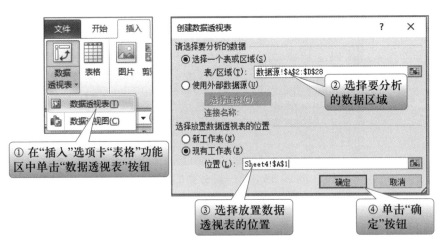

图 2-58　创建数据透视表(1)

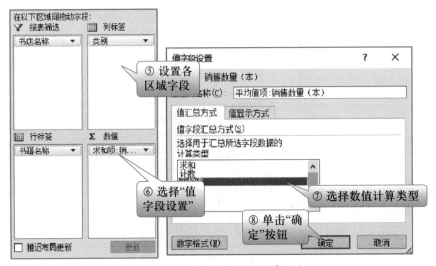

图 2-59　创建数据透视表(2)

平均值项：销售数量（本）	列标签			
行标签	课外读物	少儿读物	生活百科	总计
丁丁历险记		6140		6140
儿童乐园		6890		6890
健康周刊			2860	2860
十万个为什么		6485		6485
医学知识			4830	4830
饮食与健康			4293.333333	4293.333333
中学化学辅导	4600			4600
中学数学辅导	4746.666667			4746.666667
中学物理辅导	4800			4800
中学语文辅导	4560			4560
总计	**4676.666667**	**6452.857143**	**4318.571429**	**5058.461538**

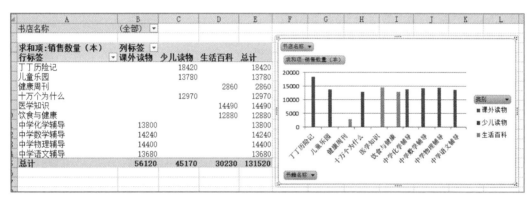

图 2-60 数据透视表结果

5. **创建数据透视图**

使用“海滨市图书销售情况表.xlsx”“数据源”工作表中的数据，以“书店名称”为报表筛选项，以“书籍名称”为行标签，以“类别”为列标签，以“销售数量(本)”为求和项，在Sheet5 工作表中建立数据透视图。操作方法与创建数据透视表类似，结果如图 2-61 所示。

书店名称	(全部)			
求和项：销售数量（本）	列标签			
行标签	课外读物	少儿读物	生活百科	总计
丁丁历险记		18420		18420
儿童乐园		13780		13780
健康周刊			2860	2860
十万个为什么		12970		12970
医学知识			14490	14490
饮食与健康			12880	12880
中学化学辅导	13800			13800
中学数学辅导	14240			14240
中学物理辅导	14400			14400
中学语文辅导	13680			13680
总计	**56120**	**45170**	**30230**	**131520**

图 2-61 数据透视图结果

提 示

在数据透视表和数据透视图中可以通过手动筛选按钮，任意选择需要分析的数据条件，实时得到数据分析表或数据分析图。

讨论与学习

1. 尝试在高级筛选中进行条件为“或”的筛选。
2. 思考分类汇总中有多个汇总项应该怎样操作？

巩固与提高

打开“练习素材 2-4-1.xlsx”，完成以下操作。

1. 使用 Sheet1 工作表中的数据，以“数量”为主要关键字、“单价(元)”为次要关键字进行降序排序，结果如图 2-62 所示。

2. 使用 Sheet2 工作表中的数据，利用高级筛选筛选出“进货地区”为“上海市”，“数量”大于“100”的记录，结果如图 2-63 所示。

3. 使用 Sheet3 工作表中“第一分公司新进办公用品情况表”和“第二分公司新进办公室用品情况表”表格中的数据，在“天都公司新进办公用品一览表”的表格中进行求“平均值”的合并计算操作，结果如图 2-64 所示。

4. 使用 Sheet4 工作表中的数据，以“类别”为分类字段，对“数量”和“单价(元)”进行“求和”的分类汇总，结果如图 2-65 所示。

5. 使用“数据源”工作表中的数据，以“名称”为报表筛选项，以“类别”为行标签，以“进货地区”为列标签，以“数量”和“单价(元)”为求和项，从 Sheet5 工作表的 A1 单元格起建立数据透视表，结果如图 2-66 所示。

	A	B	C	D	E
1	天都公司新进办公用品一览表				
2	名称	类别	进货地区	数量	单价（元）
3	椅子	家具	深圳	830	150
4	台式电脑	数码	上海市	679	8530
5	空调	电器	北京市	643	4560
6	打印机	数码	山东	580	480
7	办公桌	家具	上海市	432	360
8	饮水机	电器	深圳	286	3450
9	扫描仪	数码	上海市	274	1190
10	茶几	家具	山东	243	1400
11	书柜	家具	北京市	215	3480
12	复印机	数码	深圳	215	2690
13	U盘	数码	山东	215	215
14	沙发	家具	北京市	95	8480
15	笔记本	数码	山东	76	8240
16	DVD	电器	上海市	72	1748
17	电视	电器	北京市	40	2688

图 2-62　排序结果

名称	类别	进货地区	数量	单价（元）
台式电脑	数码	上海市	679	8530
办公桌	家具	上海市	432	360
扫描仪	数码	上海市	274	1190

图 2-63　筛选结果

天都公司新进办公用品一览表		
名称	类别	数量
沙发	家具	85.5
电视	电器	60
书柜	家具	333.5
空调	电器	511.5
笔记本	数码	70.5
U盘	数码	257.5
茶几	家具	200.5
打印机	数码	505
台式电脑	数码	689.5
DVD	电器	76
办公桌	家具	391
扫描仪	数码	297
椅子	家具	767.5
复印机	数码	211
饮水机	电器	305.5

图 2-64　合并计算结果

	A	B	C	D	E
1	天都公司新进办公用品一览表				
2	名称	类别	进货地区	数量	单价（元）
3	电视	电器	北京市	40	2688
4	空调	电器	北京市	643	4560
5	DVD	电器	上海市	72	1748
6	饮水机	电器	深圳	286	3450
7		电器 汇总		1041	12446
8	沙发	家具	北京市	95	8480
9	书柜	家具	北京市	215	3480
10	茶几	家具	山东	243	1400
11	办公桌	家具	上海市	432	360
12	椅子	家具	深圳	830	150
13		家具 汇总		1815	13870
14	笔记本	数码	山东	76	8240
15	U盘	数码	山东	215	215
16	打印机	数码	山东	580	480
17	台式电脑	数码	上海市	679	8530
18	扫描仪	数码	上海市	274	1190
19	复印机	数码	深圳	215	2690
20		数码 汇总		2039	21345
21		总计		4895	47661

图 2-65　分类汇总结果

	A	B	C	D	E
1	名称	(全部)			
2					
3		列标签			
4	行标签	北京市	上海市	深圳	总计
5	电器				
6	求和项:数量	929	357	802	2088
7	求和项:单价（元）	8010	9678	8875	26563
8	家具				
9	求和项:数量	1978	1466	731	4175
10	求和项:单价（元）	13870	13827	15434	43131
11	数码				
12	求和项:数量	1748	722	1538	4008
13	求和项:单价（元）	10468	9311	10502	30281
14	求和项:数量汇总	4655	2545	3071	10271
15	求和项:单价（元）汇总	32348	32816	34811	99975

图 2-66　数据透视表结果

任务 5　制作图表

在 Excel 2010 中不仅可以对数据进行排序、筛选、计算、分类汇总,还可以根据表格中的数据生成各种类型的图表,帮助用户更加直观、形象地表示和反映数据的意义和变化,方便用户对数据进行分析、对比、预测,从而提高工作效率。

 任务情景

在前面的任务中,小张顺利完成了对儿童网络书店图书销售情况的统计与汇总,经理对小张的工作非常满意,又对他提出了新的任务,希望他能利用图表对一、二、三季度的销售数据进行更加直观的分析比较。

 知识准备

1. 图表的构成

Excel 2010 中的图表一般包含图表标题、图表区、绘图区、坐标轴、数据系列、图例、网格线等元素。这里以常见的簇状柱形图为例,如图 2-67 所示。

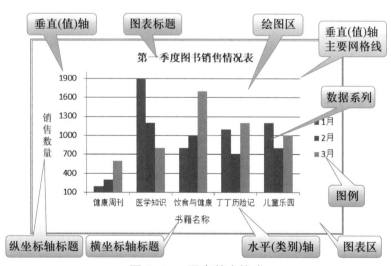

图 2-67　图表基本构成

不同类型的图表可能具有不同的构成要素,如折线图一般要有坐标轴,而饼图和圆环图一般没有坐标轴,雷达图只有数值轴,没有分类轴。

2. 图表的类型

Excel 2010 在 Excel 2007 的基础上更加丰富了图表的类型,美化了图表,它包括 11 类图表,共73种标准图表,用户还可以自定义和通过互联网下载图表模板。图表类型及功能见表2-14。

表2-14 图表类型及功能

图表类型	功能
柱形图	默认的图表类型,用以表示分类项之间的差异
折线图	以等间隔显示数据变化的趋势
饼图	表示系列中的每一项占该数据系列总和的比例值
条形图	用来比较不同类别数据之间的差异情况
面积图	强调幅度随时间的变化,展示部分与整体的关系
散点图	用来表示变量(横坐标轴和纵坐标轴)之间的相互关系
股价图	显示股价的走势和波动
曲面图	用于寻找两组数据之间的最佳组合
圆环图	以圆环形状来表示数据之间的占比
气泡图	与散点图类似,用于展示三个变量之间的关系
雷达图	表示指标的实际值与参照值的偏离程度

 任务实施

1. 创建图表

创建图表主要有如图2-68所示的几个步骤。

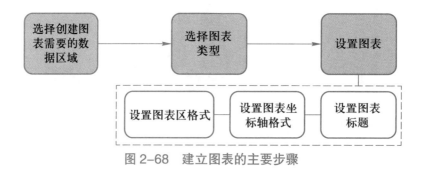

图2-68 建立图表的主要步骤

利用"儿童网络书店图书销售汇总表"中"图书类别"和"一季度""二季度""三季度"4列数据,创建三维簇状柱形图。操作方法如图2-69所示,图表效果如图2-70所示。

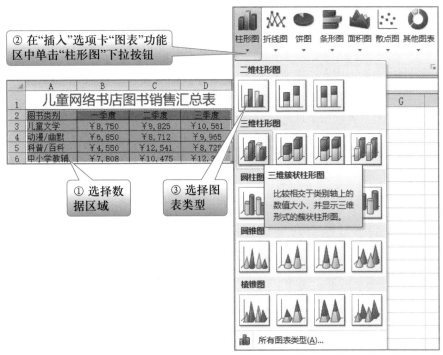

图 2-69 创建图表

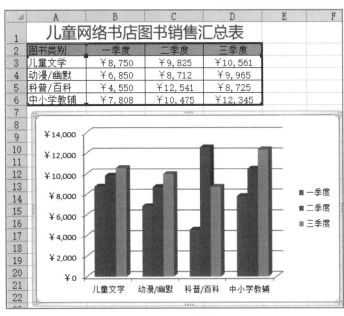

图 2-70 图表效果

> **提示**
>
> ● 若要基于默认图表类型迅速创建图表,可以选择要用于图表的数据,然后按 Alt+F1 或 F11 键。如果按 Alt+F1 键,则图表显示为嵌入图表。如果按 F11 键,则会单独生成一个名称为 Chart 的工作表,创建的图表就放在该工作表中,该图表类型默认为"柱形图"。
>
> ● 在创建图表过程中,选择数据区域时,如果要选择表格中不相邻的数据,需要按住 Ctrl 键,再选择不相邻的数据区域。
>
> ● 如果不再需要图表,选中后按 Delete 键删除即可。

2. 添加图表标题

给图表添加标题"图书销售汇总表",操作方法如图 2-71 所示。

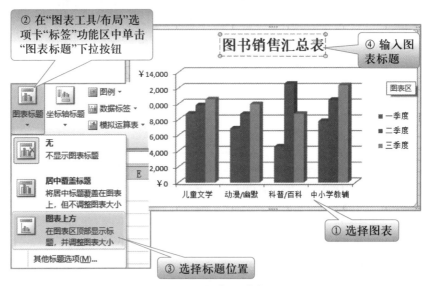

图 2-71　添加图表标题

3. 设置图表坐标轴格式

设置"图书销售汇总表"的垂直(值)轴主要刻度单位为 3 000,操作方法如图 2-72 所示。

4. 设置图表区格式

修改"图书销售汇总表"图表区填充颜色为"橙色,强调文字颜色 6,淡色 80%",操作方法如图 2-73 所示。

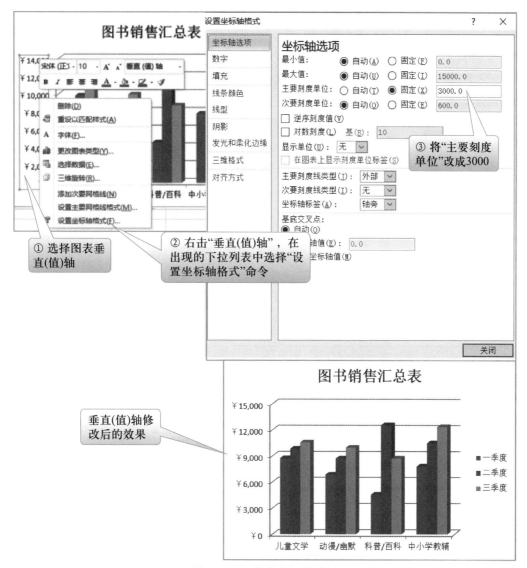

图 2-72　设置坐标轴格式

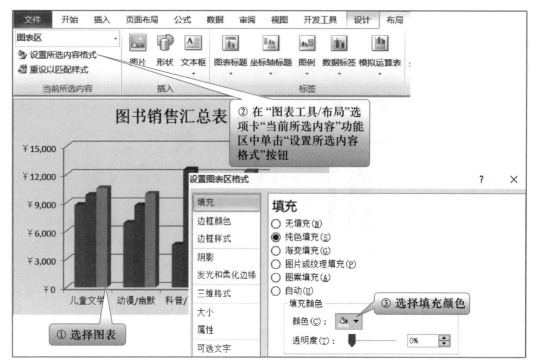

图2-73 设置图表区格式

 提示

选择图表后,会显示"图表工具"选项卡,其中包括"设计""布局"和"格式"三个子选项卡,利用它们可以修改图表各组成部分的布局和格式,如修改图表样式、设置图表标签、网格线等。

 **技能拓展**

1. 更换图表数据源

在图表创建完成后,有时根据实际需要修改图表数据源,例如,将"图书销售汇总表"图表数据区域更换成只显示4~6行的数据,操作方法如图2-74所示。

2. 更改图表类型

将"图书销售汇总表"三维簇状柱形图修改成簇状条形图,操作方法如图2-75所示。

3. 创建迷你图

迷你图是Excel 2010中的一个新增功能,它是绘制在单元格中的一个微型图表,以可视化方式显示数值的趋势或者突出显示最大值和最小值。例如创建折线迷你图分析"儿童网络书店图书销售汇总表"1~3季度每种图书的销售情况,操作方法如图2-76所示。

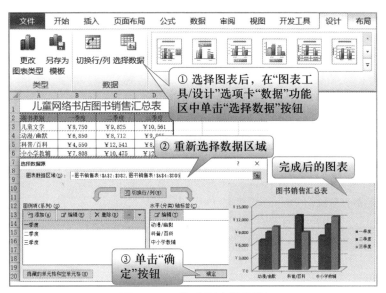

图 2-74　修改图表数据源

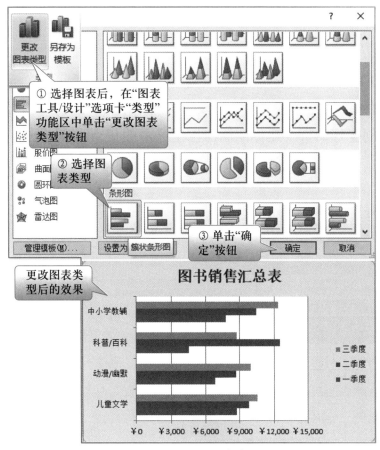

图 2-75　更改图表类型

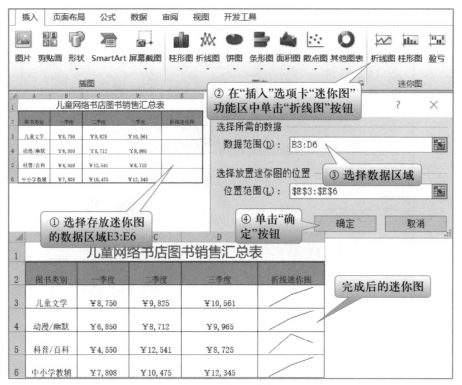

图 2-76　创建迷你图

4. 编辑迷你图

创建迷你图之后,可以控制显示的值点(例如高值、低值、第一个值、最后一个值或负值),更改迷你图的类型(折线、柱形或盈亏),以及设置迷你图的样式。例如,给"儿童网络书店图书销售汇总表"创建好的折线迷你图添加控制显示的值点、修改样式,操作方法如图 2-77所示。

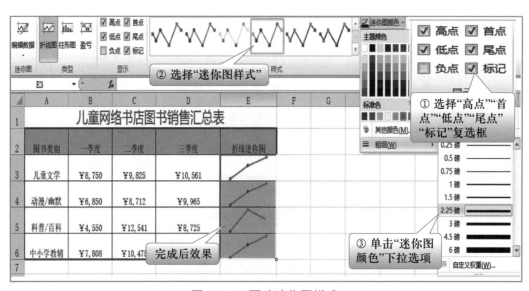

图 2-77　更改迷你图样式

讨论与学习

1. 如何调整图表的大小及移动图表？
2. 当图表的关联数据发生变化时，对根据先前数据已经生成的图表有影响吗？
3. 柱形迷你图与盈亏迷你图有什么区别？

巩固与提高

1. 尝试创建曲面图及折线图类型的图表。
2. 尝试对折线迷你图的高点、低点、首点、尾点进行不同标记颜色的设置。
3. 尝试对创建好的三维簇状柱形图添加主要横坐标轴标题和主要纵坐标轴标题。
4. 打开"练习素材 2-5-1.xlsx"，在工作表"图书销售情况图表"中创建一个三维簇状柱形图，并参照图 2-78 设置图表的格式。

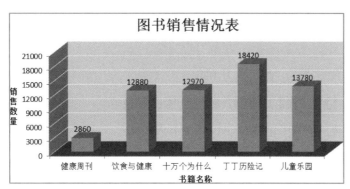

图 2-78 图表效果

5. 利用"练习素材 2-5-1.xlsx"中"每月销售情况表"工作表中的数据创建柱形迷你图和折线迷你图，并参照图 2-79 设置迷你图样式。

图书销售情况表

书籍名称	1月	2月	3月	4月	柱形迷你图	折线迷你图
中学物理辅导	1000	975	1243	800		
中学化学辅导	600	800	1240	900		
中学数学辅导	700	675	1287	1200		
中学语文辅导	1140	1115	1143	1500		
健康周刊	200	300	600	1500		
医学知识	1900	1200	800	800		
饮食与健康	800	1000	1700	1300		
十万个为什么	1081	1056	1083	1400		
丁丁历险记	1100	700	1200	2000		
儿童乐园	1200	800	1000	1000		

图 2-79 迷你图效果

任务 6　打印工作表

　　在工作中常常需要将表格打印出来。利用 Excel 2010 可方便地打印出具有专业水平的报表。

 任务情景

　　小张需要将"儿童网络书店图书销售情况表"数据打印出来提交给经理查看,为了打印输出效果美观,需要进行相关的页面设置,比如设置打印标题、页眉和页脚、打印方式等,然后进行打印预览,符合要求后再打印输出。

 知识准备

　　1. 分页符的作用

　　在工作表中插入分页符,主要起到强制分页的作用。

　　2. 打印对象

　　Excel 中的打印对象主要包括以下几种。

　　打印活动工作表:打印当前工作簿中指定的工作表。

　　打印整个工作簿:打印工作簿中的所有工作表。

　　打印选定区域:打印工作表中选定的范围。

　　3. **在自定义页眉中插入预设的域**

　　在自定义页眉中可以插入多个预设的域,也可以设置格式,其用途见表 2-15 所示。

表 2-15　"自定义页眉"中域功能表

按钮	功能	按钮	功能
A	设置页眉 / 页脚文字格式		插入工作簿文件夹所在路径
	插入工作表页码		插入工作簿文件名
	插入工作表总页数		插入工作表名
	插入系统当前日期		插入图片
	插入系统当前时间		设置图片格式

 任务实施

本任务通过如图 2-80 所示的几个步骤,完成对工作表的打印。

图 2-80　打印工作表的主要步骤

1. 设置打印标题

如果工作表超过一页,打印时后面页面一般不能显示表格的标题和表头,可以通过设置打印标题的方式让所有页面都显示表格的标题和表头。设置"儿童网络书店图书销售情况表"前两行为顶端标题行,操作方法如图 2-81 所示。

图 2-81　设置打印标题

2. 设置页眉和页脚

和 Word 一样,Excel 也可以为文档设置个性化的页眉和页脚。设置"儿童网络书店图书销售情况表"的页眉由当前日期、儿童网络书店、图书销售资料组成,页脚显示页码。操作方法如图 2-82 所示,结果如图 2-83 所示。

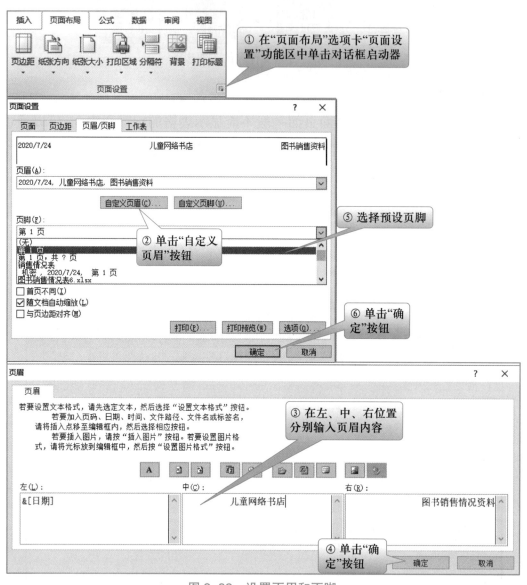

图 2-82　设置页眉和页脚

3. 设置打印方式

设置"儿童网络书店图书销售情况表"横向打印,操作方法如图 2-84 所示。

4. 预览和打印

在使用打印机打印工作表前,可以使用"打印预览"功能在屏幕上查看打印的整体效果,若不满意,还可以进行修改。将"图书销售情况表"进行预览和打印,操作方法如图 2-85 所示。

儿童网络书店图书销售情况表

	书号ISBN	书籍名称	类别	出版时间	销售数量（本）	定价	折扣	实际单价	销售总额	销售排名	备注
1	9787536557406	时代广场的蟋蟀	儿童文学	2017年9月	875	18	0.75	13.5	11812.5	13	畅销书籍
2	9787530763926	爱德华的奇妙之夜	儿童文学	2016年5月	750	22	0.75	16.5	12375	12	畅销书籍
3	9787533948573	父与子全集	动漫/幽默	2017年5月	685	39	0.9	35.1	24043.5	7	畅销书籍
4	9787552202366	365夜故事	儿童文学	2012年6月	590	13.8	0.68	9.384	5536.56	16	畅销书籍
5	9787541745546	我们的身体	科普/百科	2012年6月	455	21.2	0.96	20.352	9260.16	14	
6	9787801914354	黄冈小状元作业本 一年级数学（上）R人教	中小学教辅	2019年5月	780	28.8	0.96	27.648	21565.44	8	畅销书籍
7	9787519100858	53天天练 小学语文 一年级下册 RJ（人教	中小学教辅	2019年12月	842	20.5	0.96	19.68	16570.56	11	畅销书籍
8	9787545038170	小学教材全解 三年级语文下 人教版	中小学教辅	2019年12月	468	39.8	0.96	38.208	17881.344	9	
9	9787533673253	安徒生童话	儿童文学	2015年5月	1120	20	0.75	15	16800	10	畅销书籍
10	9787557020149	如果历史是一群喵1-5	动漫/幽默	2019年10月	286	278.6	0.72	200.592	57369.312	4	
11	9787553960272	笑背古诗：漫画版（全4册）	动漫/幽默	2019年9月	283	140	0.83	116.2	32884.6	6	
12	9787221116604	神奇校车·桥梁书版（全20册）	科普/百科	2014年4月	844	150	0.89	133.5	112674	1	畅销书籍
13	9787532487462	上下五千年	科普/百科	2011年7月	1050	88	0.83	73.04	76692	3	畅销书籍
14	9787502043742	十万个为什么	科普/百科	2014年1月	547	128	0.69	88.32	48311.04	5	畅销书籍
15	9787534290770	郑渊洁四大名传：皮皮鲁传	儿童文学	2015年12月	678	25	0.5	12.5	8475	15	畅销书籍
16	9787536587694	米小圈上学记一年级	儿童文学	2018年4月	987	100	0.83	83	81921	2	畅销书籍
合计					11240				554172.016		

图 2-83　设置页眉和页脚效果

图 2-84　设置为横向打印方式

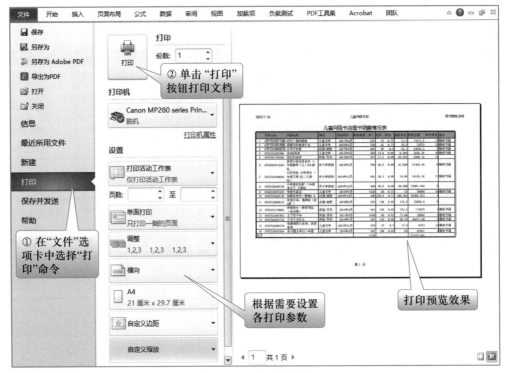

图 2-85　打印预览

提 示

- 若要在打印前预览工作表，还可按 Ctrl+F2 组合键。
- 调整分页符后，如果仍然无法将打印的内容打印在一页上时，可以单击"自定义缩放"下拉按钮，将工作表调整为一页，如图 2-86 所示。

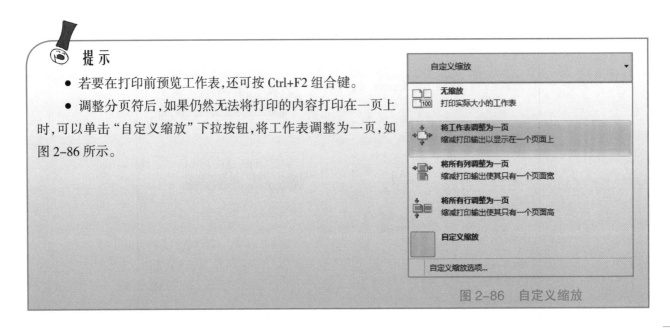

图 2-86　自定义缩放

 技能拓展

1. 插入分页符

分页符是文件分页的基准，工作簿页数既可以按照默认设置，也可以按照内容或打印需求来进行设置，分页符能很好地将这点体现出来。例如，要在"儿童网络书店图书销售情况表"第 8 行上方插入分页符，操作方法如图 2-87 所示。

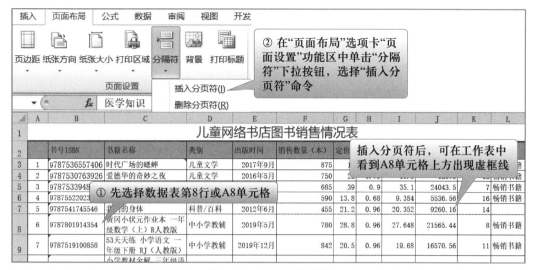

图 2-87　插入分页符

2. 打印工作表部分内容(设置打印区域)

在默认情况下,在 Excel 2010 工作表中执行打印操作时,会打印当前工作表中所有非空单元格中的内容。在实际工作中,用户有时需要打印当前工作表中的一部分内容。例如只打印工作表 A2 :E8 单元格区域中的数据,操作方法如图 2-88 所示。

图 2-88　设置打印区域

3. 设置数据保护

Excel 2010 广泛应用于管理、统计财务、金融等众多领域中。比如处理财务的数据,一般都是公司的机密,因此就需要对数据进行保护操作,一般分为以下 3 种情况。

(1) 加密工作簿。设置 Excel 工作簿为机密文件,需要通过密码才能打开和查看数据,操作方法如图 2-89 所示。

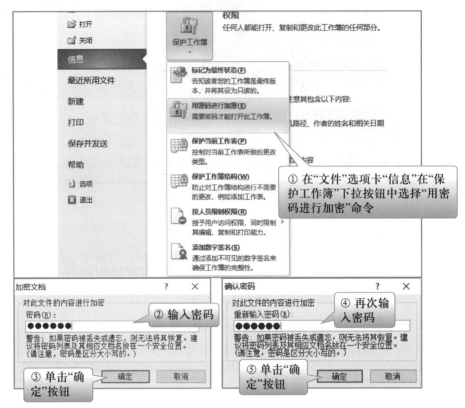

图 2-89　加密工作簿

 提 示

- 设置密码后,打开工作簿时要输入密码,如果遗忘密码,将无法打开该文件。
- 密码区分大小写。
- 如果要撤销密码,只需在设置密码的文本框中删除输入的密码即可。

(2) 保护工作簿结构。允许查看整个工作簿数据,但是不允许在工作簿里面进行插入、删除、重命名、移动和复制工作表等操作。操作方法如图 2-90 所示。

(3) 保护工作表。Excel 2010 提供了多层安全和防护措施。如果不需要对整个工作簿进行保护,还可以为特定工作表或部分单元格区域进行保护。设置"图书销售情况表"中"定价"和"折扣"两列的数据不允许更改,操作方法如图 2-91 和图 2-92 所示。

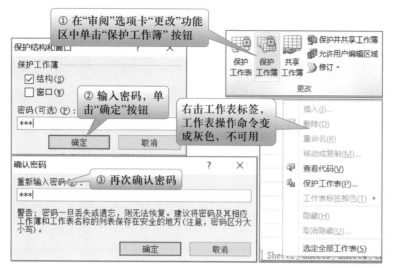

图 2-90 保护工作簿结构

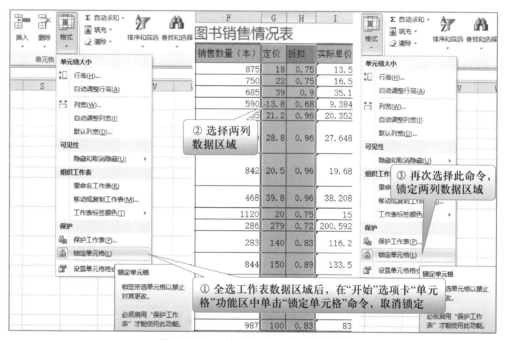

图 2-91 保护工作表数据区域(1)

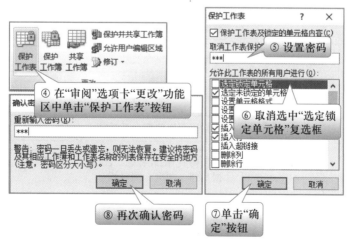

图 2-92 保护工作表数据区域(2)

讨论与学习

1. 如何一次打印工作簿中多张工作表的表格数据？

2. 在打印表格时，如何连同表格的行号列标一起打印？

3. 如何让表格居中打印？

巩固与提高

1. 尝试移除所有手动插入的分页符。

2. 尝试取消 Excel 中的数据保护。

3. 尝试双面打印表格。

4. 尝试打印多个工作表时，设置打印连续页码。

5. 尝试打印工作表中的公式。

6. 打开"练习素材 2-6-1.xlsx"，在"图书销售情况表"中对工作表进行数据保护和页面设置，并打印预览。

单 元 小 结

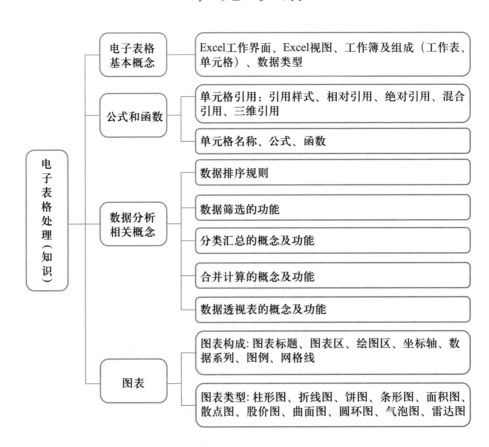

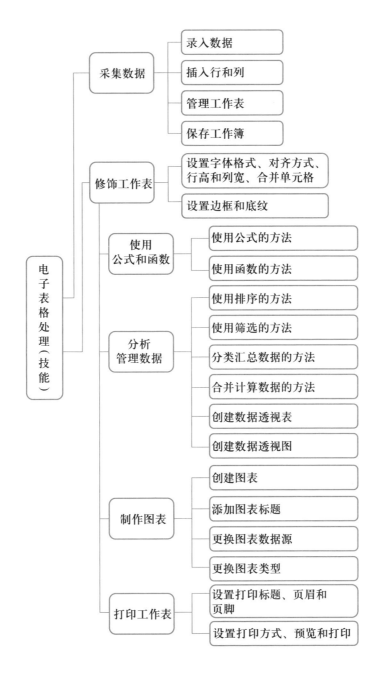

综合实训 2

一、创建销售情况表并进行数据统计与分析

1. 创建一个工作簿文件"产品销售情况表",并保存。

2. 将 Sheet1 工作表重命名为"产品销售表"。

3. 在"产品销售表"中输入以下数据,结果如图 2-93 所示。

4. 在第一行上方插入一行,并在 A1 单元格内输入标题"产品销售情况表"。

5. 设置表格格式,操作结果如图 2-94 所示。

6. 复制"产品销售表",重命名为"分类汇总"。

7. 使用"产品销售表"工作表中的数据,运用条件格式将"数量"一列大于300的数值设置为"黄填充色深黄色文本"。

	A	B	C	D	E	F	G
1	订购日期	发票号	所属区域	产品类别	数量	单价	金额
2	2019/2/13	H00012831	无锡	暖靴	900	82.5	
3	2019/2/13	H00012831	无锡	睡袋	48	121.4	
4	2019/3/23	H00012792	苏州	宠物用品	150	111.8	
5	2019/4/28	H00012775	常熟	宠物用品	80	111.8	
6	2019/4/28	H00012792	常熟	睡袋	72	121.4	
7	2019/5/9	H00012831	无锡	宠物用品	350	111.8	
8	2019/5/31	H00012775	常熟	宠物用品	240	111.8	
9	2019/5/31	H00012792	常熟	宠物用品	180	111.8	
10	2019/5/31	H00012792	常熟	睡袋	30	121.4	
11	2019/7/10	H00012831	无锡	暖靴	150	82.5	
12	2019/9/24	H00012768	常熟	服装	150	310.6	
13	2019/10/24	H00012792	苏州	服装	90	310.6	
14	2019/11/20	H00012792	苏州	睡袋	48	121.4	
15	2019/11/27	H00012831	无锡	睡袋	60	121.4	
16	2019/11/30	H00012768	苏州	彩盒	40	17.7	
17	2019/11/30	H00012775	常熟	彩盒	240	17.7	
18	2019/11/30	H00012768	苏州	暖靴	160	82.5	
19	2019/11/30	H00012775	常熟	暖靴	460	82.5	
20	2019/11/30	H00012768	苏州	睡袋	120	121.4	

图 2-93　输入数据结果

8. 数据统计与分析,操作结果如图2-94所示。

	A	B	C	D	E	F	G
1	产品销售情况表						
2	订购日期	发票号	所属区域	产品类别	数量	单价	金额
3	2019/2/13	H00012831	无锡	暖靴	900	82.5	74,242
4	2019/2/13	H00012831	无锡	睡袋	48	121.4	5,829
5	2019/3/23	H00012792	苏州	宠物用品	150	111.8	16,770
6	2019/4/28	H00012775	常熟	宠物用品	80	111.8	8,943
7	2019/4/28	H00012792	常熟	睡袋	72	121.4	8,743
8	2019/5/9	H00012831	无锡	宠物用品	350	111.8	39,128
9	2019/5/31	H00012775	常熟	宠物用品	240	111.8	26,830
10	2019/5/31	H00012792	常熟	宠物用品	180	111.8	20,123
11	2019/5/31	H00012792	常熟	睡袋	30	121.4	3,643
12	2019/7/10	H00012831	无锡	暖靴	150	82.5	12,374
13	2019/9/24	H00012768	常熟	服装	150	310.6	46,590
14	2019/10/24	H00012792	苏州	服装	90	310.6	27,954
15	2019/11/20	H00012792	苏州	睡袋	48	121.4	5,829
16	2019/11/27	H00012831	无锡	睡袋	60	121.4	7,286
17	2019/11/30	H00012768	苏州	彩盒	40	17.7	706
18	2019/11/30	H00012775	常熟	彩盒	240	17.7	4,237
19	2019/11/30	H00012768	苏州	暖靴	160	82.5	13,199
20	2019/11/30	H00012775	常熟	暖靴	460	82.5	37,946
21	2019/11/30	H00012768	苏州	睡袋	120	121.4	14,572

图 2-94　设置格式和计算结果

(1) 使用"产品销售表"工作表中的数据,应用函数计算出"金额",不保留小数。

(2) 使用"分类汇总"工作表中的数据,以"产品类别"为分类字段,对"金额"进行求和的分类汇总,操作结果如图2-95所示。

		A	B	C	D	E	F	G
	2	订购日期	发票号	所属区域	产品类别	数量	单价	金额
	5				彩盒 汇总			4,944
	11				宠物用品 汇总			111,794
	14				服装 汇总			74,545
	19				暖靴 汇总			137,760
	26				睡袋 汇总			45,903
	27				总计			374,946

图 2-95　分类汇总结果

9. 创建图表。

利用"分类汇总"工作表中的数据,在"产品销售表"中创建一个三维簇状柱形图,设置图表标题和坐标轴标题,并设置主要纵坐标轴格式(显示单位为 10 000)和数据标签格式,操作结果如图 2-96 所示。

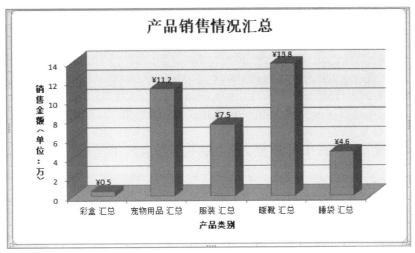

图 2-96　创建图表效果

10. 对"产品销售表"进行页面设置并打印预览。

二、创建员工培训成绩表并进行数据统计与分析

1. 创建一个工作簿文件"员工培训成绩表",并保存。

2. 将 Sheet1 工作表重命名为"成绩表"。

3. 在"员工培训成绩表"中输入以下数据,操作结果如图 2-97 所示。

	A	B	C	D	E	F	G	H	I	J
1	公司员工培训成绩表									
2	员工工号	姓名	部门	联系电话	法律知识	商务礼仪	电脑操作	公司流程	平均成绩	总成绩
3	zy001	王小洁	研发部		71	71	65	76		
4	zy002	张乘	销售部		99	63	86	72		
5	zy003	刘沙	财务部		73	67	98	83		
6	zy004	谢铭	广告部		88	86	99	98		
7	zy005	杨丽丽	研发部		95	85	61	70		
8	zy006	兰伟	财务部		63	78	72	81		
9	zy007	许华	研发部		61	85	74	89		
10	zy008	向杰	研发部		81	87	76	84		
11	zy009	张红	销售部		69	96	74	75		
12	zy010	吕佳	销售部		60	99	87	72		
13	zy011	吴光	广告部		84	95	69	62		
14	zy012	王天天	研发部		92	91	81	85		

图 2-97　输入数据

4. 设置表格格式,操作结果如图 2-98 所示。

5. 为 H2 单元格新建批注,并输入批注内容"新增培训科目"。

6. 数据统计与分析,操作结果如图 2-98 所示。

图 2-98　设置格式和统计结果

（1）使用"成绩表"工作表中的数据，应用函数计算出"平均成绩"和"总成绩"，平均成绩的结果保留一位小数。

（2）使用"成绩表"工作表中的数据，以"总成绩"为主要关键字，"电脑操作"为次要关键字进行降序排序。

（3）使用"成绩表"工作表中的数据，利用高级筛选功能筛选出"部门"为"研发部"，"法律知识"成绩大于 80 分的记录，存放在 Sheet2 工作表中，操作结果如图 2-99 所示。

图 2-99　高级筛选结果

（4）使用"成绩表"工作表中的数据，以"员工工号"为报表筛选项，以"姓名"为列标签，以"部门"为行标签，以"总成绩"为求和项，从 Sheet3 工作表的 A1 单元格起建立数据透视表，操作结果如图 2-100 所示。

图 2-100　数据透视表结果

7. 创建图表。

（1）复制"成绩表"工作表并命名为"图表"，创建一个三维簇状条形图，并设置图表样式为"样式 26"。

（2）设置图表的标题和坐标轴标题，同时设置垂直（值）轴坐标轴格式，设置背景墙颜色为纯色填充,颜色为"白色,背景 1,深色 15%",操作结果如图 2-101 所示。

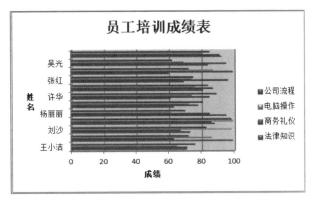

图 2-101　创建图表结果

(3) 在"图表"工作表中添加一列,创建折线迷你图并设置格式,操作结果如图 2-102 所示。

	A	B	C	D	E	F	G	H	I
1	公司员工培训成绩表								
2	员工工号	姓名	部门	联系电话	法律知识	商务礼仪	电脑操作	公司流程	迷你图
3	zy001	王小洁	研发部		71	71	65	76	
4	zy002	张乘	销售部		99	63	86	72	
5	zy003	刘沙	财务部		73	67	98	83	
6	zy004	谢铭	广告部		88	86	99	98	
7	zy005	杨丽丽	研发部		95	85	61	70	
8	zy006	兰伟	财务部		63	78	72	81	
9	zy007	许华	研发部		61	85	74	89	
10	zy008	向杰	研发部		81	87	76	84	
11	zy009	张红	销售部		69	96	74	75	
12	zy010	吕佳	销售部		60	99	87	72	
13	zy011	吴光	广告部		84	95	69	62	
14	zy012	王天天	研发部		92	91	81	85	

图 2-102　创建迷你折线图结果

8. 对"成绩表"工作表进行页面设置并打印预览。

三、按要求完成以下操作

1. 创建一个工作簿文件"学生生活费表 .xlsx",并保存。

2. 将"实训素材 2-1.txt"中的数据导入从 Sheet1 工作表 A1 单元格开始的单元格区域。

3. 在"六月份"后面添加两列,计算每个学生二季度的总生活费,按照 20% 的生活费补助比例,计算每个学生获得的生活费补助金额。

4. 将 Sheet1 工作表中的数据复制到 Sheet2 工作表中,使用"分类汇总"功能按性别统计学生每个月的平均生活费,操作结果如图 2-103 所示。

	A	B	C	D	E	F
1	学生二季度生活费					
2	学号	姓名	性别	四月份	五月份	六月份
9			男 平均值	1233.333	1133.333	1100
14			女 平均值	1225	1225	1200
15			总计平均值	1230	1170	1140

图 2-103　分类汇总结果

5. 设置 Sheet1 工作表的格式,操作结果如图 2–104 所示。

	A	B	C	D	E	F	G	H
1	学生二季度生活费							
2	学号	姓名	性别	四月份	五月份	六月份	总计	生活费补助
3	202001	张飞	女	1000	1400	1300	3700	740
4	202002	刘丽	女	1500	1200	1400	4100	820
5	202003	秦勇	男	1200	1100	1000	3300	660
6	202004	张华	男	1400	1300	1200	3900	780
7	202005	王冰	男	900	1000	800	2700	540
8	202006	陈珍	男	1600	1500	1500	4600	920
9	202007	苗静	女	1200	1200	1100	3500	700
10	202008	李军	男	1300	1000	1000	3300	660
11	202009	郑瑞	男	1000	900	1100	3000	600
12	202010	何秀	女	1200	1100	1000	3300	660

图 2–104　设置表格格式

6. 使用 Sheet1 工作表中的相关数据创建图表并设置格式,操作结果如图 2–105 所示。

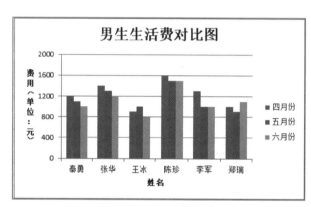

图 2–105　图表效果

习题 2

一、填空题

1. 一个 Excel 文件就是一个_____,默认的扩展名是_____。

2. 启动 Excel 2010 时,系统会自动创建一个名为_____的空白工作簿。

3. Excel 工作表默认的视图是_____。

4. 在 Excel 2010 中按_____键可退出全屏显示视图。

5. 被选中的单元格称为_____。

6. 单元格行号以_____表示,列标以_____表示。

7. 选择不连续的单元格区域时,需要按住_____键同时选择各单元格。

8. 新建的工作簿默认只有三张工作表,系统默认的前三张工作表名分别为_____、_____、

_____。

9. 填充柄是位于选定区域_____的小黑方块。

10. 输入文本格式的数字,如身份证号、电话号码、邮政编码等,应先输入一个_____。

11. 输入分数时,为了避免与日期发生混淆,应在数值前面输入_____和一个_____。

12. 选中多个单元格后,输入数据,然后按_____键,可实现同时在这些单元格内输入相同的数据。

13. 利用 Excel 的_____功能可以将指定的行或列的内容固定不动,便于对照查看。

14. 在 Excel 2010 中,计算当前数据在引用区域中位次的函数是_____。

15. 在 Excel 2010 中,对数据进行排序时,排序的依据称为_____。

16. 在 Excel 2010 中,若单元格 C8 中的公式为"=A3+B4",则将 C8 单元格复制到 D10 单元格后,D10 单元格中的公式为_____。

17. 在 Excel 2010 中,创建的簇状柱形图图表一般包含_____、图表区、绘图区、坐标轴、数据系列、图例、网格线等元素。

18. 若要基于默认图表类型迅速创建图表,可以选择要用于图表的数据,然后按_____组合键,则图表显示为嵌入图表。如果按_____键,则创建的图表会单独生成一个名称为_____的工作表。

19. _____是 Excel 2010 中的一个新增功能,它是绘制在单元格中的一个微型图表。

20. 当工作表过长时,打印时后面页面上一般不能显示表格的标题和表头,可以通过设置_____的方式让所有页面都显示表格的标题和表头。

二、单项选择题

1. 在 Excel 2010 中,(   )是工作表最基本的组成单位。

   A. 工作簿   B. 工作表   C. 单元格   D. 活动单元格

2. Excel 2010 是一种(   )的软件。

   A. 绘图   B. 图文排版   C. 制作幻灯片   D. 制作电子表格

3. 在 Excel 2010 中,要在单元格中输入一个公式,先要输入(   )符号。

   A. =   B. /   C. $ D. *

4. 若单元格中出现一串"######",则应该(   )。

   A. 重新输入数据   B. 删除该单元格

   C. 删除这些符号   D. 调整单元格的宽度

5. 将鼠标指针指向被复制工作表标签上,按住(   )键拖动鼠标至目标位置,可以在工作簿内为原工作表生成一个副本。

   A. Alt   B. Ctrl   C. Shift   D. Esc

6. 当在单元格中输入的内容超过了本列宽度时,按(   )键可以实现单元格内自动换行。

   A. Ctrl+Enter   B. Shift+Enter   C. Alt+Enter   D. Enter

7. 利用 Excel 的(   )功能可以将指定的行或列的内容固定不动,便于对照查看。

   A. 冻结窗格   B. 删除该单元格   C. 删除这些符号   D. 调整单元格的宽度

8. 在 Excel 2010 中,若 A1 单元格的值为 Sunday,在 B1 单元格中输入"=MID(A1,2,3)",则 B1 单元格的结果为(   )。

   A. und   B. nd   C. nda   D. da

9. 在单元格中输入"=3^2 +4^2"的结果为(   )

   A. 25   B. 3^2+4^2   C. 24   D. 14

10. 在 Excel 中,若一个单元格显示错误信息"#VALUE!",表示单元格内的(   )。

   A. 公式中的参数或操作数出现类型错误

   B. 公式引用了一个无效的单元格坐标

   C. 公式中的结果产生溢出

D. 公式中使用了无效的名字

11. 如下所示,将 Excel 2010 中的 A4：C5 进行单元格合并,合并后的单元格中的值为(　　　)。

	A	B	C
1			
2			
3			
4		1	2
5	A	B	C

　　A. 空白　　　　　　　　B. 1　　　　　　　　　　C. A　　　　　　　　D. 12ABC

12. 在 Excel 2010 中,创建的默认图表类型为(　　　)。

　　A. 柱形图　　　　　　B. 折线图　　　　　　　C. 饼图　　　　　　　D. 条形图

13. 在 Excel 2010 中,下列哪种类型图表可以用来表示变量(横坐标轴和纵坐标轴)之间的相互关系?(　　　)

　　A. 柱形图　　　　　　B. 折线图　　　　　　　C. 散点图　　　　　　D. 条形图

14. 在 Excel 2010 中,若用户在单元格内输入 2/7,则表示(　　　)。

　　A. 2 除以 7　　　　B. 2 月 7 日　　　　　C. 字符串 2/7　　　　D. 七分之二

15. 在 Excel 2010 中,默认情况下,若已选中的两个相邻单元格的数值是 2 和 4,现使用填充柄进行填充,则后续的单元格数值序列为(　　　)。

　　A. 6,8,10,12,……　　　　　　　　　　　B. 8,16,32,64,……

　　C. 2,4,2,4,……　　　　　　　　　　　　D. 6,10,16,26,……

16. 在 Excel 电子表格的操作中,如果要直观地表示数据中的发展趋势,应使用(　　　)图表。

　　A. 柱形图　　　　　　B. 折线图　　　　　　　C. 饼形图　　　　　　D. 气泡图

17. 启动 Excel 后,新建工作簿中默认的工作表数是(　　　)个。

　　A. 3　　　　　　　　B. 2　　　　　　　　　　C. 1　　　　　　　　　D. 255

18. 在 Excel 中有一个高一级全体学生的学分记录表,表中包含学号、姓名、班别、学科、学分五个字段,如果要选出高一(2)班信息技术学科的所有记录,则最快捷的操作方法是(　　　)

　　A. 排序　　　　　　　B. 筛选　　　　　　　　C. 汇总　　　　　　　D. 透视

19. 在 Excel 的一个工作表中,A1 和 B1 单元格中的数值分别为 6 和 3,如果在 C1 单元格的编辑框中输入 "=A1*B1" 并按回车键,则在 C1 单元格显示的内容是(　　　)。

　　A. 18　　　　　　　　B. A1*B1　　　　　　　C. 63　　　　　　　　D. 9

20. 想快速找出 "成绩表" 中成绩前 20 名的学生,合理的方法是(　　　)。

　　A. 给成绩表进行排序　　　　　　　　　　　B. 成绩输入时严格按照高低分录入

　　C. 只能一条一条看　　　　　　　　　　　　D. 进行分类汇总

21. 下面哪个文件可用 Excel 进行编辑?(　　　)

　　A. 昆虫 .ppt　　　　B. 走进新时代 .mp3　　　C. 车间产量 .xls　　　D. 实用工具 .zip

22. 钱会计要统计公司各部门的工资总额,做了以下工作,顺序正确的是(　　　)。

① 按员工姓名顺序,建立包含工号、姓名、部门、工资等字段的 Excel 工资表,并输入了所有员工的相关信息

② 选定相关的数据区域

③ 通过数据"分类汇总"出各部门的工资总额

④ 按部门递减顺序排序

    A. ①②③④   B. ②①③④   C. ①②④③   D. ③①②④

23. 在使用图表呈现分析结果时,要描述全校男女同学的比例关系,最好使用(　　)。

    A. 柱形图   B. 条形图   C. 折线图   D. 饼图

24. 在 Excel 表格中,要选取连续的单元格,则可以单击第一个单元格,按住(　　)再单击最后一个单元格。

    A. Ctrl   B. Shift   C. Alt   D. Tab

25. 在 Excel 表格中,"D3"表示该单元格位于(　　)。

    A. 第 4 行第 3 列   B. 第 3 行第 4 列

    C. 第 3 行第 3 列   D. 第 4 行第 4 列

26. 在 Excel 中,关于排序下列说法错误的是(　　)。

    A. 可以按日期进行排序   B. 可以按多个关键字进行排序

    C. 不可以自定义排序序列   D. 可以按行进行排序

27. 在 Excel 中,设 A1 单元格值为李明,B2 单元格值为 89,则在 C3 单元格输入"=A1"数学"B2",则显示值为(　　)。

    A. A1 数学 B2   B. 李明"数学"89

    C. "李明'数学'89"   D. 李明数学 89

28. 在 Excel 2010 中,在单元格 F3 中求 A3、B3 和 C3 三个单元格数值的和,不正确的形式是(　　)。

    A. =\$A\$3+\$B\$3+\$C\$3   B. SUM(A3,C3)

    C. =A3+B3+C3   D. SUM(A3:C3)

29. 关于数据筛选,下列说法正确的是(　　)。

    A. 筛选条件只能是一个固定值

    B. 在筛选的表格中,只含有符合条件的行,其他行被隐藏

    C. 在筛选的表格中,只含有符合条件的行,其他行被删除

    D. 筛选条件不能由用户自定义,只能由系统设定

30. "=AVERAGE(A4:D16)"表示求单元格区域 A4:D16 的(　　)。

    A. 平均值   B. 和   C. 最大值   D. 最小值

31. 在 Excel 2010 中建立图表时,一般(　　)。

    A. 先输入数据,再建立图表   B. 建完图表后,再输入数据

    C. 在输入的同时建立图表   D. 首先建立一个图表标签

32. 在 Excel 中,删除工作表中与图表链接的数据时,图表将(　　)

    A. 被删除   B. 必须用编辑器删除相应的数据点

    C. 不会发生变化   D. 自动删除相应的数据点

33. 在 Excel 2010 中,在单元格中输入"=6+16+MIN(16,6)",将显示(　　)

    A. 38   B. 28   C. 22   D. 44

34. 在 Excel 2010 中,D3 单元格中的公式为"=B3*C3",当 C3 数据变为 10 时,D3 中的值将会(　　)。

	A	B	C	D
1	信息中心三月份设备购置计划			
2	名称	单价	数量	总价
3	笔记本电脑	6 800	5	34 000

A. 变为 0　　　　B. 不变　　　　C. 随之改为 68 000　　D. 变为 6 800

35. 在 Excel 中,自己输入公式"C2=A1*0.5+B1*0.5",正确的操作步骤是(　　　)。

① 输入 A1*0.5+B1*0.5　　② 按回车键

③ 在编辑栏中输入"="　　④ 把光标放在 C2 单元格中

　　A. ①②③④　　　B. ②①③④　　　C. ④③②①　　　D. ④③①②

36. 在文明班级卫生得分统计表中,总分和平均分是通过公式计算出来的,如果要改变二班卫生得分,则(　　　)。

　　A. 要重新修改二班的总分和平均分　　B. 重新输入计算公式

　　C. 总分和平均分会自动更正　　　　　D. 会出现错误信息

37. 图书馆陈老师用 Excel 软件统计学生借阅图书情况,"合计"列中部分单元格显示为"###",如下所示,这是因为该单元格(　　　)

	A	B	C	D	E	F	G	H	I
1	2008.9--2009.7高中学生借阅图书情况统计表								
2	年级	学生数	文化类	语言类	文学类	历史类	天文类	其他	合计
3	高一	256	243	145	422	159	72	166	###
4	高二	267	240	131	372	242	51	157	###
5	高三	233	150	224	119	130	13	51	920

　　A. 宽度不够,无法正常显示其中的数字　　B. 数据为"###"

　　C. 包含字符型数据　　　　　　　　　　　D. 输入的公式或函数错误

38. 如果"一班"的纪律得分修改为 85 分,数值可能会自动变化的单元格是(　　　)。

E5		fx	=SUM(B5:D5)	
	A	B	C	D	E
1	高一年级创建文明班集体评比得分统计表				
2	班别	纪律	卫生	礼仪	总分
3	一班	75	76	80	231
4	二班	84	81	82	247
5	三班	78	80	84	242

　　A. C3　　　　　B. D3　　　　　C. E3　　　　　D. E5

39. 按(　　　)键可在打开的工作簿间切换。

　　A. Ctrl+Tab　　B. Alt+Tab　　C. Shift+Tab　　D. Shift+Enter

40. 通常在 Excel 单元格中输入"3/5",按回车键后,单元格的内容是(　　　)。

　　A. 0.6　　　　B. ####　　　　C. 3 月 5 日　　　D. 3/5

41. 在 Excel 工作表中,单元格区域 D2:E4 所包含的单元格个数是(　　　)。

　　A. 5　　　　　B. 6　　　　　C. 7　　　　　D. 8

42. 在 Excel 中处理文字时,在单元格内换行的方法是在需要换行的位置按(　　　)键。

　　A. Enter　　　B. Tab　　　　C. Alt+Enter　　　D. Alt+Tab

43. 在 Excel 中,给单元格添加批注时,单元格右上方出现(   )表示已加入批注。

    A. 红色方块   B. 红色三角形   C. 黑色三角形   D. 红色箭头

44. 当删除行和列时,后面的行和列会自动向(   )移动。

    A. 下、右   B. 下、左   C. 上、右   D. 上、左

45. Excel 的主要功能是(   )。

    A. 表格处理、文字处理、文件管理

    B. 表格处理、网络通信、图表处理

    C. 表格处理、数据库管理、图表处理

    D. 表格处理、数据库管理、网络通信

46. 在 Excel 中,表示逻辑值为真的标识符是(   )。

    A. F   B. T   C. False   D. True

47. 公式 Count(C2:E3) 的含义是(   )。

    A. 计算区域 C2:E3 内数值的和

    B. 计算区域 C2:E3 内数值的个数

    C. 计算区域 C2:E3 内字符的个数

    D. 计算区域 C2:E3 内数值为 0 的个数

48. 在 Excel 中输入身份证号码时,应首先将单元格数据类型设置为(   )。

    A. 数据   B. 文本   C. 视图   D. 日期

49. 在 Excel 系统中,下列叙述正确的是(   )。

    A. 只能打开一个文件

    B. 最多能打开 4 个文件

    C. 能打开多个文件,但不能同时将它们打开

    D. 能打开多个文件,并能同时将它们打开

50. 下列不属于 Excel 表达式中的算术运算符是(   )。

    A. %   B. /   C. <>   D. ^

51. 在 Excel 2010 中,若选定多个不连续的行所用的键是(   )。

    A. Shift   B. Ctrl   C. Alt   D. Shift+Ctrl

52. 在 Excel 2010 中,"排序"对话框中的"升序"和"降序"指的是(   )。

    A. 数据的大小   B. 排列次序   C. 单元格的数目   D. 以上都不对

53. 在 Excel 2010 中,若在工作表中插入一列,则一般插在当前列的(   )。

    A. 左侧   B. 上方   C. 右侧   D. 下方

54. 在 Excel 2010 中,使用"重命名"命令后,则下面说法正确的是(   )。

    A. 只改变工作表的名称   B. 只改变它的内容

    C. 既改变名称又改变内容   D. 既不改变名称又不改变内容

55. 在 Excel 2010 中,一个完整的函数包括(   )。

    A. "="和函数名   B. 函数名和变量

    C. "="和变量   D. "="、函数名和变量

56. 在 Excel 2010 中,在单元格中输入文字时,默认的对齐方式是(   )。

A. 左对齐　　　　B. 右对齐　　　　C. 居中对齐　　　　D. 两端对齐

57. 在 Excel 中,下面哪一个选项不属于"单元格格式"对话框"数字"选项卡中的内容? (　　)

A. 字体　　　　B. 货币　　　　C. 日期　　　　D. 自定义

58. Excel 中分类汇总的默认汇总方式是(　　)。

A. 求和　　　　B. 求平均值　　　　C. 求最大值　　　　D. 求最小值

59. Excel 中取消工作表的自动筛选后(　　)。

A. 工作表的数据消失　　　　　　　　B. 工作表恢复原样

C. 只剩下符合筛选条件的记录　　　　D. 不能取消自动筛选

60. 在 B1 单元格中输入数据 $12345,确认后 B1 单元格显示的格式为(　　)。

A. $12345　　　　B. $12,345　　　　C. 12345　　　　D. 12,345

61. 关于 Excel 文件保存,哪种说法是错误的? (　　)

A. Excel 文件可以保存为多种类型的文件

B. 高版本 Excel 的工作簿不能保存为低版本的工作簿

C. 高版本 Excel 的工作簿可以打开低版本的工作簿

D. 要将本工作簿保存在别处,不能选择"保存",要选择"另存为"

62. 如果 Excel 某单元格显示为"# DIV/0",这表示(　　)。

A. 除数为零　　　　B. 格式错误　　　　C. 行高不够　　　　D. 列宽不够

63. 如果删除的单元格是其他单元格的公式所引用的,那么这些公式将会显示(　　)。

A. ######　　　　B. #REF !　　　　C. #VALUE !　　　　D. #NUM

64. 如果想插入一个水平分页符,活动单元格应(　　)。

A. 放在任何区域均可　　　　　　　　B. 放在第一行,A1 单元格除外

C. 放在第一列,A1 单元格除外　　　　D. 无法插入

65. 如果要在 Excel 中输入分数形式"1/3",下列方法正确的是(　　)。

A. 直接输入 1/3

B. 先输入单引号,再输入 1/3

C. 先输入 0,然后空格,再输入 1/3

D. 先输入双引号,再输入 1/3

66. 下面有关 Excel 工作表、工作簿的说法中,正确的是(　　)。

A. 一个工作簿可包含多个工作表,默认工作表名为 Sheet1/Sheet2/Sheet3

B. 一个工作簿可包含多个工作表,默认工作表名为 Book1/Book2/Book3

C. 一个工作表可包含多个工作簿,默认工作表名为 Sheet1/Sheet2/Sheet3

D. 一个工作表可包含多个工作簿,默认工作表名为 Book1/Book2/Book3

67. 以下不属于 Excel 中算术运算符的是(　　)。

A. /　　　　B. %　　　　C. ^　　　　D. <

68. 以下(　　)方式不属于 Excel 的填充方式。

A. 等差填充　　　　B. 等比填充　　　　C. 排序填充　　　　D. 日期填充

69. 已知 Excel 某工作表中 D1 单元格等于 1,D2 单元格等于 2,D3 单元格等于 3,D4 单元格等于 4,D5 单元格等于 5,D6 单元格等于 6,则 SUM(D1 :D3,D6)的结果是(　　)。

A. 10   B. 6   C. 12   D. 21

70. 有关 Excel 2010 打印,以下说法错误的是(   )。

　　A. 可以打印工作表   B. 可以打印图表

　　C. 可以打印图形   D. 不可以进行任何打印

71. 利用"移动与复制工作表"命令,将 Sheet1 工作表移动到 Sheet2 之后、Sheet3 之前,则应选择(   )。

　　A. Sheet1   B. Sheet2   C. Sheet3   D. Sheet4

72. 在 Excel 2010 中,进行分类汇总之前,必须对数据清单进行(   )。

　　A. 筛选   B. 排序   C. 建立数据库   D. 有效计算

73. 在 Excel 数据透视表的数据区域默认的字段汇总方式是(   )。

　　A. 平均值   B. 乘积   C. 求和   D. 最大值

74. 当 Excel 工作表中的数据变化时,图表会(   )。

　　A. 改变类型   B. 改变数据源   C. 自动更新   D. 保持不变

75. 在 Excel 中,输入当前时间可按(   )组合键。

　　A. Ctrl+;   B. Shift+;   C. Ctrl+Shift+;   D. Ctrl+Shift+:

76. 在 Excel 中,下面关于分类汇总的叙述错误的是(   )。

　　A. 分类汇总前必须按关键字段排序

　　B. 进行一次分类汇总时的关键字只能针对一个字段

　　C. 分类汇总可以删除,但删除汇总后排序操作不能撤销

　　D. 汇总方式只能是求和

77. 在 Excel 中,编辑栏中的符号 ✔ 表示(   )。

　　A. 取消输入   B. 确认输入   C. 编辑公式   D. 编辑文字

78. 在 Excel 中函数 MIN(10,7,12,0)的返回值是(   )。

　　A. 10   B. 7   C. 12   D. 0

79. 在 Excel 中快速插入图表的快捷键是(   )。

　　A. F9   B. F10   C. F11   D. F12

80. 在 Excel 中某单元格的公式为"=IF(" 学生 ">" 学生会 ",True,False)",其计算结果为(   )。

　　A. 真   B. 假   C. 学生   D. 学生会

81. 在 Excel 中跟踪超链接的方法是(   )。

　　A. Ctrl+ 单击   B. Shift+ 单击   C. 单击   D. 双击

82. 在 Excel 中为了移动分页符,必须处于(   )视图方式。

　　A. 普通视图   B. 分页预览   C. 打印预览   D. 缩放视图

83. 在 Excel 中选定任意 10 行,再在选定的基础上改变第五行的行高,则(   )。

　　A. 任意 10 行的行高均改变,并与第五行的行高相等

　　B. 任意 10 行的行高改变,并与第五行的行高不相等

　　C. 只有第五行的行高改变

　　D. 只有第五行的行高不变

84. 在 Excel 中要将光标直接定位到 A1,可以按(   )键。

A. Ctrl+Home   B. Home   C. Shift+Home   D. PgUp

85. 在 Excel 中有一个数据非常多的成绩表,从第二页到最后均不能看到每页最上面的行表头,应如何解决? (   )

A. 设置打印区域   B. 设置打印标题行   C. 设置打印标题列   D. 无法实现

86. 在 Excel 中,在一个单元格中输入数据 1.678E+05,(   )它与相等。

A. 1.67805   B. 1.6785   C. 6.678   D. 167800

87. 在 Excel 2010 中打开"设置单元格格式"的组合键是(   )。

A. Ctrl+Shift+E   B. Ctrl+Shift+F   C. Ctrl+Shift+G   D. Ctrl+Shift+H

88. 在单元格中输入(   ),该单元格显示 0.3。

A. 6/20   B. =6/20   C. "6/20"   D. = "6/20"

89. 下列函数中,(   )能对数据进行绝对值运算。

A. ABS   B. ABX   C. EXP   D. INT

90. 在 Excel 2010 中,若给某单元格设置的小数位数为 2,则输入 100 时显示(   )。

A. 100.00   B. 10 000   C. 1   D. 100

91. 给工作表设置背景,可以通过(   )完成。

A. "开始"选项卡   B. "视图"选项卡

C. "页面布局"选项卡   D. "插入"选项卡

92. 以下关于 Excel 2010 的缩放比例,说法正确的是(   )。

A. 最小值 10%,最大值 500%   B. 最小值 5%,最大值 500%

C. 最小值 10%,最大值 400%   D. 最小值 5%,最大值 400%

93. 已知单元格 A1 中存有数值 563.68,若输入函数 "=INT(A1)",则该函数值为(   )。

A. 563.7   B. 563.78   C. 563   D. 563.8

94. 在 Excel 2010 中,仅把某单元格的批注复制到另外单元格中,方法是(   )。

A. 复制原单元格,到目标单元格执行"粘贴"命令

B. 复制原单元格,到目标单元格执行"选择性粘贴"命令

C. 使用格式刷

D. 将两个单元格链接起来

95. 在 Excel 2010 中,要在某单元格中输入 1/2,应该输入(   )。

A. #1/2   B. 0.5   C. 0 1/2   D. 1/2

96. 在 Excel 中,为了以后在查看工作表时能了解某些重要单元格的意义,可以为其添加(   )。

A. 批注   B. 公式   C. 特殊符号   D. 颜色标记

97. 在"页面设置"对话框中,有 4 个选项卡分别是(   )。

A. 页面、页边距、页眉 / 页脚、工作表   B. 打印预览、打印

C. 页面、页边距、页眉 / 页脚、单元格   D. 页面、页边距、选项、工作表

98. 关于公式 "=Average(A2:C2 B1:B10)" 和公式 "=Average(A2:C2,B1:B10)",下列说法正确的是(   )。

A. 计算结果一样的公式   B. 第一个公式写错了,没有这样的写法

C. 第二个公式写错了,没有这样的写法   D. 两个公式都对

99. 在单元格中输入"=Average(10,-3)-PI(　　)",则显示(　　)。

    A. 大于 0 的值　　　B. 小于 0 的值　　　C. 等于 0 的值　　　D. 不确定的值

100. 在 Excel 2010 中,最多可以按多少个关键字排序? (　　)

    A. 3　　　　　　　B. 8　　　　　　　C. 32　　　　　　　D. 64

三、多项选择题

1. 下列有关 Excel 的说法中,不正确的是(　　　)。

    A. 工作表的名字只能以字母开头

    B. 工作表的命名应该"见名知义"

    C. 同一个工作簿可以存在两个同名的工作表

    D. 默认的工作表名称为 Book1

2. 下列有关 Excel 单元格的说法中,正确的是(　　　)。

    A. 每个单元格都有唯一的地址

    B. 同列不同单元格的宽度可以不同

    C. 若干单元格构成工作表

    D. 同列不同单元格可以选择不同的数字类型

3. 在 Excel 中选择单元格,可以用(　　　)的方法。

    A. 单击

    B. 按 Tab 键使活动单元格向后移

    C. 按 Shift+Tab 组合键使活动单元格向前移

    D. 按小键盘区的上下左右方向键

4. 在 Excel 中被合并的单元格,可以是(　　　)。

    A. 不连续的单元格区域

    B. 同一列连续的单元格区域

    C. 同一行连续的单元格区域

    D. 多行多列连续的单元格区域

5. 在 Excel 中使用填充柄,可以填充(　　　)。

    A. 相同的文本　　　　　　　　B. 日期序列

    C. 等差序列　　　　　　　　　D. 自定义序列

6. 在 Excel 中可以被隐藏的有(　　　)。

    A. 行　　　　　　　B. 列　　　　　　　C. 单元格　　　　　D. 冻结工作表

7. 利用"冻结窗格"按钮,除了冻结拆分窗格,还可以(　　　)。

    A. 冻结首行　　　B. 冻结首列　　　C. 取消冻结窗格　　　D. 冻结工作表

8. 在 Excel 2010 中,对单元格地址的引用有(　　　)。

    A. 绝对引用　　　B. 相对引用　　　C. 混合引用　　　D. 普通引用

9. 下列关于 Excel 2010 中"排序"功能的说法正确的有(　　　)。

    A. 可以按行排序　　　　　　　B. 可以按列排序

    C. 可以自定义排序　　　　　　D. 最多允许有三个排序关键字

10. 在 Excel 中,公式中的运算符包括(　　　)。

A. 算术运算符　　　B. 比较运算符　　　C. 文本运算符　　　D. 引用运算符

11. 关于 Excel 筛选掉的记录的叙述,下列说法正确的有(　　　　　)。

A. 不打印　　　　　B. 不显示　　　　　C. 永远丢失　　　　　D. 可以恢复

12. 在 Excel 2010 中要输入身份证号码,正确的输入方法为(　　　　　)。

A. 直接输入

B. 先输入单引号,再输入身份证号码

C. 先输入冒号,再输入身份证号码

D. 先将单元格格式设置为文本,再直接输入身份证号码

13. 在 Excel 2010 中,下面能将选定列隐藏的操作是(　　　　　)。

A. 右击选择"隐藏"命令

B. 将列标题之间的分隔线向左拖动,直至该列变窄看不见为止

C. 在"列宽"对话框中设置列宽为 0

D. 以上选项不完全正确

14. 关于 Excel 2010 的页眉页脚,说法正确的有(　　　　　)。

A. 可以设置首页不同的页眉页脚

B. 可以设置奇偶页不同的页眉页脚

C. 不能随文件一起缩放

D. 可以与页边距对齐

15. 下列选项中可以作为 Excel 2010 数据透视表的数据源的有(　　　　　)。

A. Excel 2010 的数据清单或数据库　　　B. 外部数据

C. 多重合并计算数据区域　　　　　　　D. 文本文件

四、判断题

1. 在一张工作表中,可以同时有多个活动单元格。(　　　　)

2. 填充等差数列时,步长值只能为 1。(　　　　)

3. 在数字前面输入"–",或者用圆括号将数字括起来,都可表示负数。(　　　　)

4. 使用模板创建工作簿后,用户只需在相应的单元格中输入数据即可。(　　　　)

5. 工作表套用表格格式后不可以清除。(　　　　)

6. 使用"自动调整列宽"命令,系统会根据单元格内容自动设置合适的列宽。(　　　　)

7. 只要文本序列中包含阿拉伯数字,都可以实现自动填充。(　　　　)

8. 在使用嵌套函数处理数据时,先计算被嵌套的函数,后计算嵌套函数的值。(　　　　)

9. 如果单元格显示错误信息 #DIV/0！,表示公式除数为零。(　　　　)

10. 在 Excel 中,当单元格中输入公式后按回车键,则单元格显示和存储的均为公式的值。(　　　　)

11. 在 Excel 中,要只显示语文列大于 80 分,或专业列大于 300 分的记录,应采用高级筛选方式。(　　　　)

12. 在 Excel 中,使用 MIN 函数可以求指定单元格区域的最大值。(　　　　)

13. 在 Excel 的分类汇总中,一次只能有一个分类字段。(　　　　)

14. Excel 中的筛选是指让某些符合条件的数据记录显示出来,而暂时隐藏不符合条件的数据记录。(　　　　)

15. 在 Excel 2010 中创建的图表,饼图和圆环图有坐标轴。(　　　　)

16. 在创建图表的过程中,选择数据区域时,如果要选择表格中不相邻的数据,需要按住 Ctrl 键,再选择不相邻的数据区域。(   )

17. 股价图可以显示股价的走势和波动。(   )

18. 在 Excel 2010 中,可以创建柱形迷你图、折线迷你图、盈亏迷你图。(   )

19. 当图表的关联数据发生变化时,对根据先前数据已经生成的图表没有影响。(   )

20. 在使用打印机打印工作表前,可以使用"打印预览"功能在屏幕上查看打印的整体效果。(   )

21. 打开一个 Excel 文件就是打开一张工作表。(   )

22. Excel 是功能很强的电子表格应用软件,它可以管理、分析、输出数据,还可以进行视频编辑。(   )

23. 在 Excel 中,利用"合并单元格"功能合并而成的一个大单元格不能重新拆分。(   )

24. 删除当前工作表的某列只要选定该列,按 Delete 键。(   )

25. 在 Excel 中,对单元格内数据进行格式设置,必须先选定该单元格。(   )

26. 图表与生成它的工作表中的数据相链接,当工作表中的数据发生变化时,图表也随之发生变化。(   )

27. 同一个工作簿中的工作表的排列顺序不可以改变。(   )

28. 工作表只能在一个工作簿中进行复制。(   )

29. 在 Excel 中,去掉某单元格的批注,可以使用"数据"选项卡的"删除批注"命令。(   )

30. 在 Excel 中输入函数时,函数名不区分大小写。(   )

31. "排序"对话框的排序方式只有递增和递减。(   )

32. 在 Excel 中,相邻两个单元格中分别输入 1、3,选中这两个单元格,使用拖动手柄可得到 1、3、5、7、9、11、13……这样一个等差数列。(   )

33. 可以在活动单元格和编辑栏的编辑框中输入或编辑数据。(   )

34. 活动单元格中显示的内容与编辑栏中显示的内容相同。(   )

35. 在 Excel 中可以打开多个工作簿,因此可以同时对多个工作簿进行操作。(   )

36. 在 Excel 中所有的操作都能撤销。(   )

37. 一个工作簿中包括多个工作表,在保存工作簿文件时,只保存有数据的工作表。(   )

38. Excel 中处理并存储数据的基本工作单位称为单元格。(   )

39. 正在处理的单元格称为活动单元格。(   )

40. 在 Excel 中打开工作簿,实际上就是把工作簿调入内存的过程。(   )

41. 编辑栏用于编辑当前单元格的内容。如果该单元格中含有公式,则公式的运算结果会显示在单元格中,公式本身会显示在编辑栏中。(   )

42. 工作表标签栏位于工作簿窗口的左上端,用于显示工作表名。(   )

43. 给工作表重命名的操作是:单击"文件"选项卡中的"另存为"命令。(   )

44. 单击"开始"选项卡"单元格"功能区中的"格式"下拉按钮,在展开的列表中选择"隐藏或取消隐藏"命令,可以删除当前工作表。(   )

45. 在 Excel 工作簿中,只能对活动工作表(当前工作表)中的数据进行操作。(   )

46. 要选定单个工作表,只需单击相应的工作表标签。(   )

47. Excel 工作簿由多个工作表组成,每个工作表是独立的表对象,所以不能同时对多个工作表进行操作。(   )

48. Excel 2010 在建立一个新的工作簿时,其中所有的工作表都以 Book1、Book2、Book3 等命名。( )

49. 在单元格中输入数字时,Excel 自动将它左对齐。( )

50. 在单元格中输入文本时,Excel 自动将它右对齐。( )

51. 在单元格中输入"1/2",按回车键结束输入,单元格显示 0.5。( )

52. 在单元格中输入"2010/11/29",默认情况会显示"2010 年 11 月 29 日"。( )

53. 在单元格中输入"010051",默认情况会显示"10051"。( )

54. 在单元格中输入"123456789012345",默认情况会显示"1.23457E+14"。( )

55. 如果在 Excel 中要输入分数(如$3\frac{1}{4}$,要输入"3"及一个空格,然后输入"1/4"。( )

56. 在默认的单元格格式下,可以完成邮政编码(例如 010100)的输入。( )

57. 在 Excel 中,公式都是以"="开始的。( )

58. 在单元格中输入公式的步骤是:① 选定要输入公式的单元格;② 输入一个等号"=";③ 输入公式的内容;④ 按回车键。( )

59. 单击选定单元格后输入新内容,则原内容将被覆盖。( )

60. 若要对单元格的内容进行编辑,可以单击要编辑的单元格,该单元格的内容将显示在编辑栏中,单击编辑栏,即可在编辑栏中编辑该单元格中的内容。( )

61. 复制或移动操作,都会将目标位置单元格区域中的内容替换为新的内容。( )

62. 复制或移动操作,会将目标位置单元格区域中的内容向左或者向上移动,然后将新的内容插入到目标位置的单元格区域。( )

63. 单元格引用位置是基于工作表中的行号和列标,例如位于第一行、第一列的单元格引用是 A1。( )

64. 在某工作表的 A1、B1 单元格中分别输入了:星期一、星期三,并且已将这两个单元格选定了,现将 B1 单元格右下角的填充柄向右拖动,则在 C1、D1、E1 单元格中显示的数据是星期四、星期五、星期六。( )

65. 在工作表中进行插入一空白行或列的操作,行会插在当前行的上方,列会插在当前列的右侧。( )

66. 按 Delete 键会将选定的内容连同单元格从工作表中删除。( )。

67. 在选定区域的右下角有一个小黑方块,称之为"填充柄"。( )

68. 用户可以预先设置某单元格中允许输入的数据类型以及输入数据的有效范围。( )

69. 在 Excel 中,使用文本运算符"+"可将一个或多个文本连接成为一个组合文本。( )

70. 比较运算符可以比较两个数值并产生逻辑值 True 或 False。( )

71. 比较运算符只能比较两个数值型数据。( )

72. 输入公式时,所有的运算符必须是英文半角。( )

73. 编辑图表时,删除某一数据系列,工作表中数据也同时被删除。( )

74. 复制公式时,如果公式中的单元格引用使用的相对引用,公式中的单元格地址会随着目标单元格的位置而相对改变。( )

75. 在公式中输入"=$C3+$D4",表示对 C3 和 D4 的行、列地址绝对引用。( )

76. 在公式中输入"=$C3+$D4",表示对 C3 和 D4 的行地址绝对引用,列地址相对引用。( )

77. 在公式中输入"=$C3+$D4",表示对 C3 和 D4 的列地址绝对引用,行地址相对应用。(   )

78. 使用"筛选"功能对数据进行自动筛选时必须要先进行排序。(   )

79. 修改单元格中的数据时,不能在编辑栏中修改。(   )

80. 使用"分类汇总"功能对数据进行分类汇总操作,要先对数据按分类字段进行排序操作。(   )

81. 要对 A1 单元格进行相对地址引用形式为:A1。(   )

82. 在 Sheet1 工作表中引用 Sheet2 中 A1 单元格的内容,引用格式为 Sheet2.A1。(   )

83. 当 Excel 单元格内的公式中有 0 做除数时,会显示错误值"# DIV/O!"。(   )

84. 在 G2 单元格中输入公式"=E2*F2",复制公式到 G3、G4 单元格,G3 和 G4 单元格中的公式分别是"=E3*F3"和"=E4*F4"。(   )

85. 绝对引用表示某一单元格在工作表中的绝对位置。绝对引用要在行号和列标前加一个 $ 符号。(   )

86. 选择两个不相邻区域的方法是:先选择一个区域,再按住 Shift 键选择另一个区域。(   )

87. Excel 不能对字符型类型的数据排序。(   )

88. Excel 的分类汇总只具有求和计算功能。(   )

89. Excel 工作表中单元格的灰色网格打印时不会被打印出来。(   )

90. 在 Excel 中,可以将表格中的数据显示成图表的形式。(   )

91. Excel 可按需要改变单元格的高度和宽度。(   )

92. 创建图表后,当工作表中的数据发生变化时,图表中对应数据会自动更新。(   )

93. 如果某工作表中的数据有多页,在打印时不能只打印其中的一页。(   )

94. 在 Excel 中,可以按照自定义的序列进行排序。(   )

95. 对工作表执行隐藏操作,工作表中的数据会被删除。(   )

96. 在 Excel 2010 中自动分页符是无法删除的,但可以改变位置。(   )

97. 创建数据透视表时默认情况下是创建在新工作表中。(   )

98. Excel 提供了自动保存功能,所以在退出 Excel 的应用程序时,工作簿会自动被保存。(   )

99. 分类汇总进行删除后,可将数据撤销到原始状态。(   )

100. 在 Excel 2010 中,按 Ctrl+Enter 组合键能在所选的多个单元格中输入相同的数据。(   )

单元 3
演示文稿应用

在信息社会的今天，演示文稿在专家报告、教师授课、产品演示、会议会展、项目投标、企业宣传、竞聘演说等方面都发挥着重要的作用。演示文稿集文字、声音、图形、图像、音频、视频等于一体，具有便于演讲者讲解、利于观众理解等特点，引人入胜，达到增强活动效果的目的。PowerPoint 2010 是目前常用的演示文稿制作软件，具有操作简单、功能完善等优点。用户使用 PowerPoint 2010 可以方便地制作出图文声形并茂的演示文稿，不仅可以在投影仪或者计算机上演示，还可以进行广播和发布，以便应用到更广泛的领域中。

学 习 要 点

（1）了解 PowerPoint 的窗口界面及视图。

（2）掌握创建、打开、保存和关闭演示文稿的方法。

（3）掌握在幻灯片中添加文字、插入图片、艺术字、形状、剪贴画、自选图形、图表、音频、视频并进行相关设置的方法。

（4）理解幻灯片版式、幻灯片配色方案、幻灯片前景色和背景色、备注页、母版等概念及应用。

（5）掌握在幻灯片中设置超链接、动作按钮、动画效果、幻灯片切换方式和放映方式的方法。

（6）了解幻灯片的打包和输出方法。

▶ **工 作 情 景**

在单元 1 文字处理的学习中,"光速队"通过团队成员的共同努力,完成了"北极小屋校园营销策划书"文档的制作。该策划方案内容完整,项目实施的可行性强,被指导老师推荐参加校团委组织的创新创业比赛。按比赛规程要求,各参赛团队需要在比赛现场进行8~10 分钟的项目解说。但如果拿着项目策划书读一遍,可能会因为评委老师不能较好地理解策划内容而影响比赛得分。要让评委老师和观摩的同学对我们的校园营销策划方案感兴趣,制作图文声形并茂的演示文稿可较好地解决这一问题。

本单元主要学习使用 PowerPoint 2010 制作"北极小屋校园营销策划书"项目解说的演示文稿。

任务 1　创建演示文稿

有了 Word 和 Excel 的操作基础,学习 PowerPoint 就更容易了,本任务将创建初步的演示文稿。

任务情景

按照创新创业比赛要求,"光速队"需要根据"北极小屋校园营销策划书"文档的内容,制作图文声形并茂的项目解说演示文稿。要制作演示文稿,首先就要对演示文稿有一个初步的认识。

 知识准备

1. PowerPoint 2010 的工作界面

PowerPoint 2010 的工作界面如图 3-1 所示。

(1) 快速访问工具栏:该工具栏集成了多个常用的按钮,默认状态下显示"保存""撤销""恢复"按钮,可单击快速访问工具栏下拉按钮▾,自行添加常用的按钮。

(2) 标题栏:显示应用程序名(Microsoft PowerPoint)和正在编辑的演示文稿的名称。

(3) 功能区:功能区包含以前在 PowerPoint 2003 及更早版本中的菜单和工具栏上的命令和其他菜单项,旨在帮助用户快速找到完成某任务所需的命令。开始、插入、设计、切换、动画等选项卡都有功能区。

(4) "幻灯片 / 大纲"窗格:该窗格包含了"大纲"和"幻灯片"两种显示方式,可以单击工作区上方的"大纲"和"幻灯片"进行切换。"大纲"窗格仅显示幻灯片标题和文本信息,"幻灯片"窗格可查看幻灯片的缩略图,也可拖动缩略图来调整幻灯片的位置。

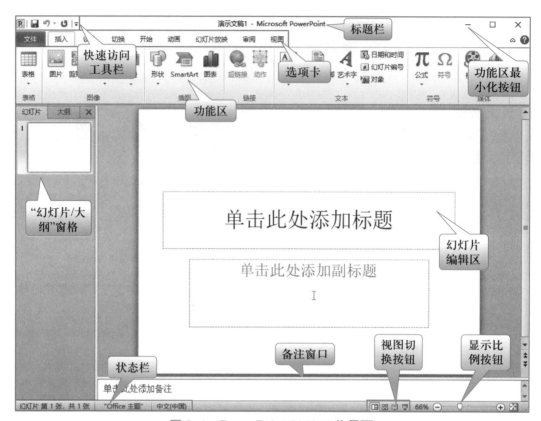

图 3-1 PowerPoint 2010 工作界面

(5) 状态栏:显示本演示文稿中幻灯片的总张数及当前幻灯片位置,以及当前幻灯片使用的主题等信息。

2. 演示文稿的视图方式

演示文稿的视图方式包括普通视图、幻灯片浏览、阅读视图和备注页 4 种。

(1) 普通视图:普通视图是 PowerPoint 的常用视图方式,它将幻灯片和大纲集成到一个视图中,既可以输入、编辑和排版文本,也可以输入备注信息,如图 3-2 所示。

(2) 幻灯片浏览:在幻灯片浏览视图下,所有幻灯片的缩略图整齐地显示在同一窗口中(如图 3-3 所示),主要用于对幻灯片进行复制、移动或者删除等操作。该视图方式下不能对幻灯片内容进行编辑。

(3) 阅读视图:阅读视图是指在幻灯片制作完毕后,对其进行简单的预览,演示文稿中的幻灯片将以窗口大小方式显示,且仅显示标题栏、阅读区和状态栏,如图 3-4 所示。

(4) 备注页:备注页视图指幻灯片和备注内容在一页显示出来,如图 3-5 所示,主要用于在放映幻灯片时为演讲者提供思路,一般用于双显示器或有投影仪的情况。

图 3-2　普通视图

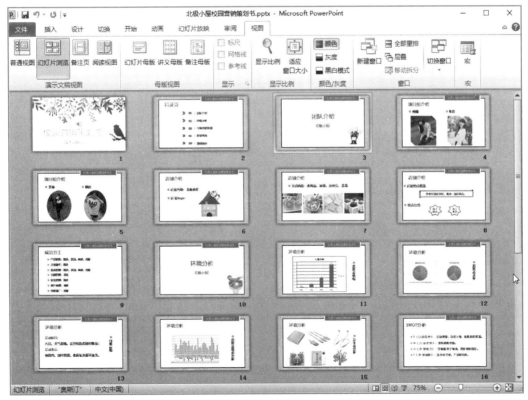

图 3-3　幻灯片浏览视图

图 3-4 阅读视图

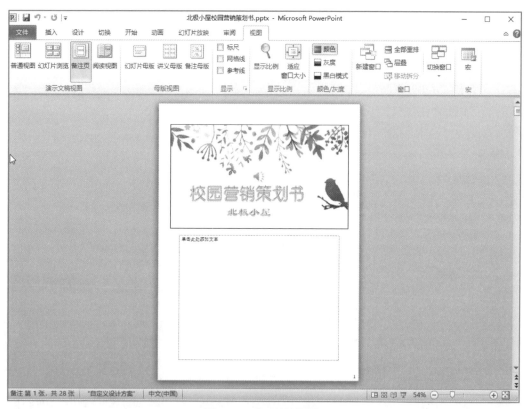

图 3-5 备注页视图

根据"北极小屋校园营销策划书"文档,可以分析出"北极小屋校园营销策划书"演示文稿主要包含团队介绍、环境分析、市场营销策划、资金筹备、预期效果等内容。

一个演示文稿由若干张幻灯片组成。在 PowerPoint 2010 中,演示文稿可以通过新建空白演示文稿、模板、根据现有内容新建等方式创建,本任务可以通过如图 3-6 所示的三个步骤创建演示文稿。

图 3-6 创建演示文稿的主要步骤

1. 创建演示文稿

启动 PowerPoint 2010,自动为用户新建一个名为"演示文稿 1"的空白演示文稿,默认是"标题幻灯片"版式。

2. 保存演示文稿

选择"文件"选项卡,单击"保存"命令,将文件保存在 E 盘"校园营销"文件夹中,文件名为"北极小屋校园营销策划书.pptx"。

 提示

- 保存文件的组合键是 Ctrl+S。
- PowerPoint 2010 生成的演示文稿的后缀名为 .pptx。

3. 设置幻灯片大小

幻灯片大小由其放映环境决定,根据比赛环境提供的投影尺寸,将本幻灯片大小设置为 16 : 9。

选择"设计"选项卡,单击"页面设置"按钮,在弹出的"页面设置"对话框中将幻灯片大小设置为 16 : 9,操作方法如图 3-7 所示。

4. 添加幻灯片标题

在"单击此处添加标题"中输入"校园营销策划书",在"单击此处添加副标题"中输入"北极小屋",操作方法如图 3-8 所示。

5. 新建幻灯片

（1）新建"标题和内容"版式幻灯片，设置标题为"目录页"，根据"北极小屋校园营销策划书.docx"文档内容，提炼并输入目录文字信息，操作方法如图 3-9 所示。

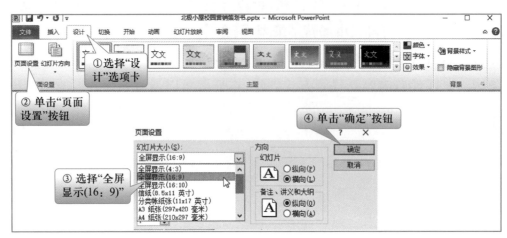

图 3-7　设置幻灯片大小

图 3-8　添加幻灯片标题

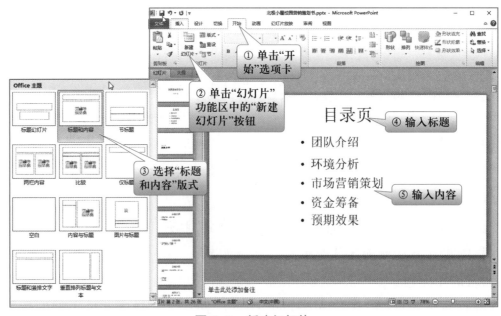

图 3-9　新建幻灯片

（2）用类似的方法新建"节标题"版式幻灯片,设置标题为"团队介绍",在"单击此处添加文本"处输入"北极小屋";新建"两栏内容"版式幻灯片,设置标题为"团队介绍",输入成员信息。

 提示

- 选中左边"幻灯片"窗格中的标题幻灯片,右击选择"新建幻灯片"命令可以新建幻灯片。
- 选中"幻灯片"窗格中的标题幻灯片,按 Ctrl+M 组合键或按回车键可以新建幻灯片。
- 退出 PowerPoint 之前应先关闭当前打开的演示文稿,选择"文件"选项卡中的"关闭"命令可以关闭演示文稿,也可按 Ctrl+ W 组合键。

6. 复制幻灯片

"团队成员"信息过多,需要至少两张幻灯片,为避免重复操作,采用复制第 4 张幻灯片的方式制作第 5 张幻灯片。

在"幻灯片"窗格中,右击第 4 张幻灯片,选择"复制幻灯片"命令,再输入相关信息,操作方法如图 3-10 所示。

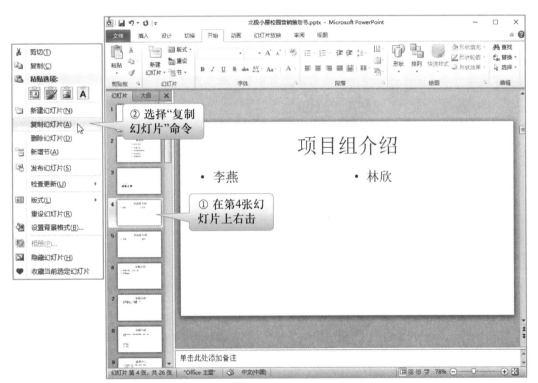

图 3-10 复制幻灯片

使用复制幻灯片的方式完成第 5~9 张幻灯片的制作。

7. 移动幻灯片

演示文稿第二部分是"环境分析"的制作,节标题版式同"团队介绍"一样,采用复制第 3 张幻灯片再移动的方法制作。

在"幻灯片"窗格中,右击第 3 张幻灯片,选择"复制幻灯片"命令,选择新编号为"4"的幻灯片,按住鼠标左键拖动到最后,使其成为第 10 张幻灯片,修改文本信息"团队介绍"为"环境分析"。

根据需要选择复制、移动或新建等方法完成其他幻灯片的制作。

8. 保存并关闭演示文稿

完成操作后,单击快速访问工具栏中的"保存"按钮,或按 Ctrl+S 组合键保存演示文稿,最后单击"关闭"按钮,关闭演示文稿。

 技能拓展

1. 切换演示文稿视图方式

演示文稿的视图方式可以通过"视图"选项卡进行切换,操作方法如图 3-11 所示。

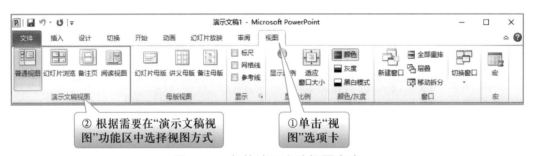

图 3-11　切换演示文稿视图方式

 提示

单击窗口右下方的视图切换按钮 ,可快速切换演示文稿的视图方式。

2. 使用模板创建演示文稿

启动 PowerPoint 2010 程序后,单击"文件"选项卡中的"新建"命令,可以选择模板创建新的演示文稿,操作方法如图 3-12 所示。

3. 删除幻灯片

在幻灯片的制作过程中,可能会根据实际需要来删除幻灯片。

在"幻灯片"窗格中,右击需要删除的幻灯片,选择"删除幻灯片"命令,当前幻灯片即被删除。

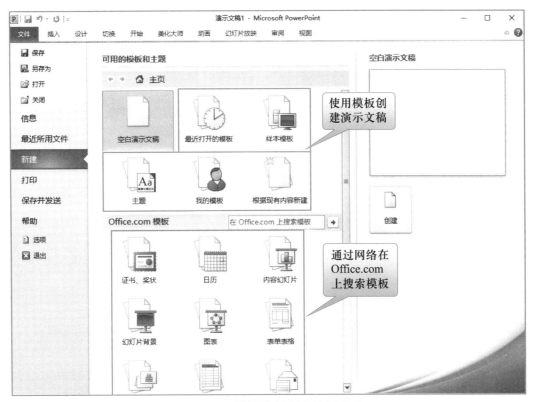

图 3-12　使用模板创建演示文稿

4. 退出演示文稿

演示文稿制作完成后,或者在关闭计算机之前,都要退出演示文稿,常用的退出演示文稿的方法有以下几种。

- 选择"文件"选项卡中的"退出"命令。
- 单击窗口右上角的"关闭"按钮。
- 双击窗口左上角的"控制菜单"图标 ![P]。
- 按 Alt+ F4 组合键。

5. 打开演示文稿

使用已有的演示文稿,首先要打开它,打开演示文稿常用的方法有以下几种。

- 选择"文件"选项卡中的"打开"命令。
- 按 Ctrl+O 组合键。
- 直接双击要打开的演示文稿。
- 选择"文件"选项卡中的"最近使用文件"选项,默认会显示最近使用过的演示文稿,可以从中选择需要打开的演示文稿。

讨论与学习

1. 如何保护演示文稿？
2. 如何同时复制或移动多张幻灯片？

 巩固与提高

1. 尝试在 PowerPoint 2010 中使用多种文件类型保存"北极小屋营销策划书"。
2. 尝试通过模板创建"现代型相册"演示文稿。
3. 尝试通过"Office.com 模板"创建"一分钟定时幻灯片"演示文稿。
4. 尝试进行 PowerPoint 2010 选项配置。
5. 创建一个"个人简介"演示文稿，并保存为"个人简介 .pptx"。

任务 2　使用幻灯片母版

用户可以对幻灯片的主题类型、字体、颜色、效果及背景样式等进行设置。一个演示文稿有多张幻灯片，可以使用幻灯片母版对版式相同的幻灯片进行统一的风格设置，这样可以节省时间和提高工作效率。

 任务情景

通过任务 1 的学习，同学们对演示文稿有了一定的了解，能够新建、复制、移动幻灯片，并完成了"北极小屋校园营销策划书 .pptx"的创建。但演示文稿的格式不美观，"光速队"成员经过激烈的讨论，最终确定了幻灯片版面风格和样式。

知识准备

1. 幻灯片主题

幻灯片主题是一套幻灯片配色、字体和效果的方案，可用于快速统一所有幻灯片的风格。PowerPoint 2010 内置了 44 种主题，如图 3–13 所示。

2. 配色方案

配色方案是一组预设的幻灯片背景、文本、填充等的色彩组合。PowerPoint 2010 将配色方案放在了"颜色"按钮中，如图 3–14 所示。

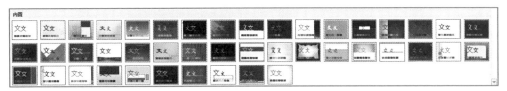

图 3-13　PowerPoint 2010 内置的主题

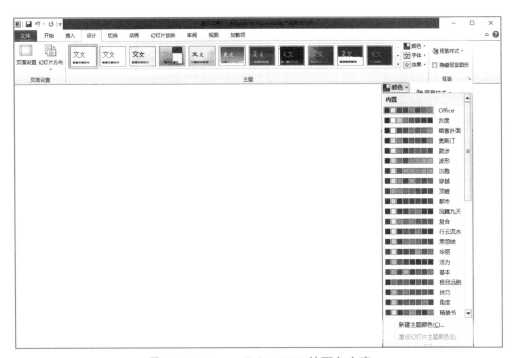

图 3-14　PowerPoint 2010 的配色方案

3. 模板

模板是一种以 .potx 格式保存的特殊演示文稿,可以包含版式、主题、背景样式,甚至可以包含内容、动画。系统内置多种模板,用户创建演示文稿时使用模板,可以获得统一的外观和近似的风格,提高工作效率。除 PowerPoint 自带的模板外,用户也可以根据需求自行创建模板。

4. 母版

母版是一个用于构建幻灯片的框架,用于控制应用母版的演示文稿的主题和幻灯片的版式信息(包括背景、颜色、字体、效果、占位符等),默认由一个基础母版和 11 个具体版式组成。使用"母版"功能,可以把相同的内容汇集到版式页,达到一次制作、多次套用的目的,大大节约了演示文稿的制作时间。

母版包括幻灯片母版、讲义母版、备注母版三种类型。

(1) 幻灯片母版:用于设置幻灯片的样式,可供用户设定各种标题文字、背景、属性等,如图 3-15 所示。在编辑演示文稿时,只需更改一项内容就可更改所有幻灯片的设计。

(2) 讲义母版:按讲义的方式来展示演示文稿,每个页面可以包含 1、2、3、4、6 或 9 张幻灯片,如图 3-16 所示,该讲义可供听众在以后的会议中使用。

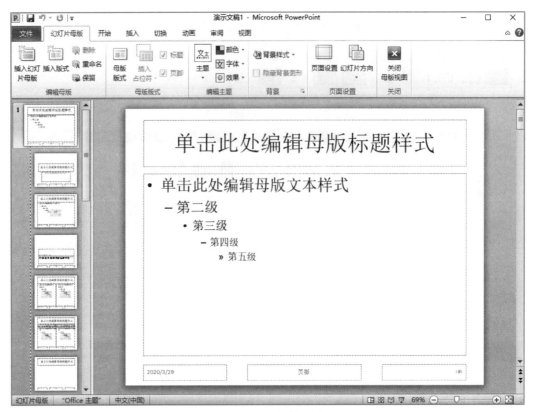

图 3-15 幻灯片母版

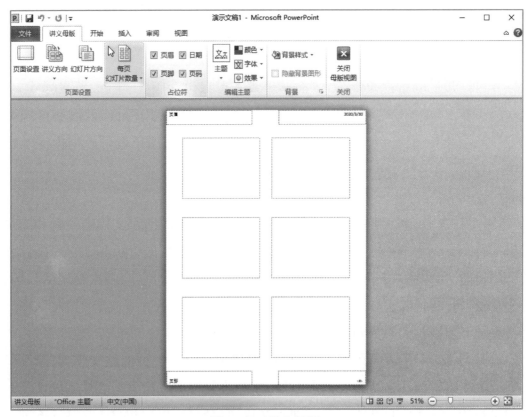

图 3-16 讲义母版

（3）备注母版：包括一个幻灯片占位符与一个备注页占位符，制作演示文稿时，把需要展示给观众的内容放在幻灯片里，不需要展示给观众的内容放在备注里，如图 3-17 所示。

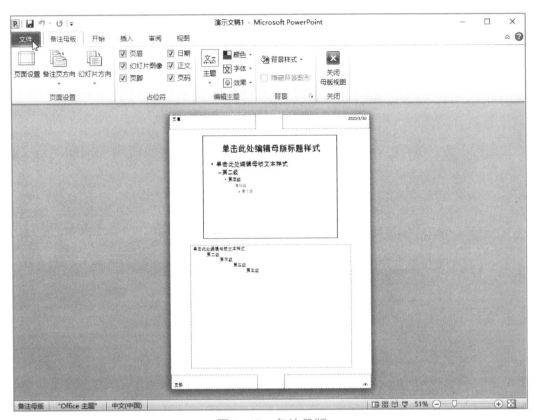

图 3-17　备注母版

5. 占位符

占位符在幻灯片上表现为一个虚框，虚框内部往往有"单击此处添加标题"之类的提示语，一旦单击之后，提示语会自动消失。要创建自己的模板时，占位符能起到规划幻灯片结构的作用。

PowerPoint 2010 的占位符共有 5 种类型：标题占位符、文本占位符、数字占位符、日期占位符和页脚占位符，可在幻灯片中对占位符进行设置，还可以在母版中进行格式、显示和隐藏等设置。

 任务实施

使用幻灯片母版能快速调整演示文稿的版面设置。本任务通过如图 3-18 所示的三个步骤设置幻灯片母版。

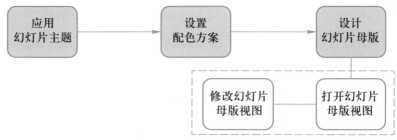

图 3-18   创建演示文稿的主要步骤

1. 应用幻灯片主题

本任务选择"奥斯汀"主题,操作方法如图 3-19 所示,该主题应用于当前演示文稿的所有幻灯片,效果如图 3-20 所示。

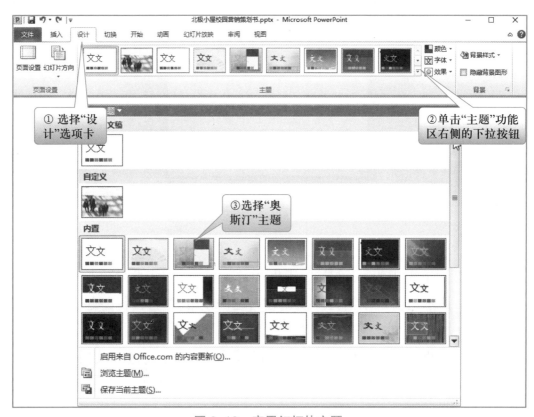

图 3-19   应用幻灯片主题

图 3-20　应用"奥斯汀"主题后的效果

 提 示

　　右击"奥斯汀"主题,从弹出的快捷菜单中选择"应用于选定幻灯片"命令,则只将该主题应用于选定的幻灯片。

2. 设置配色方案

　　本任务选择内置中的"暗香扑面"配色方案,操作方法如图 3-21 所示,该配色方案应用于当前演示文稿的所有幻灯片,效果如图 3-22 所示。

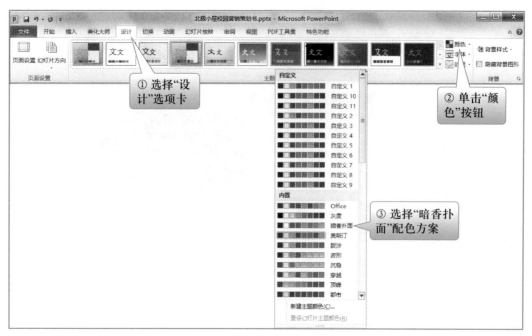

图 3-21 设置配色方案

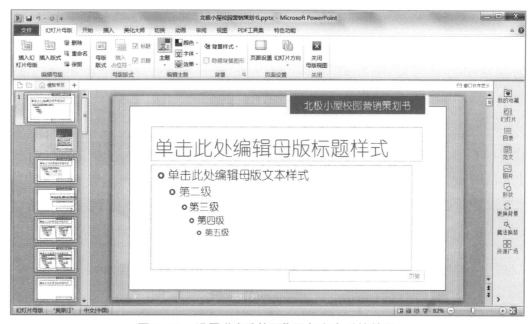

图 3-22 设置"暗香扑面"配色方案后的效果

 提示

右击"暗香扑面"配色方案，从弹出的快捷菜单中选择"应用于所选幻灯片"命令，则只将该配色方案应用于选定的幻灯片。

3. 设计幻灯片母版

（1）打开幻灯片母版视图，操作方法如图 3-23 所示。

（2）修改幻灯片母版。

① 将每张幻灯片的页码占位符和日期占位符移动到幻灯片右下角，在上方橙色长方形中输入"北极小屋校园营销策划书"。

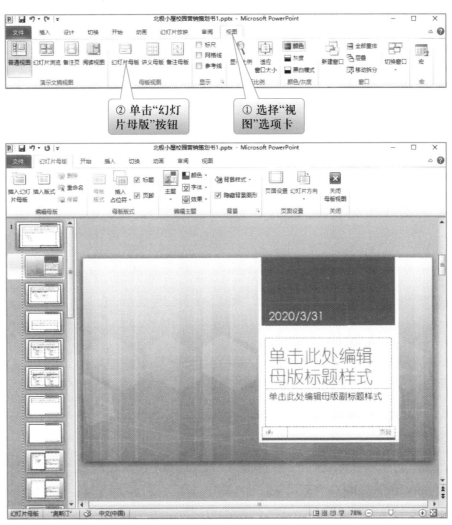

图 3-23　打开幻灯片母版视图

在缩略图窗格中选择母版主题，将橙色长方形中的页码占位符和日期占位符移动到幻灯片右下角，在橙色长方形中输入"北极小屋校园营销策划书"，将字符格式设置为"幼圆""20磅""加粗"，效果如图 3-24 所示。

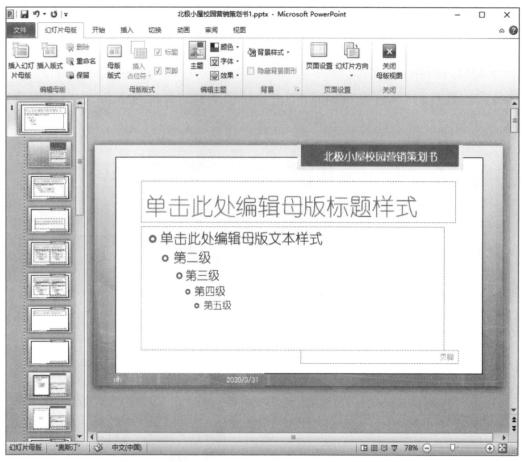

图 3-24   设计母版主题版式

② 调整"节标题"版式的母版标题和母版文本的位置和样式。

选择"节标题"版式,将母版标题文本框调整到版面中部,设置字符格式为"44 磅""加粗";调整母版文本到母版标题之下,间隔适当距离,设置字符格式为"28 磅""加粗",效果如图 3-25 所示。

③ 用类似的方法调整"标题和内容"幻灯片母版的母版标题位置。

(3) 关闭幻灯片母版视图。

幻灯片母版修改完毕后,在"幻灯片母版"选项卡"关闭"功能区中单击"关闭母版视图"按钮,即可关闭幻灯片母版视图,回到普通视图,此时修改的幻灯片母版样式已应用于幻灯片对应版式中。

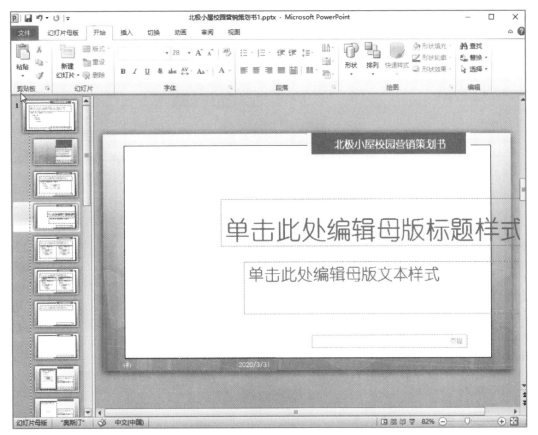

图 3-25　调整"节标题"版式

 技能拓展

1. 插入占位符

当演示文稿内置的幻灯片版式不能满足需求时,可以自定义插入占位符。

在幻灯片母版视图中,单击"幻灯片母版"选项卡"母版版式"功能区中的"插入占位符"按钮,可在当前幻灯片母版中插入文本、图片、图表等占位符。

2. 插入幻灯片母版

如果在新建幻灯片时找不到合适的母版,可以添加自定义母版。在幻灯片母版视图中,单击"幻灯片母版"选项卡"编辑母版"功能区中的"插入幻灯片母版"按钮,即可在原有幻灯片母版的基础上新增一个完整的幻灯片母版,插入第一个幻灯片母版后,系统自动命名为 2(如图 3-26 所示),插入第二个幻灯片母版后,系统自动命名为 3,依次类推。

新插入的幻灯片母版默认状态为"保留母版",即使"保留母版"未被使用,也能保留在演示文稿中。"保留母版"编号下方有一个标志📌。

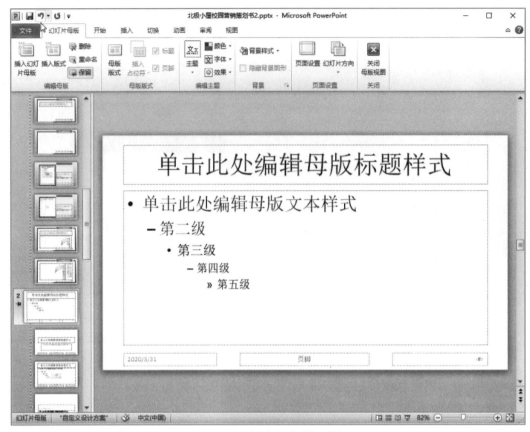

图 3-26 插入幻灯片母版

 提示

通过右键菜单可以更改保留母版、删除母版、重命名母版。

3. 插入和删除版式

版式用于定义幻灯片显示内容的格式,每一个幻灯片母版都包含一个或多个标准或自定义版式集。在"幻灯片母版"选项卡"编辑母版"功能区中单击"插入版式"按钮,可插入一个仅包含标题占位符的版式。选中一个或多个版式,在右键菜单中选择"删除版式"命令,即可删除版式,已经使用的版式不能删除。

4. 设置背景样式

设置幻灯片背景格式可以通过"设计"选项卡"背景"功能区中的"背景样式"按钮进行设置,操作方法如图 3-27 所示。

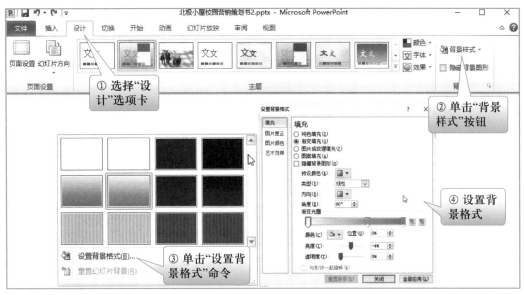

图 3-27　设置背景格式

💬 提　示

- 背景样式可应用于所选幻灯片、所有幻灯片、相应幻灯片。
- 背景图形可以隐藏。
- 可以在幻灯片母版中设置版式的背景样式。

讨论与学习

1. 主题、母版和模板三者有何区别？
2. 如何插入页眉和页脚、幻灯片编号、时间和日期？
3. 如何设计讲义母版和备注母版？
4. 如何修改幻灯片版式？

巩固与提高

1. 尝试为"北极小屋营销策划书 .pptx"的每张幻灯片添加幻灯片编号和当前日期。
2. 尝试更换"北极小屋营销策划书 .pptx"的背景样式。
3. 尝试将"北极小屋营销策划书 .pptx"第 26 张幻灯片的版式修改为"仅标题"。
4. 将"北极小屋营销策划书 .pptx"第 1 张幻灯片的版式修改为"自定义设计方案"中的

"空白",删除下方的幻灯片编号和日期。

　　5. 为"个人简介 .pptx"演示文稿选择适当的主题、配色方案,设计个性化的幻灯片母版。

任务 3　丰富演示文稿内容

　　用户可以在演示文稿中插入图片、剪贴画、相册、形状、SmartArt、图表、艺术字、视频、音频等对象,并对对象进行编辑,这样可以丰富演示文稿的内容,使它更加生动、形象,同时可以提高演示文稿的吸引力和感染力,增强其播放演示的效果。

 任务情景

　　通过任务 2 的学习,同学们使用幻灯片主题、母版、配色方案等操作对"北极小屋校园营销策划书 .pptx"进行了外观风格的修饰,使其更加漂亮了,但内容只有文字,显得比较单一。经过"光速队"成员的再次讨论,决定在幻灯片中插入图片、表格、形状、艺术字、视频、音频等对象,以丰富演示文稿的内容。

 知识准备

　　1. 图像

　　PowerPoint 2010"插入"选项卡的"图像"功能区提供了 4 种类型的图像:图片、剪贴画、屏幕截图和相册。

　　PowerPoint 2010 提供了多种图片处理工具,如图 3-28 所示。"图片工具 / 格式"选项卡的功能区中集成了图片裁剪、图片边框、图片颜色、图片调整、图片排列与组合等功能,同时还提供了删除背景、设置透明色等图片编辑功能。

图 3-28　"图片工具 / 格式"选项卡

　　"屏幕截图"功能的增加,使用户不再需要烦琐的步骤或使用第三方软件就可以方便截取图片。

　　2. 插图

　　PowerPoint 2010"插入"选项卡的"插图"功能区中提供了 3 种类型的插图:形状、

SmartArt 和图表。

SmartArt 图形的出现，让大量的图形、文本布局变得更简单，PowerPoint 2010 提供了 8 种 SmartArt 图形类型，如图 3-29 所示。

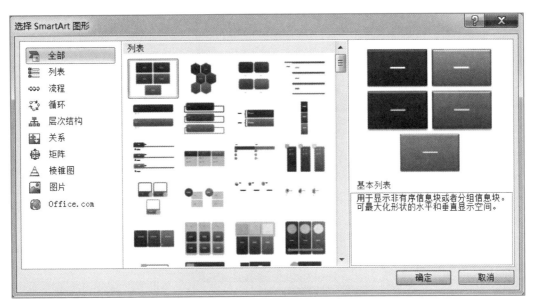

图 3-29　SmartArt 图形类型

图表则是图形化的表格，可以更加直观地显示数据的变化。

 **任务实施**

1. 插入图片

在第 1 张幻灯片中插入"封面 .jpg"图片，调整图片大小与页面大小一致，设置图片置于底层，操作方法如图 3-30 和图 3-31 所示。

使用类似的方法分别将"素材"文件夹中的图片插入到第 4~7 张幻灯片对应的位置，效果如图 3-32 所示。

图 3-30   插入图片

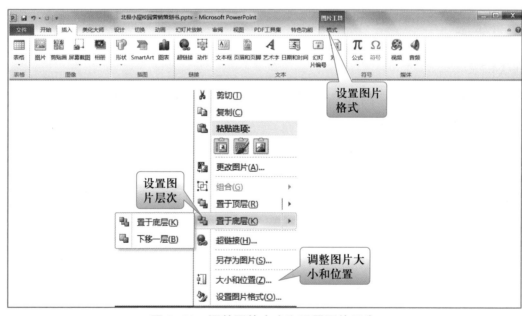

图 3-31   调整图片大小和设置图片层次

图 3-32　第 4~7 张幻灯片插入图片后的效果

提示

图片的格式设置同 Word 软件。

2. 插入艺术字

将第 1 张幻灯片的标题文字"校园营销策划书"设置为艺术字,艺术字样式为"填充 – 橄榄色,强调文字颜色 3,轮廓 – 文本 2",操作方法如图 3-33 所示。

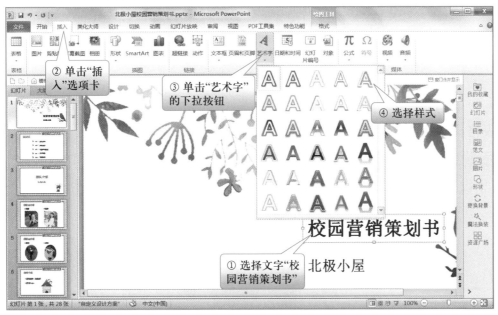

图 3-33　插入艺术字

将艺术字字符格式设置为"华文新魏""66 磅",文本填充色为"橙色,强调文字颜色 6,深色 25%",移动艺术字位置到中下部,删除原标题文本框。用类似的方法将副标题"北极小屋"

设置为艺术字,效果如图 3-34 所示。

图 3-34　插入艺术字后的效果

3. 插入表格

在第 18 张幻灯片中插入一个 7 行 5 列的北极小屋销售活动产品定价表,操作方法如图 3-35 所示。

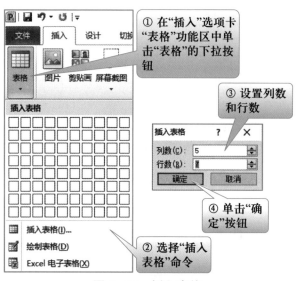

图 3-35　插入表格

设置表格样式为"中度样式 4- 强调 1",合并 A1 到 E1 单元格,输入表格内容,调整表格行高和列宽,设置表格文本格式,将表格文本对齐方式设置为水平居中和垂直居中,操作方法和在 Word 中设置表格格式的方法类似,插入表格后的效果如图 3-36 所示。

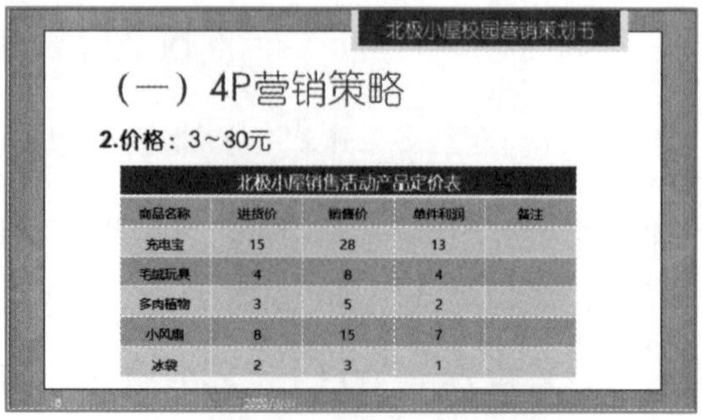

图 3-36　插入表格后的效果

4. 插入形状

在第 8 张幻灯片中插入一个"横卷形"形状,并设置形状样式为"彩色轮廓 – 深黄,强调颜色 1",将文字"价格实惠质量好,服务一流信誉高。"输入形状中,设置文字格式,调整形状位置,操作方法如图 3-37 所示。

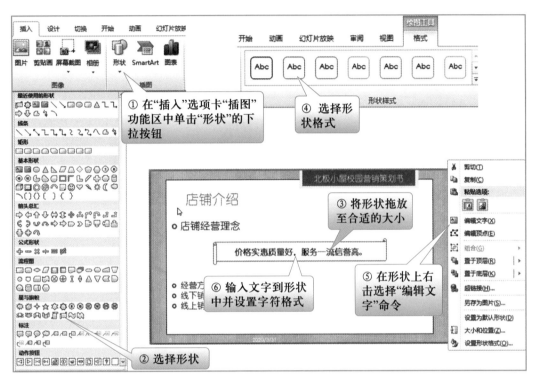

图 3-37 插入形状

用类似的方法插入两个"七角星"形状,设置形状样式,输入文字"线上销售"和"线下销售"到形状中,效果如图 3-38 所示。

图 3-38 插入形状后的效果

5. 插入图表

在第 11 张幻灯片中插入消费者结构人数分布图表,图表类型为"簇状柱形图",在打开的 Excel 工作表中输入数据,在幻灯片中生成图表,操作方法如图 3-39 所示。

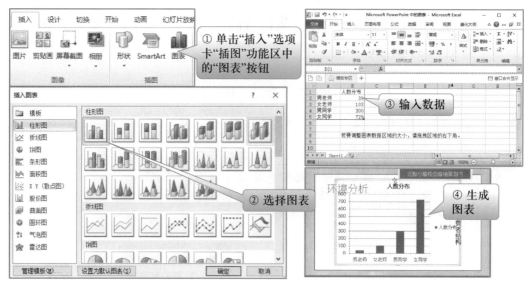

图 3-39　插入图表

设置图表样式为"样式 3"，添加数据标签，调整图表大小和位置，更改图表形状样式，效果如图 3-40 所示。

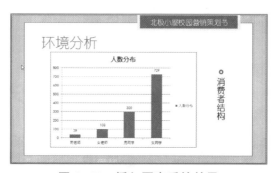

图 3-40　插入图表后的效果

6. 插入音频

在第 1 张幻灯片中插入音频文件"背景音乐 .mp3"，并设置为自动播放，操作方法如图 3-41 所示。

7. 插入视频

在第 17 张幻灯片中插入产品介绍的视频"产品介绍 .mp4"，操作方法如图 3-42 所示。

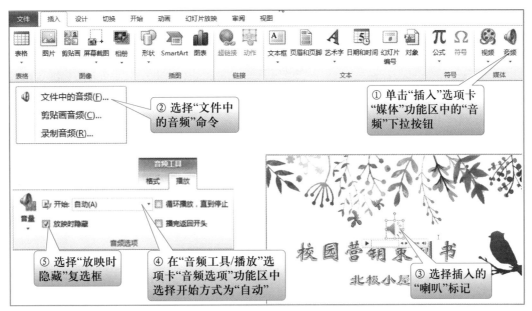

图 3-41　插入音频

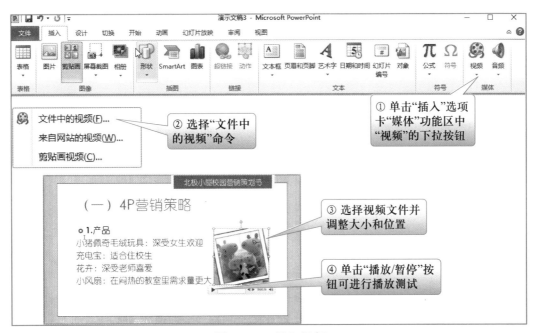

图 3-42　插入视频

 技能拓展

1. 插入剪贴画

PowerPoint 2010 软件提供了一些方便用户使用的剪贴画,插入剪贴画的操作方法如图 3-43 所示。

图 3-43　插入剪贴画

2. 创建相册

PowerPoint 2010 能快速简单地制作相册,操作方法如图 3-44 所示。

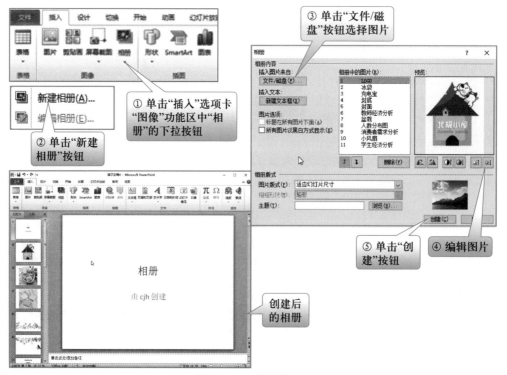

图 3-44　创建相册

相册创建好后,可以通过移动幻灯片来调整图片位置,还可以插入文本框添加图片说明以及插入背景音乐等来完善相册。

3. 插入 SmartArt 图形

PowerPoint 2010 提供了 8 种类型的 SmartArt 图形,插入 SmartArt 图形的操作方法如图3-45 所示。

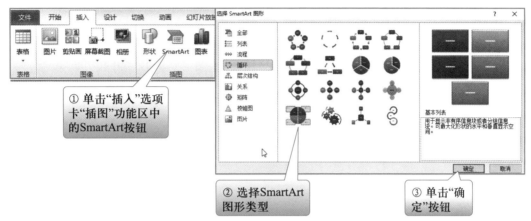

图 3-45　插入 SmartArt 图形

 讨论与学习

1. 图片和剪贴画有何区别?

2. 如何在幻灯片中插入对象和公式?

3. 如何在演示文稿中对插入的图片进行简单处理?

4. 如何在幻灯片中编辑音频和视频?

巩固与提高

1. 尝试在幻灯片中插入剪贴画。

2. 尝试使用"练习素材 3-3-1.jpg"~"练习素材 3-3-4.jpg"创建"北极小屋"销售产品相册。

3. 尝试根据"练习素材 3-3-5.docx",使用 SmartArt 图形绘制"4C 营销策略"图。

4. 根据需求在"个人简介 .pptx"中使用图片、艺术字、表格、剪贴画、形状、图表、视频和音频等对象,以丰富演示文稿的内容。

任务4　使用动画效果

用户可以给幻灯片中的各个对象添加动画效果,从而使幻灯片更加富有活力,增强其视觉效果。

 任务情景

通过任务3的学习,同学们在演示文稿中插入了图片、表格、形状、艺术字、视频、音频等对象,使演示文稿的内容更加丰富和美观。但在播放演示文稿时,发现幻灯片中的各个对象是同时出现的,缺乏活力,经过"光速队"成员的再次讨论,决定在幻灯片中添加动画效果。

 知识准备

1. 动画类型

为幻灯片中的对象添加动画效果时,可以使用"动画"选项卡。PowerPoint 2010提供了4种类型的动画效果:"进入""强调""退出"和"动作路径",如图3-46所示。

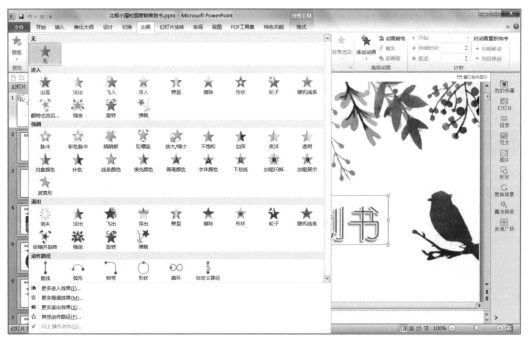

图3-46　4种类型的动画效果

（1）"进入"动画效果：是指幻灯片放映时，对象不在舞台上，触发事件后，按设置的相应效果进入舞台。

（2）"强调"动画效果：是指幻灯片放映时，对象已经在舞台上，触发事件后，按设置的相应效果突出强调该对象。

（3）"退出"动画效果：是指幻灯片放映时，对象已经在舞台上，触发事件后，按设置的相应效果退出舞台。

（4）"动作路径"动画效果：是指幻灯片放映时，对象已经在舞台上，触发事件后，按设置的路径进行运动。

2. 动画计时选项

用户设置了动画后，还可以使用"计时"选项来设置动画项目的时间效果，如开始时间、持续时间和延迟时间等，如图 3-47 所示。

图 3-47　动画"计时"选项

 任务实施

1. 设置标题幻灯片动画效果

在第 1 张标题幻灯片中为标题"校园营销策划书"设置自右侧"擦除"动画效果，为副标题"北极小屋"设置"随机线条"动画效果，操作方法如图 3-48 所示。

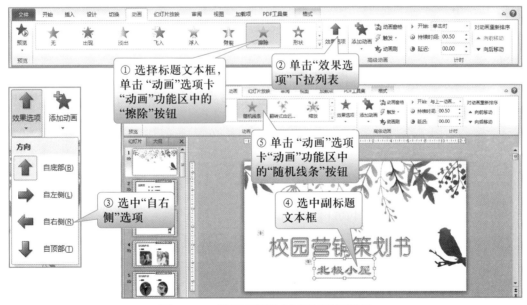

图 3-48　设置标题和副标题动画效果

2. 设置动画同时出现

设置标题"校园营销策划书"与副标题"北极小屋"的动画同时出现，操作方法如图 3-49 所示。

图 3-49　设置动画同时出现

提 示

- "单击时"表示单击鼠标左键时开始出现动画。
- "与上一动画同时"表示和上一个动画一起出现。
- "上一动画之后"表示上一个动画结束后,下一个动画才开始。
- 为同一对象添加多种动画效果,需单击"高级动画"功能区中的"添加动画"按钮。

3. 设置目录页动画效果

设置目录页幻灯片的标题"目录页"的动画效果为直线路径动画,移动到左边页面中心位置,并自动在上一项动画之后开始,操作方法如图 3-50 所示。

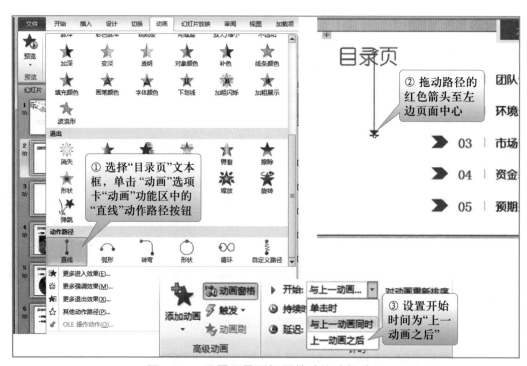

图 3-50　设置目录页标题的动作路径动画

设置燕尾形箭头图标 ➤➤ 为自左侧"飞入"动画效果,开始时间为"从上一动画之后"。右侧的序号、竖线和小标题 **01 │ 团队介绍** 同时设置为"淡出"动画效果,操作方法如图 3-51 所示,设置完成后的动画窗格如图 3-52 所示。

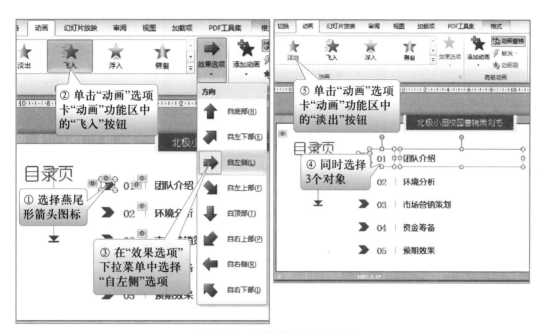

图 3-51 设置动作路径动画

目录的另外 4 个小标题和第一个小标题的动画效果一致,可利用"高级动画"功能区中的"动画刷"工具(如图 3-53 所示)将源对象效果应用到目标对象中,从而提高效率。并在"动画窗格"中按实际需求对动画进行排序,最终动画窗格中的内容如图 3-54 所示。

4. 设置其他幻灯片动画效果

参考标题幻灯片和目录幻灯片动画效果的设置,完成其他幻灯片中各对象动画效果的设置。

图 3-52 第一个目录小标题动画窗格

图 3-53 "动画刷"工具

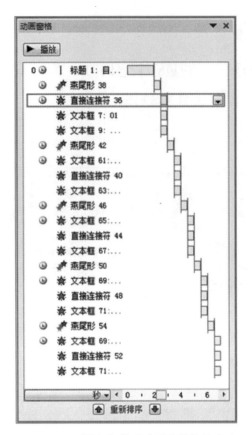

图 3-54　目录幻灯片"动画窗格"的内容

 讨论与学习

1. 几种动画类型的区别是什么?
2. 如何在幻灯片中对已设置的动画类型进行修改?
3. 如何在幻灯片中对动画的顺序进行调整?
4. 如何设置动画的持续时间和延迟时间?
5. 如何在一个对象上设置两个及以上的动画效果?

巩固与提高

1. 尝试在"练习素材 3-4-1.pptx"中使用"强调"和"退出"动画类型设置动画效果。

2. 根据需要在"个人简介 .pptx"演示文稿中为每张幻灯片上的对象添加动画效果,使演示文稿更加富有活力,增强其视觉效果。

任务 5　放映和发布演示文稿

制作完演示文稿后,用户便需要放映给其他人观看,才能达到真正的演示作用。用户可以在放映时选择不同的放映方式,以适合不同的放映场合。同时放映时还可以实现幻灯片之间的动态切换自由跳转,从而适应不同的演示需求。

 任务情景

通过任务 4 的学习,同学们在"北极小屋校园营销策划书.pptx"幻灯片中添加了不同的动画效果,使演示文稿更加富有活力,增强了视觉效果。但在放映时发现从一张幻灯片过渡到另一张幻灯片时无切换效果,太单调,播放顺序严格按幻灯片的次序播放,也不能进行跳转。另外还发现放映方式太单一,无法满足不同场合的放映,同时小组成员展示时因无法看到展示时间和内容提示而紧张、语无伦次,也把握不准演示时间。这一系列问题使得"光速队"成员陷入深深的思考,通过讨论、实践后,以上困难均迎刃而解。

 知识准备

1. 超链接

幻灯片在放映时是按照顺序来播放的,为了实现幻灯片的跳转,可以对各种对象,例如文本、图片、图形、形状或艺术字等设置超链接,从而跳转到另一张幻灯片、另一个文档或网页等,也可以利用动作按钮来实现幻灯片的跳转。

2. 动作按钮

在幻灯片中插入动作按钮并添加相应的操作,可以在放映演示文稿过程中进行各幻灯片间的跳转、链接、播放影片、播放声音等交互操作。

3. 幻灯片切换效果

幻灯片切换效果是指两张幻灯片之间的过渡效果,可以为每张幻灯片设置不同的或相同的切换效果。用户不仅可以设置幻灯片的切换方式,还可以设置幻灯片的切换声音、换片时间、换片方式等,如图 3-55 所示。

图 3-55　"切换"选项卡

4. 放映类型

幻灯片在放映时有 3 种放映类型。

（1）演讲者放映（全屏幕）：选择该选项后，以全屏方式放映幻灯片，在放映过程中，可以暂停放映，添加注释信息，这是最常用的放映幻灯片的方式。

（2）观众自行浏览（窗口）：通过窗口显示的方式放映幻灯片，观众通过状态栏上的切换按钮进行幻灯片的切换，同时观众还可以对幻灯片进行移动、复制、编辑和打印等操作。

（3）在展台浏览（全屏幕）：选择该选项，观众无法操作幻灯片，幻灯片在无人管理的全屏幕状态下自动运行演示文稿，适合产品展示等方面使用。

5. 备注页

在投影展示时，通常会将计算机中的内容完全显示到投影仪上。如果设置了备注页，编写的备注内容只能演示人自己看到，而其他人看不到，也不会被显示到投影幕布上。

 任务实施

1. 设置目录页的超链接

为了增强演示文稿的交互性，为目录的每一个小标题设置超链接，链接到相对应的过渡页幻灯片上。

先在目录页中为"团队介绍"设置超链接，操作方法如图3-56和图3-57所示。

使用类似的方法完成"环境分析""市场营销策划""资金筹备""预期效果"的超链接设置。

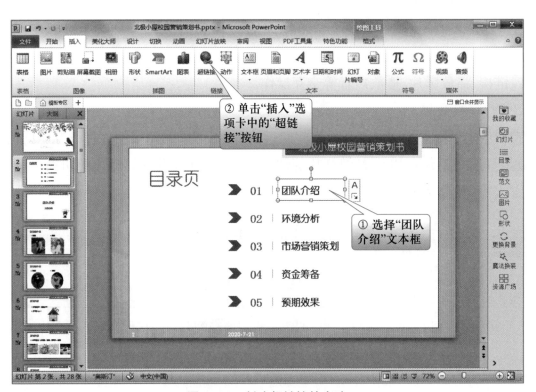

图3-56　创建超链接的方法

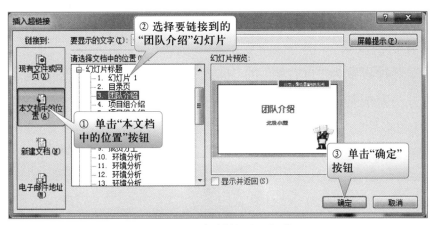

图 3-57　超链接到幻灯片

 提 示

选择文本框对象设置超链接，文字颜色不会改变，也不会出现下划线。

2. 设置动作按钮

超链接设置好后，为增加交互性，还需要设置返回按钮。返回按钮可以使用超链接设置，也可以使用动作按钮设置。这里使用动作按钮设置每个版块的返回按钮，返回到目录页。

在"团队介绍"版块的最后一张幻灯片（第 9 张）右下角设置动作按钮，使其放映时单击动作按钮可跳转到目录页，操作方法如图 3-58 和图 3-59 所示。

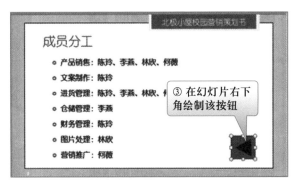

图 3-58　动作按钮的绘制

复制动作按钮到第 16、22、25、27 张幻灯片的右下角,完成其他版块动作按钮的设置。

3. 设置幻灯片切换效果

第 1 张标题幻灯片设置为"自右侧"的"推进"切换效果,操作方法如图 3-60 所示。使用类似的方法完成其他幻灯片切换效果的设置。

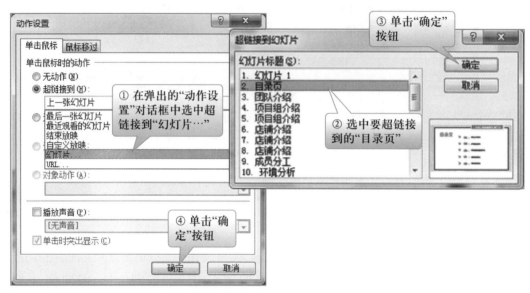

图 3-59　动作按钮的设置

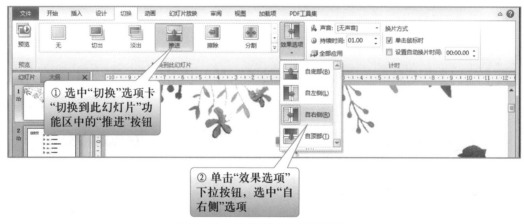

图 3-60　设置幻灯片切换效果

4. 放映演示文稿

放映演示文稿分为从当前幻灯片开始和从头开始放映。从头开始放映,在"幻灯片"窗格中任意选中一张幻灯片,单击"幻灯片放映"选项卡"从头开始"按钮或者按 F5 键,即从第 1 张幻灯片开始放映;从当前位置开始放映时,是在"幻灯片"窗格中选中需要放映的幻灯片,单击"从当前幻灯片开始"按钮或者按 Shift+F5 组合键,如图 3-61 所示。

图 3-61　放映演示文稿

5. 打包演示文稿

将"北极小屋校园营销策划书 .pptx"打包复制到文件夹上,操作方法如图 3-62 和图 3-63 所示。

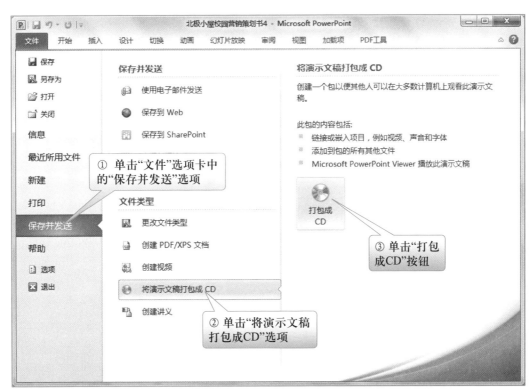

图 3-62　打包演示文稿的方法

图 3-63 打包演示文稿的过程

 技能拓展

1. 设置放映时间

演示文稿放映时不需要单击鼠标,而是通过排练时间自动播放,其操作方法如图 3-64 所示。排练计时结束后演示文稿自动进入"幻灯片浏览"视图,每张幻灯片左下角显示其播放时间,如图 3-65 所示。

图 3-64 排练计时

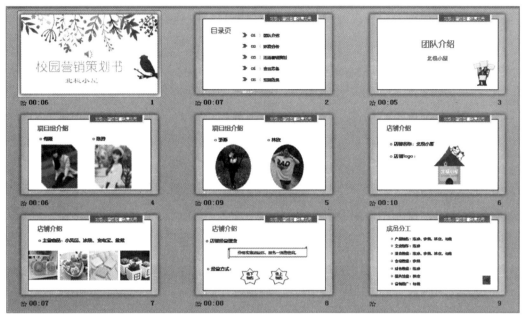

图 3-65　排练计时结束后的"幻灯片浏览"视图

　　设置幻灯片的放映方式,操作方法如图 3-66 所示。设置后单击"从头开始"按钮放映幻灯片,幻灯片就会按照"排练计时"设置的时间自动播放。

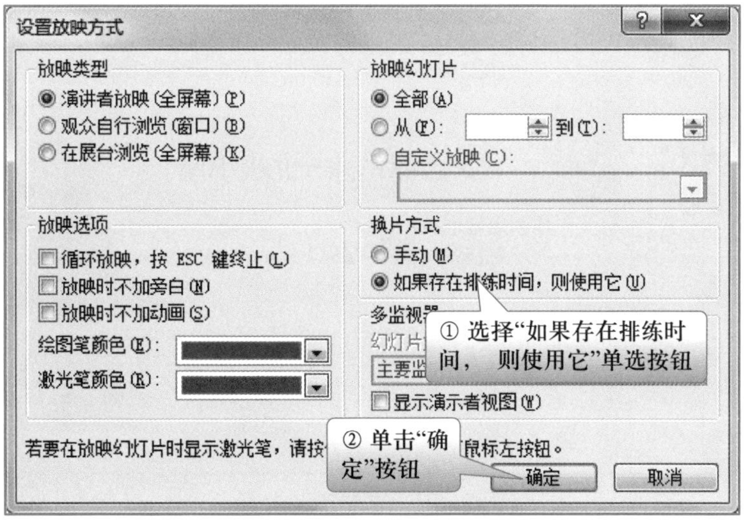

图 3-66　设置幻灯片的放映方式

也可以在"切换"选项卡"计时"功能区中"设置自动换片时间"中进行设置,来控制幻灯片的自动播放,如图 3-67 所示。

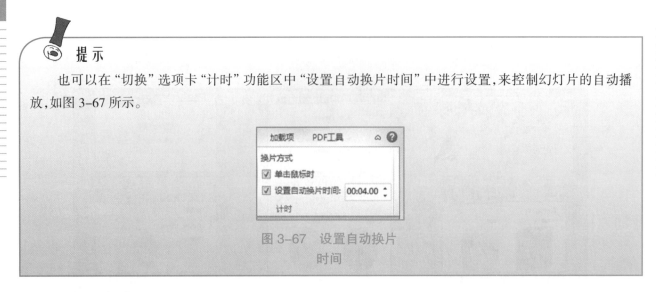

图 3-67 设置自动换片
时间

2. 使用备注页

在第 6 张幻灯片"店铺介绍"的备注页面上添加店铺 logo 的注解文字内容,添加后的效果如图 3-68 所示。这样在有双显示器或投影仪的情况下,可以设置放映时仅演讲者可看到备注内容和下一页内容。

图 3-68 添加备注内容

3. 创建 PDF 和视频

为"北极小屋校园营销策划书 .pptx"创建 PDF 和视频,以便在没有安装 PowerPoint 2010 的计算机上也可以播放,操作方法如图 3-69 和图 3-70 所示。

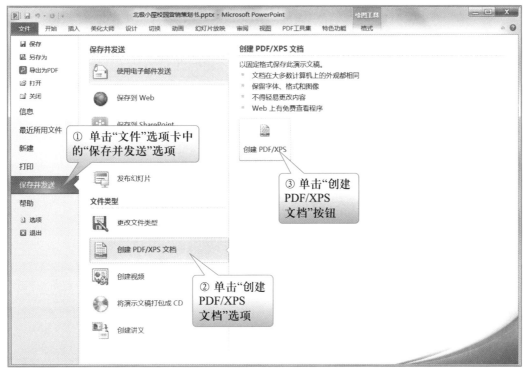

图 3-69　创建 PDF/XPS 文档

图 3-70　创建视频

讨论与学习

1. 放映幻灯片有哪几种方式?

2. 如何从当前幻灯片开始放映?

3. 如何隐藏暂时不放映的幻灯片?

巩固与提高

1. 尝试设置为"在展台浏览(全屏幕)"放映类型,循环播放演示文稿。

2. 为"个人简介 .pptx"设置幻灯片切换效果和超链接,并创建视频。

单 元 小 结

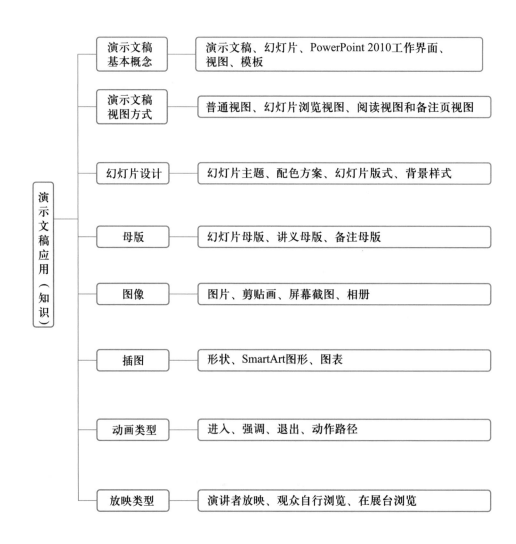

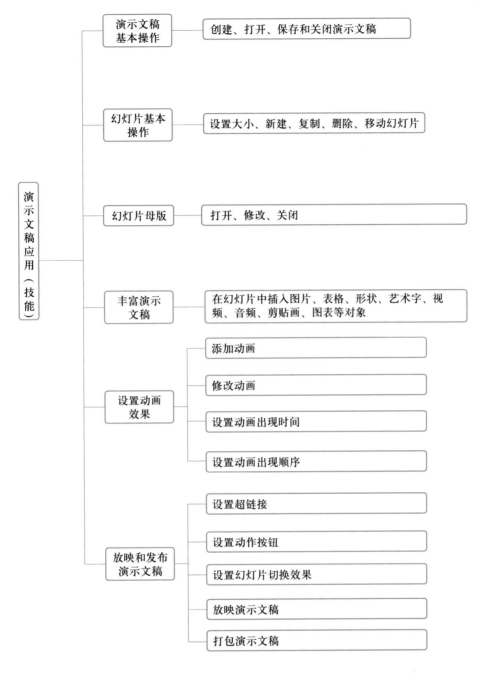

综合实训 3

一、制作"岳麓书院"演示文稿

1. 创建一个演示文稿"岳麓书院 .pptx",并保存。

2. 插入幻灯片,第 1 张版式为"标题"幻灯片,第 2 张版式为"两栏内容"的幻灯片,第 3 张和第 4 张版式为"垂直排列标题和文本"的幻灯片。

3. 在每张幻灯片上输入文本,并在第 2 张幻灯片上插入图片"岳麓书院",如图 3-71 所示。注意,第 4 张幻灯片上分为两级文本。

图 3-71   在幻灯片上输入文本、插入图片

4. 应用设计主题"龙腾四海"。

5. 在第 1 张幻灯片后面新建一张"目录"幻灯片,输入相对应的目录标题,如图 3-72 所示。

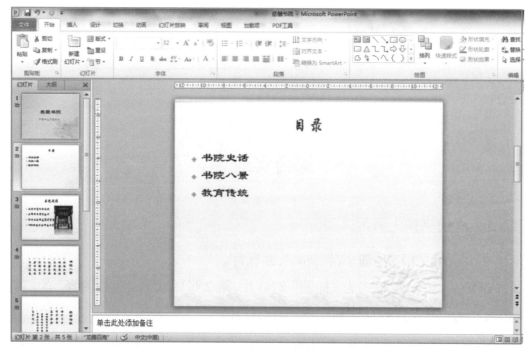

图 3-72   新建"目录"幻灯片

6. 设置所有文本段落行距为 1.5 倍,并适当调整各占位符位置。

7. 在幻灯片母版中,将标题文本设置为华文行楷,一级文本设置为隶书、字号为 32 号,二级文本设置为华文楷体、字号为 28 号。

8. 在"目录"幻灯片中通过单击各目录标题超链接到相对应的幻灯片中。

9. 将母版文本的动画效果设置为标题文本淡出,第一级文本自左侧擦除,第二级文本自左侧飞入。

10. 设置所有幻灯片的切换效果为溶解,每隔 5 秒自动换页。

二、制作"职业生涯规划"演示文稿

1. 创建一个演示文稿"职业生涯规划 .pptx",并保存。

2. 设置幻灯片大小为全屏显示(16∶9)。

3. 参照"实训结果 3-2.pptx"新建多张合适版式的幻灯片,并录入相应文本。

4. 设置演示文稿中所有文本字体为"微软雅黑",如果计算机上没有该字体,请在素材库里找到"msyh"文件并安装。字体大小和颜色参照样张效果设置。

5. 参照样张插入背景图片、素材图片,未提供的图片素材请在剪贴画中查找,未提供的形状请自行绘制。

6. 设置标题页动画效果,标题和副标题均设置为"进入"类型的"缩放"效果,均设置为"从上一动画之后"开始按顺序依次自动播放。其他幻灯片对象请根据播放的逻辑性自行设置动画效果。

7. 在"目录页"幻灯片中,为每个小标题插入"超链接",通过单击各目录标题链接到相对应的幻灯片中,并在每个版块的最后一张幻灯片上设置通过单击图片超链接到第 2 张"目录页"幻灯片中。

8. 设置所有幻灯片的切换效果为"淡出",换片方式为"单击鼠标时",同时设置"标题"幻灯片和 6 张"小标题"幻灯片的换片方式为"设置自动换片时间:5 秒"。

习题 3

一、填空题

1. 在幻灯片放映中,要想中止放映,只要按_____键即可。

2. 动画设置有进入、_____、_____、_____等方式。

3. 在幻灯片中插入的图形可以是图形、_____、剪贴画和相册。

4. 在 PowerPoint 2010 中,模板文件的扩展名是_____。

5. 文本框有两种类型,分别是_____和_____。

6. 统一设置幻灯片上文字的颜色,应用_____。

7. 在"设置放映方式"对话框中有 3 种放映类型,分别为_____、_____、_____。

8. 普通视图包含3种窗口：_____、_____和_____。

9. 母版包括_____、_____、_____、_____。

10. 用 PowerPoint 软件所创建的用于演示的文件称为_____，其默认扩展名为_____。

11. 演示文稿中幻灯片有_____、_____、_____、_____等视图。

12. 将演示文稿打包的目的是_____。

13. 在幻灯片视图中，向幻灯片中插入图片，选择_____选项卡的图片命令，然后选择相应的命令。

14. 在 PowerPoint 2010 中，为每张幻灯片设置切换声音效果的方法是使用"幻灯片放映"选项卡中的_____。

15. 按行列显示并可以直接在幻灯片上修改其格式和内容的对象是_____。

16. 在 PowerPoint 中，能够观看演示文稿的整体实际播放效果的视图模式是_____。

17. 状态栏位于窗口的底部，它显示当前演示文档的部分_____或_____。

18. 使用 PowerPoint 播放演示文稿要通过_____或_____屏幕展现出来。

19. _____就是将幻灯片上的某些对象，设置为特定的索引和标记。

20. 列举3种自定义动画效果：_____、_____、_____。

21. 演示文稿打包所用到的选项卡是_____。

22. 选择排练计时使用到的选项卡是_____。

23. 一张幻灯片切换到下张幻灯片的过程中发出一个爆炸声，所用到的命令是_____。

24. 幻灯片的换片方式有_____和_____两种。

25. 在幻灯片中插入音频文件，选择_____选项卡的_____命令。

二、单项选择题

1. PowerPoint 2010 演示文稿默认的文件保存格式是(　　)。

　　A. .pps　　　　　　B. .pptx　　　　　　C. .ppt　　　　　　D. .html

2. 以下不是 PowerPoint 2010 母版的是(　　)。

　　A. 讲义母版　　　B. 幻灯片母版　　　C. 大纲母版　　　D. 备注母版

3. 在普通视图下，单击"开始"选项卡中的"新建幻灯片"命令，将(　　)。

　　A. 在当前幻灯片之前插入一张新幻灯片

　　B. 在当前幻灯片之后插入一张新幻灯片

　　C. 可能在当前幻灯片之后或之前插入一张幻灯片

　　D. 当前幻灯片被覆盖

4. 在"幻灯片浏览"视图模式下，不允许进行的操作是(　　)。

　　A. 删除幻灯片　　　　　　　　B. 设置动画效果

　　C. 幻灯片的移动和复制　　　　D. 幻灯片切换

5. 在 PowerPoint 中，幻灯片母版是(　　)。

　　A. 用户定义的第一张幻灯片，以供其他幻灯片调用

　　B. 幻灯片模板的总称

　　C. 用户自行设计的幻灯片模板

　　D. 统一演示文稿中各种格式的特殊幻灯片

6. PowerPoint 2010 中的基本视图是(　　)。

　　A. 普通视图　　　B. 大纲视图　　　C. 幻灯片视图　　　D. 幻灯片浏览视图

7. 下列说法中错误的是( )。

A. PowerPoint 2010 不能进行屏幕截图

B. PowerPoint 2010 可以插入 Flash 动画

C. 在 PowerPoint 2010 中,对象设置动画后,先后顺序可以进行更改

D. 使用幻灯片母版,可以起到统一整套幻灯片风格的作用

8. 在 PowerPoint 2010 中,能编辑幻灯片中图片对象的是( )。

A. 备注页视图   B. 普通视图

C. 幻灯片放映视图   D. 幻灯片浏览视图

9. 在 PowerPoint 2010 各种视图中,可以同时浏览多张幻灯片,便于选择、添加、删除、移动幻灯片等操作是( )。

A. 备注页视图   B. 幻灯片浏览视图   C. 普通视图   D. 幻灯片放映视图

10. 放映幻灯片的组合键是( )。

A. F6   B. Shift+F6   C. F5   D. Shift+F5

11. 在新增一张幻灯片操作中,可能的默认幻灯片版式是( )。

A. 标题和表格   B. 标题和图表   C. 标题和内容   D. 空白版式

12. 如果对一张幻灯片使用系统提供的版式,对其中各个对象的占位符( )。

A. 能用具体内容去替换,不可删除

B. 能移动位置,也不能改变格式

C. 可以删除不用,也可以在幻灯片中插入新的对象

D. 可以删除不用,但不能在幻灯片中插入新的对象

13. 要让 PowerPoint 2010 制作的演示文稿在 PowerPoint 2003 中放映,必须将演示文稿的保存类型设置为( )。

A. PowerPoint 演示文稿 *. pptx   B. PowerPoint 97-2003 演示文稿 *. ppt

C. XPS 文档(*. xps)   D. Windows Media 视频 *. wmv

14. 在 PowerPoint 2010 中,下列说法中错误的是( )。

A. 可以动态显示文本和对象   B. 可以更改动画对象的出现顺序

C. 图表不可以设置动画效果   D. 可以设置幻灯片切换效果

15. 在 PowerPoint 中,若一个演示文稿中有 3 张幻灯片,播放时要跳过第 2 张放映,可以的操作是( )。

A. 取消第 2 张幻灯片的切换效果   B. 隐藏第 2 张幻灯片

C. 取消第 1 张幻灯片的动画效果   D. 只能删除第 2 张幻灯片

16. 演示文稿的基本组成对象是( )。

A. 图形   B. 幻灯片   C. 超链接   D. 文本

17. 在 PowerPoint 2010 的编辑状态中,想在每张幻灯片相同的位置插入 logo,最好的设置方法是在幻灯片的( )中进行。

A. 普通视图   B. 浏览视图   C. 幻灯片母版   D. 备注母版

18. 不能作为演示文稿插入对象的是( )。

A. 图表   B. Excel 工作簿   C. 图像文档   D. Windows 操作系统

19. 在(   )视图下，可采用直接拖动幻灯片的方法来改变幻灯片的顺序。

    A. 幻灯片备注页　B. 幻灯片放映　　C. 幻灯片浏览　　　D. 以上都可以

20. PowerPoint 演示文稿中的文字、图片、表格等，被称为(   )。

    A. 文本　　　　　B. 对象　　　　　C. 多媒体　　　　　D. 文本框

21. 在 PowerPoint 中，表格在(   )选项卡中。

    A. 表格　　　　　B. 插入　　　　　C. 格式　　　　　　D. 工具

22. 在 PowerPoint 中，不能新建演示文稿的方法是(   )。

    A. 使用"文件"选项卡中的"新建"命令

    B. 在桌面上右击，选择"新建"命令

    C. 使用"插入"选项卡中的"新幻灯片"命令

    D. 直接按 Ctrl+N 键

23. 为 PowerPoint 幻灯片设置背景，应在(   )选项卡中选择。

    A. 开始　　　　　B. 插入　　　　　C. 设计　　　　　　D. 幻灯片放映

24. PowerPoint 中"打包"的含义是(   )。

    A. 压缩演示文稿便于保存

    B. 将嵌入的对象与演示文稿压缩在同一文件中

    C. 压缩演示文稿便于携带

    D. 将播放器与演示文稿压缩在同一文件中

25. 在 PowerPoint 的"自定义动画"中不能设置幻灯片对象的选项是(   )。

    A. 播放时间　　　B. 播放顺序　　　C. 背景图形　　　　D. 播放效果

26. 在 PowerPoint 的"幻灯片切换"对话框中不能设置的选项是(   )。

    A. 效果　　　　　B. 声音　　　　　C. 换页方式　　　　D. 链接

27. 在 PowerPoint 中不能控制幻灯片外观的是幻灯片的(   )。

    A. 配色方案　　　B. 母版　　　　　C. 模板　　　　　　D. 大纲

28. PowerPoint 提供的多种模板，主要解决幻灯片上的(   )。

    A. 文字格式　　　B. 文字颜色　　　C. 背景图案　　　　D. 以上全是

29. 在播放 PowerPoint 演示文稿的过程中，当幻灯片进入和离开屏幕时，出现水平百叶窗、溶解、盒状展开、向下插入等切换效果，是因为(   )。

    A. 在一张幻灯片内部设置了播放效果

    B. 在相邻幻灯片之间设置了播放效果

    C. 为幻灯片使用了适当的模板

    D. 为幻灯片使用了适当的版式

30. 幻灯片之间的换片方式有单击鼠标时和(   )。

    A. 从上一项开始　　　　　　　　B. 从上一项之后开始

    C. 设置自动换片时间　　　　　　D. 双击鼠标时

31. 在 PowerPoint 的幻灯片中插入一个电影剪辑，应选(   )选项卡中的有关命令。

    A. 文件　　　　　B. 视图　　　　　C. 插入　　　　　　D. 幻灯片放映

32. 在 PowerPoint 的幻灯片浏览视图下，不能完成的操作是(   )。

    A. 调整幻灯片位置　　　　　　　B. 删除幻灯片

　　C. 编辑幻灯片内容　　　　　　　　D. 复制幻灯片

33. 使用 PowerPoint 制作完成课件后,可以用(　　)选项卡中的相关命令进行文件打印。

　　A. 文件　　　　　B. 开始　　　　　C. 设计　　　　　D. 视图

34. 在幻灯片中为图片插入动画时,一开始图片不在舞台上,单击鼠标时图片出现应选择(　　)动画类型。

　　A. 进入　　　　　B. 强调　　　　　C. 退出　　　　　D. 动作路径

35. 有交互功能的演示文稿(　　)。

　　A. 可以播放声音、乐曲　　　　　　B. 可以播放动态视频

　　C. 具有"超链接"功能　　　　　　　D. 具有自动循环放映功能

36. 在 PowerPoint 的"自定义动画"对话框中不能设置的操作是(　　)。

　　A. 对象播放时间　　B. 对象播放顺序　　C. 幻灯片切换　　D. 对象播放效果

37. 用 PowerPoint 编辑课件,在演示文稿内(　　)某张幻灯片时,可以进入幻灯片浏览视图,选定该幻灯片,按住 Ctrl 键的同时拖动它到另一个位置再松开鼠标左键。

　　A. 复制　　　　　B. 移动　　　　　C. 删除　　　　　D. 插入

38. 下载了一个 PowerPoint 课件,在修改的过程中,想换一个文件名进行保存,则第一步应单击"文件"选项卡中的(　　)选项。

　　A. 保存　　　　　B. 发送　　　　　C. 另存为网页　　　D. 另存为

39. 在幻灯片中插入动作按钮,可以使用以下操作(　　)。

　　A. 插入→动作按钮　　　　　　　　B. 插入→形状→动作按钮

　　C. 动画→动作按钮　　　　　　　　D. 切换→动作按钮

40. 在 PowerPoint 的(　　)视图模式下,可以改变幻灯片的顺序。

　　A. 幻灯片放映　　B. 备注页　　　　C. 幻灯片浏览　　D. 以上都对

41. 要在 PowerPoint 中插入 Excel 表,应执行"插入"选项卡中的(　　)命令。

　　A. 表格　　　　　B. 图表　　　　　C. 对象　　　　　D. 文本框

42. 打印演示文稿时,如在"打印内容"栏中选择"讲义",则每页打印纸上最多能输出(　　)张幻灯片。

　　A. 7　　　　　　B. 8　　　　　　C. 9　　　　　　D. 10

43. 在幻灯片上加上飞入效果,所使用的动画类型是(　　)。

　　A. "幻灯片放映"→"动作按钮"　　　B. "幻灯片放映"→"动画设置"

　　C. "幻灯片放映"→"预设动画"　　　D. "幻灯片放映"→"设置放映方式"

44. 自定义放映的作用是(　　)。

　　A. 让幻灯片自动放映

　　B. 让幻灯片人工放映

　　C. 让幻灯片按照预先设置的顺序放映

　　D. 以上都不可以

45. 排练计时的作用(　　)。

　　A. 让演示文稿自动放映

　　B. 让演示文稿人工放映

　　C. 让演示文稿中的幻灯片按照预先设置的时间放映

　　D. 以上都不可以

46. 幻灯片主题更改使用(   )选项卡。

    A. 开始   B. 插入   C. 设计   D. 视图

47. 要取消幻灯片的隐藏标记,应使用(   )选项卡。

    A. 文件   B. 开始   C. 设计   D. 幻灯片放映

48. 要以连续循环方式播放幻灯片,应使用"幻灯片放映"选项卡中的(   )命令。

    A. 联机演示   B. 录制幻灯片演示

    C. 自定义幻灯片放映   D. 设置幻灯片放映

49. 在 Powerpoint 中,有关幻灯片母版的页眉/页脚说法中错误的是(   )。

    A. 页眉/页脚是添加在演示文稿中的注释性内容

    B. 典型的页眉/页脚内容是日期、时间及幻灯片编号

    C. 在打印演示文稿幻灯片时,页眉/页脚的内容也可打印出来

    D. 不可以设置页眉/页脚的文本格式

三、多项选择题

1. 设置幻灯片切换时,可以进行的操作是(   )。

    A. 切换效果   B. 切换速度   C. 换片方式   D. 切换时是否有声音

2. 在进行幻灯片动画设置时,可以设置的动画类型有(   )。

    A. 进入   B. 强调   C. 退出   D. 动作路径

3. 在 PowerPoint 中,超级链接可以链接到(   )。

    A. 现有的文件或网页   B. 本文档中的任意一张幻灯片

    C. 新建文档   D. 电子邮件地址

4. 在幻灯片中,下列说法正确的是(   )。

    A. 幻灯片的顺序不可以改变   B. 可以插入图片和剪贴画

    C. 不可以连续播放声音   D. 功能区可以隐藏

5. 在 PowerPoint 中,页面设置可以(   )。

    A. 设置幻灯片大小   B. 设置演示文稿宽度和高度

    C. 设置幻灯片编号起始值   D. 设置幻灯片方向

6. 在 PowerPoint 2010 中,插入表格之后(   )。

    A. 可以调整表格的单元格数目   B. 不可以拆分单元格

    C. 可以向表格中添加文字   D. 不可以改变表格的大小

7. 在 PowerPoint 中,背景可以设置为(   )。

    A. 图案填充   B. 图片或纹理填充   C. 渐变填充   D. 可以隐藏背景图形

8. 在 PowerPoint 的"设置放映方式"操作中,可以进行的操作是(   )。

    A. 设置演示文稿的循环放映方式   B. 设置演示文稿中幻灯片的放映范围

    C. 设置幻灯片的换片方式   D. 设置播放的背景音乐

9. 在 PowerPoint 中,幻灯片可以插入(   )多媒体信息。

    A. 来自剪辑库的声音   B. 图片、视频

    C. 来自文件的声音   D. 制作幻灯片时录制的声音

10. 下列关于自选图形对象操作描述不正确的是(   )。

    A. 通过"插入"选项卡中的"图片"命令可插入自选图形

    B. 同一幻灯片中的自选图形对象可任意组合,形成一个对象

    C. 自选图形内不能添加文本

    D. 采用鼠标拖动的方式能够改变自选图形的大小与位置

11. 演示文稿的启动有哪几种方法?　(　　　　　)

    A. 开始→程序→ PowerPoint 命令

    B. 双击桌面上的 PowerPoint 快捷方式

    C. 找到保存在计算机中的演示文稿后双击

    D. 开始→运行→ PowerPoint 命令

12. 以下属于 PowerPoint 界面的有哪几个?　(　　　　　)

    A. 标题栏　　　　B. 工具栏　　　　　C. 状态栏　　　　D. 帮助栏

13. PowerPoint 工作区域有哪三大部分?　(　　　　　)

    A. 幻灯片窗口　　B. 大纲窗口　　　　C. 备注窗口　　　D. 状态窗口

14. 状态栏能显示当前文稿的(　　　　　)。

    A. 部分属性　　　B. 行　　　　　　　C. 列　　　　　　D. 状态

15. 演示文稿的创建方法有(　　　　　)。

    A. 利用内容提示向导　　　　　　　B. 利用设计模板

    C. 创建空演示文稿　　　　　　　　D. 创建设计模板

16. 设计模板分哪两种?　(　　　　　)

    A. 空模板　　　　B. 设计模板　　　　C. 颜色模板　　　D. 内容模板

17. 幻灯片的删除有哪几种方法?　(　　　　　)

    A. 选中需要删除的幻灯片按 Del 键

    B. 选中需要删除的幻灯片后单击右键选择"删除幻灯片"命令

    C. 选中需要删除的幻灯片后选择"开始"选项卡→"删除幻灯片"

    D. 选中需要删除的幻灯片或按住 Shift 键选择多张幻灯片后按 Del 键

18. 在演示文稿中可以添加的对象是(　　　　　)

    A. 图片　　　　　B. 声音　　　　　　C. 视频图像　　　D. 图表

19. 在哪个视图下可以移动幻灯片?　(　　　　　)

    A. 普通视图　　　B. 幻灯片放映视图　C. 大纲视图　　　D. 幻灯片浏览视图

20. 对于 PowerPoint,下列说法正确的是(　　　　　)

    A. 在 PowerPoint 中,一个演示文稿由若干张幻灯片组成

    B. 每当插入一张新幻灯片时,PowerPoint 要为用户提供若干个幻灯片参考布局

    C. 用 PowerPoint 既能创建、编辑演示文稿,又能播放演示文稿

    D. 选择"应用设计模板",可以为个别幻灯片设计外观

21. 在 PowerPoint 中,设置幻灯片中各元素动画效果的方法有(　　　　　)。

    A. 动画方案　　　B. 幻灯片切换　　　C. 自定义动画　　D. 设置背景

22. 在 PowerPoint 中,可以打印出哪些内容?　(　　　　　)

    A. 大纲视图　　　B. 幻灯片　　　　　C. 讲义　　　　　D. 备注页

23. 在 PowerPoint 中打印讲义时,一页纸可以排放多少张幻灯片?　(　　　　　)

    A. 1　　　　　　　B. 2　　　　　　　　C. 4　　　　　　　D. 9

24. 在幻灯片的"动作设置"对话框中设置的超级链接对象可以链接到(   )。

    A. 下一张幻灯片　B. 一个应用程序　　C. 其他演示文稿　　D. 幻灯片的某一对象

25. 在 PowerPoint 中,超级链接可以建立在(   )上。

    A. 图形　　　　　　B. 文本　　　　　　C. 表格　　　　　　D. 图片

26. PowerPoint 中的预设动画包括哪些? (   )

    A. 飞入　　　　　　B. 从上部飞入　　　C. 溶解　　　　　　D. 出现

27. 在 PowerPoint 中设置播放幻灯片时换片方式的是(   )。

    A. 手动　　　　　　　　　　　　　　　B. 从上一项开始

    C. 如果存在排练时间则使用它　　　　　D. 以上都可以

28. PowerPoint 中动作按钮包括哪些? (   )

    A. 转到开头　　　　B. 帮助　　　　　　C. 声音　　　　　　D. 上一张

29. PowerPoint 中自定义动画效果中的动画有哪些? (   )

    A. 飞入　　　　　　B. 百叶窗　　　　　C. 切入　　　　　　D. 闪烁

30. PowerPoint 中自定义动画效果中的动画和声音驶入的方向有哪些? (   )

    A. 左侧　　　　　　B. 右侧　　　　　　C. 上部　　　　　　D. 底部

31. PowerPoint 中自定义动画中的动画播放后的效果有(   )。

    A. 不变暗　　　　　B. 其他颜色　　　　C. 播放动画后隐藏　D. 下次单击后隐藏

32. PowerPoint 中自定义动画中引入文本选项有哪些? (   )

    A. 整批发送　　　　B. 按字　　　　　　C. 按字母　　　　　D. 按数字

33. PowerPoint 中幻灯片放映类型有(   )。

    A. 演讲者放映　　　B. 观众自行浏览　　C. 在展台浏览　　　D. 自定义放映

34. 打印演示文稿时可设置(   )。

    A. 打印全部幻灯片　　　　　　　　　　B. 打印当前幻灯片

    C. 打印选定区域　　　　　　　　　　　D. 自定义范围

35. 幻灯片切换效果有(   )。

    A. 无切换　　　　　B. 水平百叶窗　　　C. 垂直百叶窗　　　D. 向下切入

36. 幻灯片切换速度有(   )。

    A. 0.25 s　　　　　B. 0.5 s　　　　　　C. 0.75 s　　　　　D. 1 s

37. 幻灯片切换的换页方式有(   )。

    A. 单击鼠标换页　B. 双击鼠标换页　C. 每隔指定时间　D. 不间隔

38. 幻灯片可以插入的影片和声音文件有哪些类型? (   )

    A. 文件中的影片　B. 剪辑库中的影片　C. 录制声音　　　D. 播放 CD 乐曲

39. 幻灯片中的文本框有(   )。

    A. 水平　　　　　　B. 垂直　　　　　　C. 圆　　　　　　　D. 方

40. 幻灯片中的图表的类型有(   )。

    A. 柱形图　　　　　B. 条形图　　　　　C. 折线图　　　　　D. 饼图

四、判断题

1. 大纲窗格只显示文稿的文本部分,不显示图形和色彩。(   )

2. 幻灯片放映时不显示备注页下添加的备注内容。(   )

3. 排练计时可以为演示文稿估计一个放映时间,以用于自动放映。(　　)

4. PowerPoint 中绘图笔的颜色是不能进行更改的。(　　)

5. 演示文稿一般按原来的顺序依次放映。要改变这种顺序,可以通过超链接的方式实现。(　　)

6. 幻灯片中不能设置页眉、页脚。(　　)

7. 幻灯片中不能进行数学公式的编辑。(　　)

8. 在 PowerPoint 2010 中,利用“动画刷”工具可以快速设置相同动画。(　　)

9. 在 PowerPoint 2010 中,可以将演示文稿保存为视频格式。(　　)

10. 如果要在每张幻灯片上显示公司名称,可在母版中插入文本框,输入公司名称,公司名称将自动显示在每张幻灯片上。(　　)

11. PowerPoint 是种能够进行文字处理的软件。(　　)

12. PowerPoint 是种能够进行表格处理的软件。(　　)

13. PowerPoint 与其他 Office 应用软件的用户界面是不一样的。(　　)

14. PowerPoint 的标题栏提供窗口所有选项卡控制。(　　)

15. 退出 PowerPoint 时可以单击窗口右上角“关闭”按钮。(　　)

16. 在 Powerpoint 中制作的演示文稿通常保存在一个文件里,这个文件称为“演示文稿”。(　　)

17. 演示文稿中的每一页称为“幻灯片”。(　　)

18. 幻灯片由插入文字、图表、组织结构图等所有可以插入的对象组成。(　　)

19. PowerPoint 提供两种模块:设计模块和内容模块。(　　)

20. 演示文稿的创建有两种方法。(　　)

21. 幻灯片的插入、删除、与复制与 Word 的不一样。(　　)

22. 幻灯片版面设计更改应选择幻灯片版式。(　　)

23. 幻灯片色彩更改应选择背景颜色。(　　)

24. PowerPoint 的一大特点是可以使演示文稿的所有幻灯片具有一致的外观。(　　)

25. 在幻灯片放映中只有单击鼠标或按回车键才显示下一张幻灯片。(　　)

26. 要打开一个保存在计算机中的演示文稿,应使用“文件”选项卡中的“打开”命令。(　　)

27. 幻灯片外观是不能改变的。(　　)

28. 演示文稿制作好后演播时需要计算机或投影仪等设备。(　　)

29. 演示文稿中的幻灯片不能自由切换。(　　)

30. 进入 PowerPoint 2010 后默认的视图方式是普通视图。(　　)

31. 母版能统一幻灯片的格式。(　　)

32. 演示文稿中不能在任意位置插入文本、表格、图表等特殊对象。(　　)

33. 演示文稿能快速地自动生成具有专业水准的文稿。(　　)

34. 演示文稿主要功能不包含远程会议、网络会议。(　　)

35. 演示文稿中不能插入剪贴画。(　　)

36. 演示文稿在演播时能对时间进行控制。(　　)

37. 演示文稿在演播时能对各个对象及内容设置自动演播。(　　)

38. 演示文稿的窗口界面中没有备注窗口。(　　)

39. 模板中的所有幻灯片格式全部一样。(　　)

40. 在普通视图中包含3种窗口：大纲窗口、幻灯片窗口、备注窗口。(　　)

41. 一张幻灯片就是一张页面。(　　)

42. 幻灯片中不能改变对象的属性。(　　)

43. 幻灯片中文字输入在文本框中。(　　)

44. 演示文稿打包解压后不能在没有安装 PowerPoint 的系统中演播。(　　)

45. 按 Alt+F4 组合键不能关闭当前打开的演示文稿。(　　)

单元 4
数据库应用

当今是高速发展的信息化社会，众多领域几乎每天都有大量的数据需要处理，面对日益增长的信息量，需要建立高效的信息处理系统来对这些信息进行有效的组织、存储和管理。数据库技术产生于 20 世纪 60 年代后期，发展至今已有 50 多年的历史，数据库技术为解决以上问题提供了强大的技术支持，并得到了迅速发展。目前，绝大多数的计算机应用系统均离不开数据库技术的支持，数据库技术已成为当今信息技术中应用最广泛的技术之一，同时，云计算、大数据概念的出现，也促进了数据库技术的不断进步。

学 习 要 点

(1) 了解数据、数据库、数据库管理系统及数据库系统等概念。

(2) 理解实体间的关系。

(3) 了解数据库的基本类型和关系型数据库的基本特点。

(4) 理解数据表、字段、记录、关键字等关系型数据库的基本概念。

(5) 理解选择、连接、投影 3 种关系运算。

(6) 掌握创建、打开、关闭数据库的方法。

(7) 了解 Access 数据库的对象。

(8) 理解 Access 常用数据类型。

(9) 理解表达式及其构成。

(10) 掌握创建数据表、修改和维护表结构的方法。

(11) 掌握数据表记录的操作方法。

（12）掌握字段基本属性的设置方法。

（13）掌握数据表格式的设置方法。

（14）掌握数据表的排序、筛选方法。

（15）理解主键、索引的概念，掌握其设置方法。

（16）掌握创建表间关系的方法。

（17）理解查询的功能和类型。

（18）掌握创建与修改查询的方法。

（19）理解 Select 语句的基本语法，掌握 Select 语句的使用方法。

（20）掌握 Create、Insert、Update、Delete 语句的使用方法。

（21）了解大数据的基本概念及主要特征。

▶ 工 作 情 景

在学校组织的行业认知实践中，同学们总结得出很多中大型的企业在日常管理中都使用了不同的计算机管理信息系统来管理整个业务流程和数据，但也有一些小型的企业、网店等，日常的进货和销售数据都是用手工记录或者用 Excel 电子表格进行简单的管理，每月都要花很多时间进行统计和分析，如各种商品分别进了多少货，销售额是多少，目前有多少库存，什么商品比较畅销等，效率较低。老师告诉同学们，要高效管理好这些数据，应当使用数据库系统，本单元将要学习的办公应用软件之一的 Access 2010 就是一个小型的数据库管理系统。

任务 1　认识数据库系统

Access 2010 是 Microsoft Office 2010 办公软件的组件之一，也是桌面数据库管理系统，可以有效地组织、管理和共享数据库信息。它具有界面友好、易学易用等特点，是开发中小型数据库的常用数据库软件。

 任务情景

互联网的飞速发展为电子商务提供了更加宽广的发展空间，传统的商业模式发生着翻天覆地的变化，各种网店、微商、无人零售等新零售模式层出不穷。部分同学也在尝试开网店、做微商，特别需要对经营过程中的进销存数据进行科学的管理，这首先需要对数据库有一个初步的认识。

 **知识准备**

1. 了解大数据

2012 年以来,随着数据的迅速增长,大数据(big data)一词越来越多地出现在很多场合,人们用它来描述和定义信息爆炸时代产生的海量数据,"大数据"时代已经来临,在商业、经济及其他领域中,很多决策都是基于数据和分析而做出的。

(1) 大数据的概念。大数据是一种规模大到在获取、存储、管理、分析方面大大超出了传统数据库软件工具能力范围的数据集合,是需要通过全新处理模式才能转化为更强的决策力、洞察发现力和流程优化能力的海量、高增长率和多样化的信息资产。

大数据包括结构化、半结构化和非结构化数据,本单元学习的 Access 是处理结构化数据的,非结构化数据越来越成为数据的主要组成部分。

大数据需要特殊的技术,以有效地处理大量的一定时间内的数据。适用于大数据的技术包括大规模并行处理(MPP)数据库、数据挖掘、分布式文件系统、分布式数据库、云计算平台、互联网和可扩展的存储系统。

(2) 大数据的主要特征。大数据具有海量、多样、高速、有价值等特征。

• 海量性:大数据的规模一直是一个不断变化的指标,单一数据集的规模范围从几十 TB 到数 PB(1 024 TB)不等,甚至更大。

• 多样性:数据类型繁多,包括网络日志、音频、视频、图片、地理位置信息等多种类型的数据,这对数据的处理能力提出了更高的要求。

• 高速度:数据具有时效性,挖掘的价值可能稍纵即逝,如果大量的数据来不及处理就会成为垃圾,大数据时代对数据处理的基本要求就是高速度。

• 有价值:合理运用大数据,能够以较低成本创造高价值。

(3) 大数据的应用。利用大数据技术对数据进行专业化的分析(如数据挖掘),可以获取更多有价值的信息,实现数据的"增值"。

大数据的应用范围非常广,除互联网行业外,在医疗、金融、制造业、交通物流等行业都有非常大的应用价值。2016 年 3 月,《中华人民共和国国民经济和社会发展第十三个五年规划纲要》发布,其中第二十七章"实施国家大数据战略"提出:把大数据作为基础性战略资源,全面实施促进大数据发展行动,加快推动数据资源共享开放和开发应用,助力产业转型升级和社会治理创新。

2. 数据

数据是一种物理符号序列,用来记录事物的情况。这里的"符号"不仅指数字、字母、文字和其他特殊符号,而且还包括图形、图像、动画、声音等多媒体数据。数据是数据库中的基本对象,用类型和值来表示。不同的数据类型记录的事物性质不一样。

3. 信息

信息是经过加工处理的特定形式的数据,对人们来说是有意义的。所有的信息都是数据,而只有经过提炼和抽象之后具有使用价值的数据才能成为信息。同一种信息可以用不同的数据形式来表达。

4. 数据处理

数据处理是指对各种类型的数据进行收集、存储、分类、计算、加工、检索、维护和传输的过程,其目的就是根据人们的需要,从大量的数据中提取出对于特定的人来说是有意义、有价值的数据,借以作为决策和行动的依据。数据处理通常也称为信息处理。数据与信息之间的关系可以表示为

$$信息 = 数据 + 数据处理$$

5. 数据库

数据库(database,DB)是存储在计算机存储设备中的结构化的相关数据的集合,既包括描述事物的数据本身,还包括相关事物之间的联系。数据库也可理解为存放数据的仓库。

6. 数据库管理系统

数据库管理系统(database management system,DBMS)是用于建立、使用和维护数据库的系统软件,实现对数据库的统一管理和控制,以保证数据库的安全性和完整性。目前常用的数据库管理系统有 Access、MySQL、SQL Server、Oracle 和人大金仓等。Access 是小型桌面数据库管理系统,通常用于办公管理。

7. 数据库系统

数据库系统(database system,DBS)实际上是一个应用系统,实现有组织地、动态地存储大量关联数据,方便多用户访问。它通常由用户、数据库管理系统、储存在存储设备上的数据和计算机硬件组成。

8. 数据库应用系统

数据库应用系统(database application system,DBAS)是指在数据库管理系统的基础上,针对具体的业务要求而开发的面向用户的系统。

9. 数据模型

数据模型是建立在实体模型之上的,实体模型包含以下术语。

(1) 实体(entity):客观事物在信息世界中称为实体。实体可以是具体的人、事、物,如一个人,一件商品,也可以是抽象的事件,如一场比赛。

(2) 实体集(entity set):性质相同的同类实体的集合称为实体集,如一个单位的同事、一批商品。

(3) 属性(attribute):实体有许多特性,每一特性在信息世界中都称为属性。每个属性都有一个值,值的类型可以是数字型、字符型或日期型等,例如商品的名称、单价都是商品这个实体的属性,名称的类型为字符型,单价的类型为数字型。

(4) 实体联系:实体之间的联系是指组成实体的各属性之间的联系,有一对一、一对多和

多对多 3 种类型。

① 一对一联系(1∶1)：如果实体集 A 中每一个实体至多和实体集 B 中的一个实体相联系，且实体集 B 中的每一个实体至多和实体集 A 中的一个实体相联系，则称实体集 A 与实体集 B 是一对一联系。例如某一航班的乘客与座位之间、乘客与机票之间是一对一联系，如图 4-1(a)所示。

② 一对多联系(1∶n)：如果实体集 A 中的每一个实体至少对应实体集 B 中 $n(n \geq 0)$ 个实体，且实体集 B 中的每一个实体至多对应实体集 A 中一个实体，则称实体集 A 与实体集 B 是一对多联系。例如，学校与系之间，班级与学生之间都是一对多联系，如图 4-1(b)所示。

③ 多对多联系(m∶n)：如果实体集 A 中每一个实体对应实体集 B 中 $n(n \geq 0)$ 个实体，且实体集 B 中每一个实体也对应实体集 A 中 $m(m \geq 0)$ 个属性，则称实体集 A 与实体集 B 是多对多联系。例如，学生与课程之间、商品与消费者之间都是多对多联系，如图 4-1(c)所示。

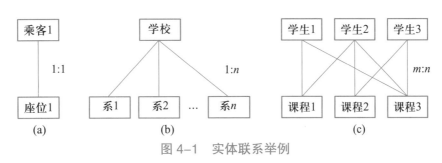

图 4-1　实体联系举例

计算机不能直接处理现实世界的客观事物，需要事先将具体的实体模型转换为数据模型。数据模型是数据的组织方式，不同的数据库管理系统组织数据的方式不同。常见的数据模型有 3 种：层次模型、网状模型、关系模型。

- 层次模型：是用树形结构表示实体类型和实体间联系的数据模型。
- 网状模型：是用网络结构表示实体类型和实体间联系的数据模型。
- 关系模型：是用二维表的形式表示实体类型和实体间联系的数据模型。

关系模型是使用最广泛的数据模型，目前大多数数据库系统，如 Access、MySQL、SQL Server 和 Oracle 都是建立在关系模型上的。

10. Access 数据库对象

Access 数据库是若干相关对象的集合，包括表、查询、窗体、报表、宏、模块等，可以把 Access 数据库看成是一个容器，每一个数据库对象都是数据库的一个组成部分。

(1) 表：存储数据的对象，是整个数据库的核心和基础。

(2) 查询：在一个或多个数据表中查找满足特定条件的数据，并生成一个集合。

(3) 窗体：交互式的图形界面，用于数据管理，即用户和数据表之间的接口。窗体的数据源可以是表或查询。

(4) 报表：用于将指定的数据以格式化的方式显示或打印。

(5) 宏：若干个操作的组合，目的是简化一些经常性的操作。可以将宏看成是一种简化的编程语言。

（6）模块：VBA（Visual Basic for Applications）语言编写的程序段，用于完成一些复杂功能。

 任务实施

1. 启动 Access 2010

在安装 Microsoft Office 2010 时，勾选 Access 2010 组件，即可安装 Access 2010，启动 Access 2010 后的初始界面如图 4-2 所示。

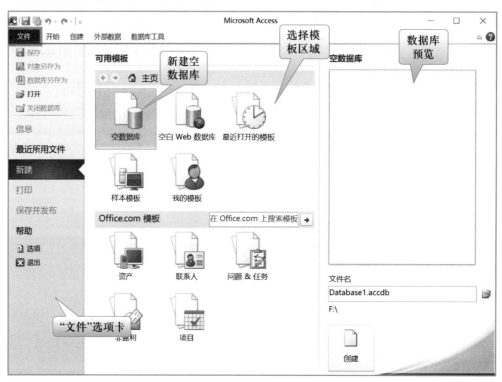

图 4-2　Access 2010 初始界面

在 Access 2010 初始界面中，可以创建新的数据库、打开现有数据库或者根据样本模板、Office.com 模板创建数据库。

 提 示

单击"样本模板"会出现更多的可用模板。如果找不到符合需要的模板，则可浏览 Office Online 网站以获取更多的模板。

2. 创建数据库

要使用 Access 2010 开发一个数据库应用系统，首先需要创建数据库。创建一个"进销存"空白数据库的操作步骤如下。

在图 4-2 所示的 Access 2010 初始界面中的"可用模板"区域中选择"空数据库"，然后在界面右边按照如图 4-3 所示的方法进行操作。

创建好空白数据库后,系统自动进入"数据表视图",并默认等待用户设计第一个数据表,如图 4-4 所示。用户可以立即进行数据表设计,也可以下次打开数据库时再进行数据表设计。

图 4-3 创建空白数据库

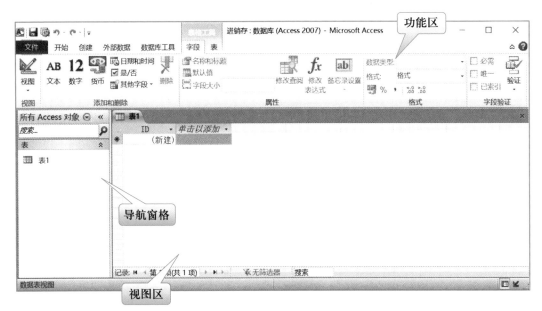

图 4-4 数据库窗口

提示

如果创建空白数据库后直接退出系统,则默认的数据表"表 1"不会被保存。

3. 关闭和打开数据库

(1) 关闭数据库。创建好空白数据库后,如果暂时不需要创建数据表,即可关闭数据库。关闭数据库可以选择"文件"选项卡中的"关闭数据库"命令。

提示

关闭数据库时并没有退出 Access 2010,如果退出 Access 2010,则当前所有打开的数据库都将自动关闭。

(2) 打开数据库。要使用数据库,首先要打开它,打开数据库的常用方法如下。

- 直接在资源管理器保存数据库文件的文件夹中双击数据库文件。
- 选择"文件"选项卡中的"打开"命令或"最近所用文件"子菜单。

4. 退出 Access 2010

退出 Access 2010 的常用方法如下。

- 单击 Access 2010 窗口右上角的"关闭"按钮。
- 选择"文件"选项卡中的"退出"命令。
- 单击标题栏左上角的"控制菜单"图标▣，在下拉菜单中选择"关闭"命令。
- 按 Alt+F4 组合键。

 技能拓展

　　Access 2010 提供了很多标准的数据库模板，通过这些模板创建数据库，可以自动创建相应的数据库对象，即预先定义好表、窗体、报表、查询、宏等，简化了数据库的创建过程。即使数据库模板中的对象不一定完全满足用户的需要，但通过向导对数据库对象进行适当的修改，即可达到要求。

　　例如，要通过模板创建"销售项目"数据库，操作方法如图 4-5 所示，创建的"销售项目"数据库窗口如图 4-6 所示，其中已经自动创建了相应的数据库对象。

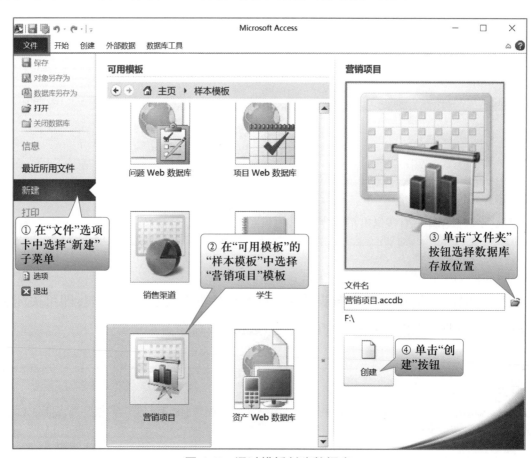

图 4-5　通过模板创建数据库

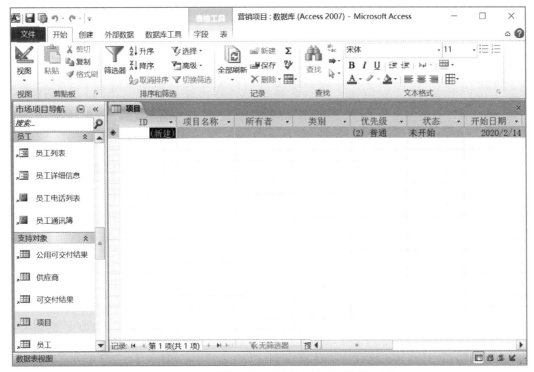

图 4-6　通过模板创建的"营销项目"数据库

 讨论与学习

1. 如何进行新旧版本的 Access 数据库文件格式转换?
2. 如何检查和设置数据库的基本属性?

巩固与提高

1. 尝试通过数据库模板创建"罗斯文"数据库。
2. 尝试使用 Access 2010 中的"帮助"。
3. 根据需要,尝试进行 Access 2010 选项配置。
4. 创建一个"人事管理"数据库文件,并保存。

任务 2　建立数据表

在 Access 2010 中,数据表是数据库的基本对象,数据库中的数据都要存储到数据表中,以供数据库中的其他对象进行直接或间接访问。设计者要根据具体项目的需求和数据库管理系统的功能来决定数据表的组织结构。

任务情景

通过任务 1 的学习,同学们已经了解到数据库系统在实际应用中的作用,对 Access 2010 有了初步的了解,觉得使用 Access 2010 适合对日常生活或工作中的数据进行科学的管理。同学们有的在开网店,有的在做微商,也有的家庭在经营着小超市,大家都根据自己不同的需要,边学边做。任务 1 已经创建了"进销存"数据库文件,接下来的工作就是建立存储相关数据的数据表。

 知识准备

1. 关系型数据库

关系型数据库是目前最流行的数据库,在关系型数据库中,实体或者实体与实体之间的联系都用关系来表示,一个关系由一个二维表来定义,二维表中的每一列称为关系的一个属性,即字段(field);二维表中的每一行的所有数据称为一个元组,相当于一条记录(record),代表一个实体。能唯一标识一个元组的一个或若干个属性的集合称为关键字(key)。表 4-1 所示的"商品表"就是一个关系,其中"商品编码"即为关键字。

表 4-1　商　品　表

商品编码	商品名称	计量单位	规格	单价	备注
A001	小米耳机	个	银色 1.25 m	149.0	质保 1 年
A002	苹果耳机	个	白色 1 m	138.0	质保 1 年
A003	索尼耳机	个	白色 2 m	169.0	质保 1 年
…					
B001	安卓数据线	根	2 m	12.9	
B002	Type-c 数据线	根	5 A 快充 2 m	19.9	
…					

数据表有如下特点。

(1) 关系是一种规范的二维表,表中的元素是不可分割的最小数据单元,即表中不能再包含表。

(2) 二维表中每一列的元素是类型相同的数据。

(3) 二维表行和列的顺序可以任意。

(4) 表中任意两行的记录不能完全相同。

2. 数据类型

Access 2010 提供了多种字段数据类型,见表 4-2。

表 4-2 字段数据类型表

数据类型	说明	长度
文本	由字母、数字字符、各种符号、汉字等组成,一个字符占用 1 个字节	0~255 字符
备注	和文本型数据类似	最多 63 999 个字符
数字	用于数学计算的数值数据	1、2、4、8 或 16 字节
日期 / 时间	存储表示日期和时间的数据	8 字节
货币	用于存储货币值,小数位是 1~4 位	8 字节
自动编号	当在数据表中增加记录时,自动插入一个唯一的数值(可按顺序或指定的格式增加,也可随机分配),自动编号字段不能更新	4 字节
是 / 否	布尔值(是 / 否、真 / 假、开 / 关)	1 位
OLE 对象	Access 链接或嵌入的对象(如 Excel 表格、Word 文档、图形、声音或其他二进制数据)	最多 1 GB
超链接	用作超链接地址(指向诸如对象、文档或网页等目标的路径),可以是 URL(Internet 或 Intranet 网站的地址),也可以是 UNC 网络路径(局域网上的文件的地址)	每个部分最多包含 2 048 个字符
附件	任何支持的文件类型。可以将图像、电子表格文件、文档、图表和其他类型的支持文件附加到数据库的记录,这与将文件附加到电子邮件非常类似。还可以查看和编辑附加的文件	
计算	实际上不属于数据类型,用于创建一个可以使用表达式来计算值的字段	取决于字段"结果类型"属性的数据类型
查阅向导	实际上不属于数据类型,用于启动查阅向导,创建一个可以通过列表框或组合框从另一个表或值列表中选择值的字段	与用于执行查阅的主键字段大小相同

 **任务实施**

数据表类似于电子表格,由行和列组成。在 Access 2010 中,数据表可以通过设计视图、表模板或直接输入数据来创建。通常建立数据表主要有如图 4-7 所示的几个步骤。

图 4-7 建立数据表主要步骤

1. 设计数据表

通过对进销存业务进行具体的分析,初步确定应实现如下目标。

• 对商品资料进行基本的信息管理,即新增、编辑、删除和查询等。

• 实现进货和销售管理,即进货单和出货单的数据录入、查询,并对相应的库存数据进行更新。

● 对库存商品进行查询。

为实现以上任务,首先需要建立商品表(goods)、进货单表(buy)、销售单表(sell)和库存表(stock),这 4 个表的结构见表 4–3~表 4–6。

表 4–3　"商品表"数据表结构

字段名称	字段含义	数据类型	字段大小	小数位数
code	商品编码	文本	4	
name	商品名称	文本	12	
unit	计量单位	文本	6	
type	规格	文本	20	
price	单价	数字	双精度	1
remark	备注	备注		

表 4–4　"进货单表"数据表结构

字段名称	字段含义	数据类型	字段大小	小数位数
datetime	进货日期 / 时间	日期 / 时间		
code	商品编码	文本	4	
amount	进货数量	数字	整型	
price	进货单价	数字	双精度	1

表 4–5　"销售单表"数据表结构

字段名称	字段含义	数据类型	字段大小	小数位数
datetime	销售日期 / 时间	日期 / 时间		
code	商品编码	文本	4	
amount	销售数量	数字	整型	
price	销售单价	数字	双精度	1

表 4–6　"库存表"数据表结构

字段名称	字段含义	数据类型	字段大小	小数位数
code	商品编码	文本	4	
amount	库存数量	数字	整型	
money	库存金额	数字	双精度	2

2. 创建数据表

创建数据表通常使用表设计视图,具体操作步骤如下。

(1)打开任务 1 中创建的"进销存"数据库,在表设计视图中按照图 4-8 所示的方法输入数据表字段。

(2)按照图 4-9 所示的方法将"商品表"保存为"goods"。

(3)用同样的方法创建其余 3 个数据表:进货单表(buy)、销售单表(sell)、库存表(stock),并保存。

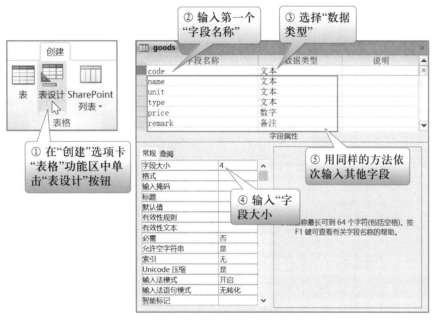

图 4-8 创建数据表(1)

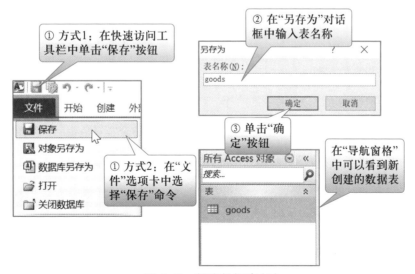

图 4-9 创建数据表(2)

提 示

（1）对创建好的数据表,可以在"导航窗格"中选中某一数据表,在鼠标右键菜单中选择"设计视图"命令打开该表的设计视图,在设计视图中可以修改表结构。

（2）字段有如下命名规则。

- 最大长度为 64 个字符。
- 可以包含字母、数字、空格和特殊字符(句号(.)、感叹号(！)、双引号(")、重音符(`)和方括号([ ])除外)的任意组合。
- 不能以前导空格开始。
- 不能包括控制字符(ASCII 值 0~31)。

3. 输入数据表数据

例如,要在"进销存"数据库的商品表"goods"中输入表 4-7 所示的数据,操作步骤如下。

表 4-7　"商品表"数据

商品编码	商品名称	计量单位	规格	单价	备注
A001	小米耳机	个	银色 1.25 m	149.0	质保 1 年
A002	苹果耳机	个	白色 1 m	138.0	质保 1 年
A003	索尼耳机	个	白色 2 m	169.0	质保 1 年
A004	JBL 无线蓝牙耳机	个	T205 BT	239.0	质保 6 月
A005	小米无线蓝牙耳机	个	圈铁四单元	799.0	质保 1 年
B001	安卓数据线	根	2 m	12.9	
B002	Type-c 数据线	根	5 A 快充 2 m	19.9	
B003	苹果数据线	个	1 m	29.9	
C001	手机直播支架	个	桌面三脚架	88.0	
C002	手机简约支架	个	桌面床头万能通用	19.8	
C003	手机指环扣支架	个	超薄锌合金双色银	35.0	
C004	手机指环扣支架	个	超薄锌合金曜石黑	25.0	
D001	手机挂脖绳	根	42 cm 流光银	37.0	
D002	手机挂脖绳	根	42 cm 玫瑰金	37.0	
D003	金属手机指环挂绳	根	炫酷黑	6.8	
D004	金属手机指环挂绳	根	玫瑰金	7.0	

（1）打开数据库"进销存"，在"导航窗格"中双击数据表"goods"，或者通过鼠标右键菜单的"打开"命令打开数据表"goods"，进入数据表视图。

（2）按照如图 4-10 所示的方法输入第一条记录，并将鼠标移动到新记录行。

（3）用同样的方法依次输入其他记录。

图 4-10　添加数据表记录

用同样的方法，将日常的进货和销售数据分别输入到进货表（buy）和销售表（sell）中。

 技能拓展

1. 定位记录

在"数据表"视图中，底部将显示如图 4-11 所示的记录导航条，用户可以通过该导航条定位记录。

图 4-11　记录导航条

定位记录还可以使用快捷键，见表 4-8。

表 4-8　快捷键定位功能

快捷键	定位功能
Tab、回车键、→	下一字段
Shift+Tab、←	上一字段
Home	当前记录的第一个字段
End	当前记录的最后一个字段
Ctrl+ ↑	第一条记录的当前字段
Ctrl+ ↓	最后一条记录的当前字段
Ctrl+Home	第一条记录的第一个字段
Ctrl+End	最后一条记录的最后一个字段
↑	上一条记录的当前字段

续表

快捷键	定位功能
↓	下一条记录的当前字段
PgUp	上移一屏
PgDn	下移一屏
Ctrl+PgUp	左移一屏
Ctrl+PgDn	右移一屏

2. 查找或替换数据

可以通过"查找和替换"对话框查找特定记录，或查找 / 替换字段中的值。在"查找和替换"对话框中可以使用通配符，见表 4-9。

表 4-9　通配符的用法

字符	用法	举例
*	与任意一串字符匹配	ch* 可以找出 change、child 和 china
?	与任意一个字母匹配	b？y 可以找出 boy 和 buy
[ ]	与方括号中的任意一个字符匹配	b［ae］ll 可以找出 ball 和 bell
!	匹配任何不在方括号内的字符	b［！ae］ll 可以找出 bill 和 bull
–	与范围内的任意一个字符匹配	a［b-d］e 可以找出 abe、ace 和 ade
#	与任何一个数字字符匹配	2#1 可以找出 201、211 和 221

3. 修改数据表结构

对已经创建好的数据表，可以在设计视图中对其结构进行修改，操作方法和在设计视图中创建数据表类似。如果需要在数据表中插入或删除字段，则右击相应字段后，在弹出的快捷菜单中选择相应命令，或在"设计"选项卡"工具"功能区中进行操作，如图 4-12 所示。

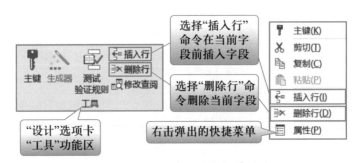

图 4-12　插入或删除数据表字段

4. 删除数据表记录

数据表中的记录如果不再使用，可以删除，操作方法如图 4-13 所示。

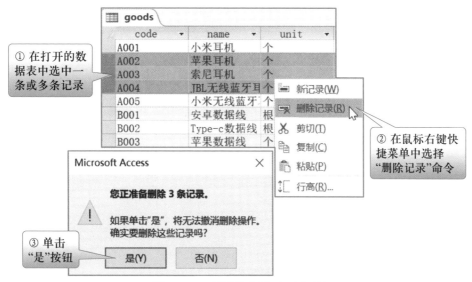

图 4-13　删除数据表中的记录

5. 录入"OLE 对象"数据

数据表中有时会使用"OLE 对象"数据类型字段,例如,商品表"goods"中如果需要保存每一种商品的照片,可以在该数据表中创建一个"OLE 对象"数据类型的字段(如"photo")。在"OLE 对象"数据类型的字段中录入数据的操作方法如图 4-14 所示。

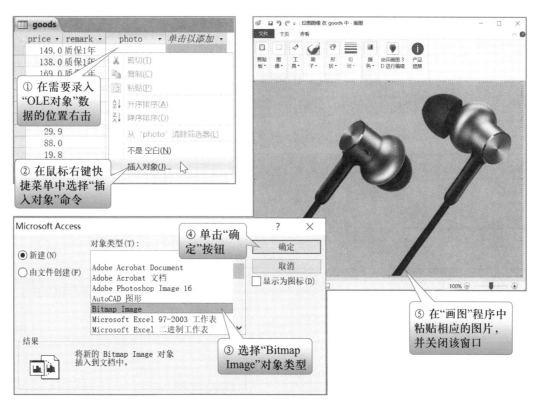

图 4-14　录入"OLE 对象"数据

提 示

　　录入"OLE 对象"数据时,也可以在"插入对象"对话框中通过"由文件创建"的方式将事先保存的图片文件录入到数据表中。

讨论与学习

1. 如何规划和设计数据表?

2. 如何复制表、重命名表、删除表?

3. 如何在数据表中进行查找和替换操作?

巩固与提高

1. 尝试使用数据表视图创建数据表。

2. 尝试输入附件型数据。

3. 尝试复制数据库对象。

4 尝试使用 SharePoint 列表创建表。

5. 在"人事管理"数据库中创建数据表:部门表(department)、民族表(nation)、行政区域表(administrative_division)、员工基本资料表(person)、员工家庭成员表(member),各数据表的结构见表 4-10~ 表 4-14,并按照以下要求完成相应操作。

表 4-10 "department" 数据表结构

字段名称	字段含义	字段类型	字段大小
code	代码	文本	2
name	名称	文本	10

表 4-11 "nation" 数据表结构

字段名称	字段含义	字段类型	字段大小
code	代码	文本	2
name	名称	文本	10

表 4-12 "administrative_division" 数据表结构

字段名称	字段含义	字段类型	字段大小
code	代码	文本	6
name	名称	文本	20

表 4–13 "person"数据表结构

字段名称	字段含义	数据类型	字段大小
code	员工代码	文本	4
d_code	部门代码	文本	2
name	姓名	文本	8
sex	性别	文本	2
ID	身份证号	文本	18
n_code	民族代码	文本	2
a_code	籍贯	文本	6
birthday	生日	日期 / 时间	短日期
marriage	婚否	是 / 否	
edu	学历	文本	8
school	毕业学校	文本	20
technical	职称	文本	10
mobile	手机	文本	11
email	电子邮箱	超链接	
remark	备注	备注	

表 4–14 "member"数据表结构

字段名称	字段含义	数据类型	字段大小
p_code	员工代码	文本	4
name	姓名	文本	8
sex	性别	文本	2
relation	与本人关系	文本	4
n_code	民族代码	文本	2
birthday	生日	日期 / 时间	短日期

（1）根据文件"练习素材 4-2-1.xlsx"中各工作表的数据，在"人事管理"数据库的相应数据表中录入记录。

（2）在"person"数据表中"remark"字段前面添加"photo"字段，并将文件"练习素材 4-2-2.jpg"录入到该字段中。

任务 3　设置字段属性

建立了数据表,在使用过程中为了更准确地限制字段中所输入数据的内容和格式,可以设置字段的多个属性,不同数据类型的字段拥有不同的属性。

 任务情景

同学们建立好"进销存"数据库的若干数据表,便迫不及待地录入相关数据,操作越来越熟练,录入速度也越来越快,但后来发现录入时存在以下几个典型问题。

(1) 数据表视图显示字段名为英文,不直观。

(2) 单价有整数,也有小数,且小数位未对齐。

(3) 进货和销售每天可能有很多笔,需要重复输入相同的日期。

(4) 录入了错误的数据,如商品编码不足规定的 4 位,数量和单价输入为 0 或负数等。

本任务将通过设置字段属性来解决以上问题。

知识准备

1. 表达式

在数据库中经常会用到表达式,表达式是由常量、标识符和函数通过运算符连接起来的有意义的式子,相当于 Excel 中的公式。一个表达式中必须是同一类数据类型。

2. 常量

常量是固定不变的数据,True、False 和 NULL 是表达式中经常使用的常量。

3. 标识符

标识符是各种元素的名称,元素包括以下内容。

- 数据表字段:例如,［goods］！［code］。
- 窗体或报表中的控件:例如,Forms！［Command］。
- 字段或控件的属性:例如,Forms！［Command］.Caption。
- 标识符使用感叹号运算符"！"、点运算符"."和方括号运算符"［ ］"。

4. 函数

函数是系统内部预先编制好的一段程序,使用函数可以执行很多不同的操作。例如用函数"Now( )",可返回系统当前日期和时间。

很多函数需要使用参数,如果函数需要使用多个参数,则每个参数之间用逗号分隔。例如"Round(123.456,2)"是四舍五入函数,第一个参数表示要进行四舍五入的数值,第二个参数表示保留的小数位数。

Access 2010 提供了大量的内置函数,可通过 Access 2010 的"帮助"查阅。

5. 运算符

运算符是一个标记或符号,用于执行运算,包括算术运算符、比较运算符、逻辑运算符、连接运算符和特殊运算符。

6. 输入掩码的格式符号

字段输入掩码的格式符号见表 4-15。

表 4-15　输入掩码的格式符号

字符	说明
0	数字。必须在该位置输入一个一位数字
9	数字。该位置上的数字是可选的
#	在该位置输入一个数字、空格、加号或减号
L	字母。必须在该位置输入一个字母
?	字母。该位置上的字母是可选的
A	字母或数字。必须在该位置输入一个字母或数字
a	字母或数字。该位置的字母或数字是可选的
&	任何字符或空格。必须在该位置输入一个字符或空格
C	任何字符或空格。该位置上的字符或空格是可选的
. , : ; - /	小数分隔符、千位分隔符、日期分隔符或时间分隔符。所选择的字符取决于 Microsoft Windows 的区域设置
>	其后的所有字符都以大写字母显示
<	其后的所有字符都以小写字母显示
!	从左到右(而非从右到左)填充输入掩码
\	强制 Access 显示紧随其后的字符,这与用双引号括起一个字符具有相同的效果
"文本"	用双引号括起希望用户看到的任何文本
密码	用户输入的字符将显示为"*"

 任务实施

1. 设置字段标题

字段标题也称为字段别名,设置字段标题后,在数据表视图中对应字段将显示为指定的标题内容,而不是原来的字段名。将"进销存"数据库各数据表的所有字段的标题设置为相应的中文名称,其操作步骤如下。

(1)打开"进销存"数据库,在"导航窗格"中打开数据表"goods"的设计视图。

(2)按照如图 4-15 所示的方法将"code"字段的标题设置为"商品编码",然后依次设置其他字段的标题,并保存。

(3) 用同样的方法设置其他数据表的相应字段。

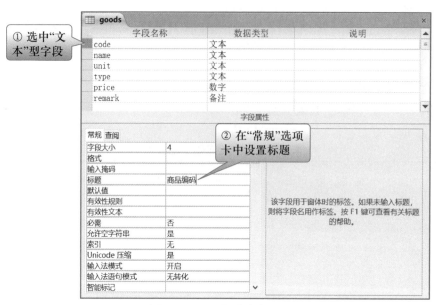

图 4-15　设置字段标题

2. 设置字段显示和输出格式

为了使"数字"型字段的小数位对齐,应将字段的格式设置为"标准"格式。将"进销存"数据库各数据表中的"数字"型字段的格式均设置为"标准"格式,其操作步骤如下。

(1) 打开"进销存"数据库,在"导航窗格"中打开数据表"goods"的设计视图。

(2) 按照如图 4-16 所示的方法将"price"字段的格式设置为"标准"格式,并保存。

(3) 用同样的方法依次设置其他数据表的相应字段。

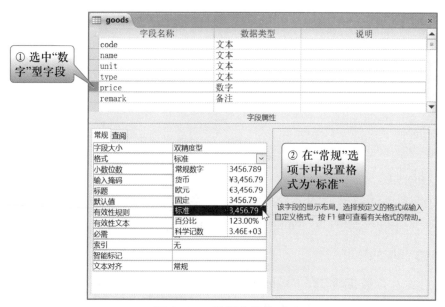

图 4-16　设置字段格式

3. 设置默认值

默认值是用户输入新记录时自动输入的字段值,目的是减少输入数据的重复操作,它可以是符合字段要求的任意值。例如,将"进销存"数据库的进货单表"buy"和销售单表"sell"中的"datetime"字段的默认值设置为当前系统时间,其操作步骤如下。

(1) 打开"进销存"数据库,在"导航窗格"中打开数据表"buy"的设计视图。

(2) 按照如图 4-17 所示的方法将"datetime"字段的默认值设置为"Now( )",并保存。

(3) 用同样的方法设置数据表"sell"的相应字段。

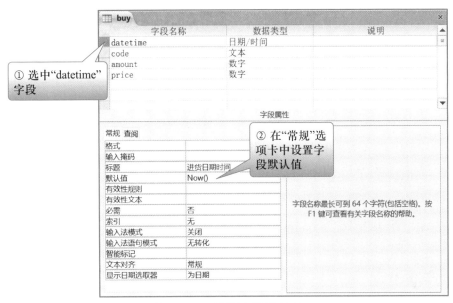

图 4-17　设置字段默认值

设置了数据表字段的默认值后,当用户在数据表中输入新记录时,该字段将会自动填充所设置的默认值,如图 4-18 所示。

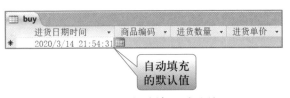

图 4-18　自动填充默认值

4. 设置字段输入掩码

输入掩码用于指定数据表字段的输入格式,限制输入数据的范围,以控制输入的正确性,不符合规则的数据不能输入。例如,将"进销存"数据库各数据表的"code"字段设置为必须输入第一位为字母、后三位为数字的四位编码,其操作步骤如图 4-19 所示。

5. 设置字段有效性规则

设置字段有效性规则可以对所输入的字段内容进行限制。当对某个字段设置有效性

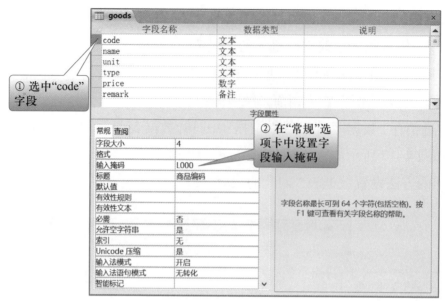

图 4-19   设置字段输入掩码

规则后,用户在该字段输入数据时,系统将自动根据这个规则校验所输入的数据是否符合有效性规则,如果输入的字段值不符合该规则,则系统将弹出提示信息,即有效性文本。

将"进销存"数据库各数据表中"price"字段的有效性规则均设置为">0",有效性文本均设置为"单价必须大于 0!","amount"字段的有效性规则均设置为">=0",有效性文本均设置为"数量必须大于或等于 0!","money"字段的有效性规则均设置为">=0",有效性文本均设置为"金额必须大于或等于 0!",其操作步骤如下。

(1) 打开"进销存"数据库,在"导航窗格"中打开数据表"goods"的设计视图。

(2) 按照如图 4-20 所示的方法设置"price"字段的有效性规则,并保存。

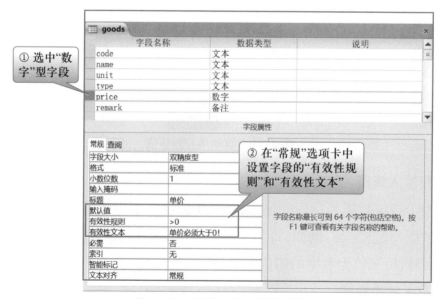

图 4-20   设置字段有效性规则

（3）用同样的方法依次设置其他数据表的相应字段。

设置了以上各数据表相关字段的有效性规则后，如果用户在"数字"型字段中输入了负数，则系统会弹出类似图 4-21 所示的提示对话框。

图 4-21　违反字段有效性规则提示对话框

 技能拓展

1. 使用表达式生成器

使用表达式生成器可以帮助用户方便地创建表达式，通过表达式生成器，可以在表达式中插入容易忘记的组成部分，如标识符名称（字段、表、窗体和查询等）和函数名及函数参数等。

在 Access 2010 中，需要编写表达式的大多数位置（如控件属性、数据表字段的有效性规则等）都可以使用表达式生成器。一般情况下，单击"生成"按钮，就可以启动类似如图 4-22 所示的"表达式生成器"对话框。

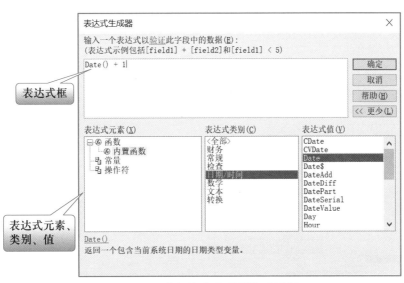

图 4-22　"表达式生成器"对话框

- 表达式框：表达式框用于构建表达式，可以手动输入，也可以将下面的表达式元素添加到表达式中。添加元素时，可以双击该元素的表达式值。
- 表达式元素：包括三列，左侧一列通常会列出数据库相关对象，以及可用的内置函数、用户自定义函数、常量、运算符和通用表达式；中间一列显示左侧对象的特定元素或元素类别；右侧一列显示所选元素的值（如果有）。

2. 使用查阅向导

在数据表中输入外键数据时，为了简化输入过程，可以使用查阅向导，在输入数据表字段时产生下拉列表，通过下拉列表选择要输入的数据。例如，在进货表"buy"中为字段"code"使用查阅向导，操作方法如图 4-23 所示。

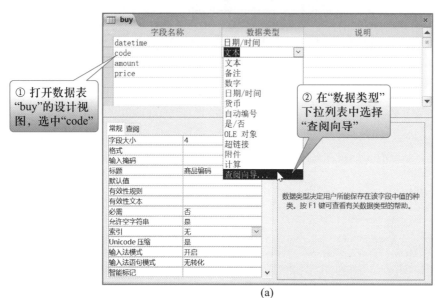

(a)

(b)

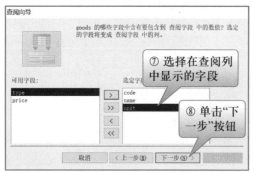
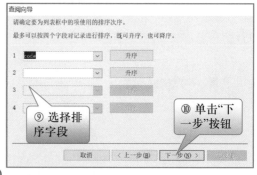

(c)

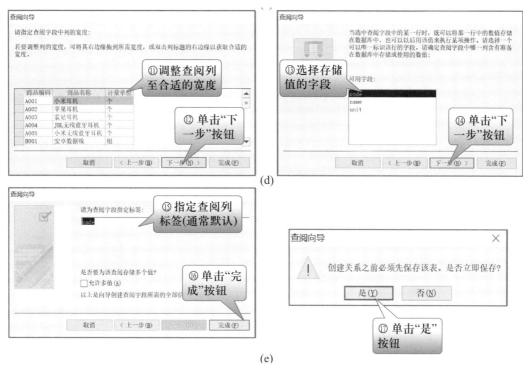

图 4-23　使用查阅向导

在数据表中使用查阅向导后,打开数据表视图,在输入商品编码时,就可以从下拉列表中选择,如图 4-24 所示。下拉列表中的数据来源于"goods"表。

图 4-24　使用查阅向导的数据表

提示

查阅向导不能应用于数据类型为"自动编号"或"日期 / 时间"等数据类型的字段。与其他数据表已经建立关系的字段也不能应用查阅向导,除非事先删除字段关系。

讨论与学习

1. 如何设置输入掩码?

2. 讨论输入掩码与有效性规则的区别。

3. 如何设置表属性?

巩固与提高

1. 尝试定义记录有效性规则。

2. 尝试在查阅向导中选择"自行键入所需的值"的方式。

3. 在"人事管理"数据库中按以下要求设置字段属性。

(1) 将各数据表所有字段的标题设置为相应的中文名称。

(2) 将数据表"person"中的"n_code"字段的默认值设置为"01"。

(3) 设置数据表"person"和"member"中的"birthday"字段的有效性规则,并将有效性文本设置为"生日不能大于当前系统日期!"。

(4) 将数据表"person"中的"ID"字段的输入掩码设置为只能输入 18 位数字字符,"mobile"字段的输入掩码设置为只能输入 11 位数字字符。

(5) 将数据表"person"和"member"中的"sex"字段值的输入设置为"男""女"列表选择。

任务 4　浏览数据

用户浏览数据表数据时,Access 2010 将会以默认的格式进行显示,用户可以通过设置数据表的格式来达到需要的显示效果,同时还可通过排序与筛选来简单了解、分析业务状况。

任务情景

同学们录入进销存的相关数据后,便能够随时打开数据表查看数据,了解经营情况,和原来手工方式相比,感觉效率非常高,这时他们又发现了以下新的问题。

（1）数据表视图部分字段显示宽度较小，不能显示完整数据。

（2）在数据表中浏览数据时，对一些经营数据的了解仍然不便捷，如当前库存最多的商品和最少的商品，某一种商品进货和销售情况等。

本任务将通过设置数据表的格式、排序与筛选来解决以上问题。

 知识准备

1. 排序规则

（1）英文按字母顺序排序，大、小写视为相同，升序时按 A~Z 排序，降序时按 Z~A 排序。

（2）中文按拼音字母的顺序排序，升序时按 A~Z 排序，降序时按 Z~A 排序。

（3）数字按数字的大小排序，升序时从小到大排序，降序时从大到小排序。

（4）日期和时间字段按日期的先后顺序排序，升序时按从前到后的顺序排序，降序时按从后向前的顺序排序。

2. 排序注意事项

（1）按升序排序时，如果字段的值为空值，则包含空值的记录排列在记录最前面。

（2）若对多个字段排序，首先对第一个字段排序，当该字段具有相同值时，再对下一个字段排序，以此类推，直到按全部指定的字段排好序为止。

（3）数据类型为备注、超链接或附件类型的字段不能排序。

（4）在保存数据表时，Access 将保存排序次序，并在重新打开该表时，自动重新应用排序。

 任务实施

1. 调整数据表的行高和列宽

当在数据表中录入了数据后，有时数据表单元格的内容无法全部显示出来，用户可以通过调整数据表的行高或列宽来改变单元格的大小，以显示字段全部内容。

将"进销存"数据库中各数据表的行高和列宽调整到合适的位置，可以使用以下常用的方法。

（1）拖拽鼠标。通过拖拽鼠标调整数据表行高和列宽，如图 4-25 所示。

（2）使用"记录"功能区中的命令。使用"记录"功能区中的命令可以精确调整数据表行高和列宽，具体操作方法如图 4-26 所示。

（3）使用鼠标右键菜单。在"数据表"视图中，通过右击行标识或列标识，在弹出的快捷菜单中也可精确调整数据表行高和列宽，具体操作方法如图 4-27 所示。

图 4-25 调整数据表行高和列宽

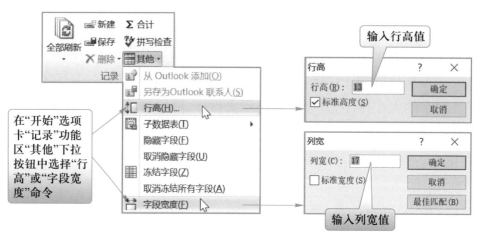

图 4-26 精确调整数据表行高和列宽

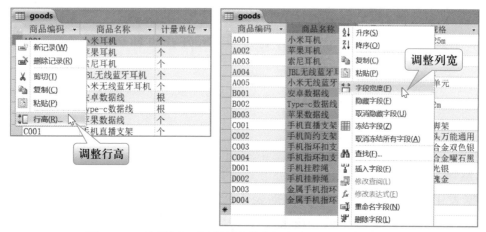

图 4-27 使用鼠标右键快捷菜单调整数据表行高和列宽

 提 示

● 调整行高将改变所有行的高度,而调整列宽通常只改变单列的宽度。

● 将鼠标置于数据表两列之间,当鼠标形状变成➕时,双击可自动调整左边一列为最佳匹配的宽度。

2. 设置数据格式

Access 2010 默认使用"宋体、11 号"文本格式,用户可以根据自己的喜好改变字体和字号。例如,将数据表"goods"的文本格式设置为"微软雅黑、12 号",操作方法如图 4-28 所示。

图 4-28　设置文本格式

3. 使用排序

用户可以根据需要,将数据表中的数据按照某字段从大到小或者从低到高的顺序排列。

例如,为了便于了解商品的库存状况,可以将"进销存"数据库中的"stock"数据表按照"库存数量"从低到高进行排列,操作方法如图 4-29 所示。

图 4-29　数据表排序

> **提示**
> ● 如果需要从高到低排序,则在"排序和筛选"功能区中单击"降序"按钮$\frac{Z}{A}\downarrow$。
> ● 如果需要取消排序,则在"排序和筛选"功能区中单击"清除所有排序"按钮。
> ● 还可以通过单击列标题的下拉菜单或鼠标右键菜单来完成排序。

4. 使用筛选

筛选是将符合用户指定条件的数据记录显示出来,而把其他记录隐藏起来。

(1) 使用公用筛选器。例如,在"进销存"数据库的"buy"数据表中,要筛选出"商品编码"为"A001"和"A002"的记录,操作方法如图 4-30 所示。

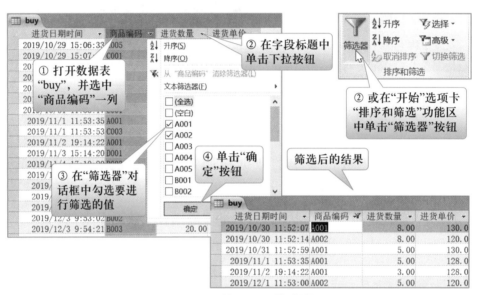

图 4-30　使用公用筛选器

> **提示**
> ● 筛选只改变视图中显示的数据,并不改变数据表中的原始数据。
> ● 应用筛选后,将鼠标悬停于列标题"筛选标记"之上可以显示说明当前筛选条件的提示,如图 4-31 所示。
> ● 如果对已经筛选过的字段应用筛选,则在应用新筛选之前,将移除上一个筛选。
> ● 若要筛选某一范围内的值,则需要使用"文本筛选器"子菜单命令,如图 4-32 所示。"文本筛选器"子菜单命令取决于所选字段的数据类型和值。

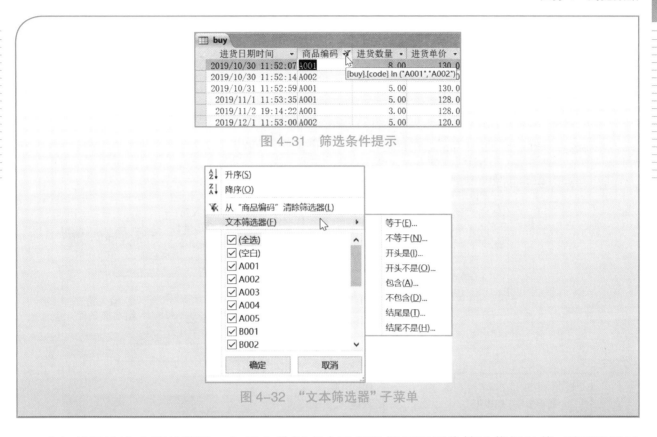

图 4-31　筛选条件提示

图 4-32　"文本筛选器"子菜单

（2）基于选定内容的筛选。如果在数据表中已经选择了要用作筛选依据的值,则可以通过"选择"命令来进行快速筛选。例如,在"进销存"数据库的"buy"数据表中,已经将光标移动到"商品编码"为"A001"的字段,此时可使用"选择"命令来筛选"商品编码"为"A001"的记录,操作方法如图 4-33 所示。

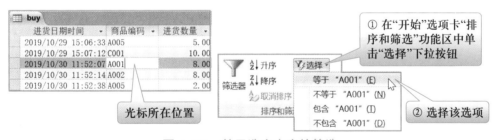

图 4-33　基于选定内容的筛选

提　示

"选择"下拉菜单中的命令列表将自动包括当前值,命令列表的内容取决于所选择的字段。

（3）按窗体筛选。如果想对数据表中的若干个字段进行筛选,或者要查找特定记录,可以通过"按窗体筛选"来完成。

例如,在"进销存"数据库的"sell"数据表中,要筛选出"商品编码"为"A001"并且销售数量为 1 或者 2 的记录,操作方法如图 4-34 所示。

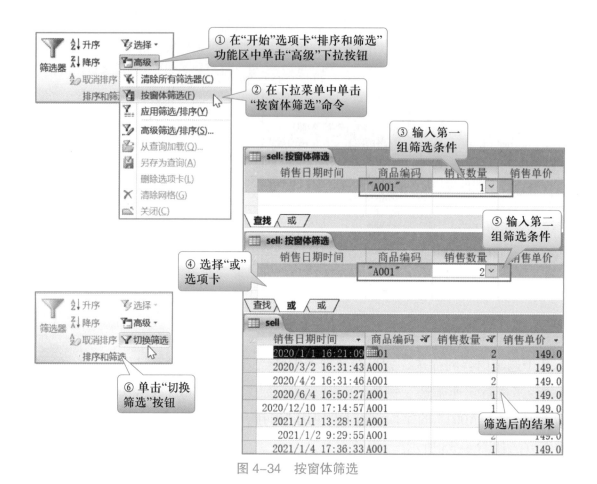

图 4-34　按窗体筛选

 提示

使用"按窗体筛选"时,"备注""超链接""是 / 否""OLE 对象"数据类型字段的值不能作为筛选条件。

(4) 高级筛选 / 排序。高级筛选是最灵活的一种筛选工具,用户需要编写自定义筛选条件。

例如,在"进销存"数据库的"buy"数据表中,要筛选出"2019-11-1"以前购进的"商品编码"为"A001"的进货记录,并按"进货日期时间"降序排序,操作方法如图 4-35 所示。

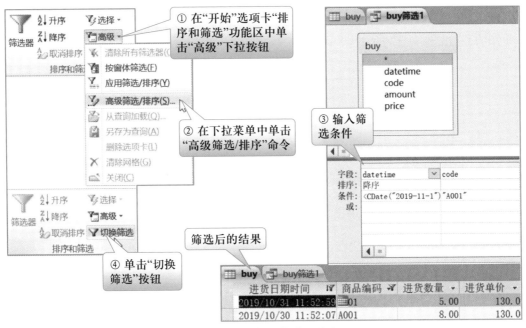

图 4-35　高级筛选 / 排序

技能拓展

1. 调整字段顺序

在使用数据表时,有时需要调整字段的显示顺序。例如,要将数据表"goods"的"规格"字段移至"计量单位"左边,操作方法如图 4-36 所示。

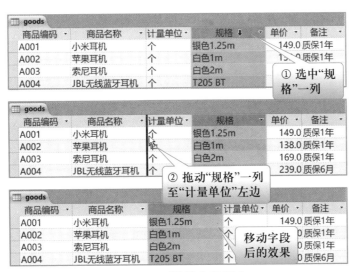

图 4-36　调整字段顺序

2. 设置数据表格式

在 Access 2010 中,通过"设置数据表格式"对话框可以设置数据表"单元格效果""网格

线显示方式""背景色""替代背景色""网格线颜色""边框和线型"和"方向"等数据表视
图属性,操作方法如图4-37所示。

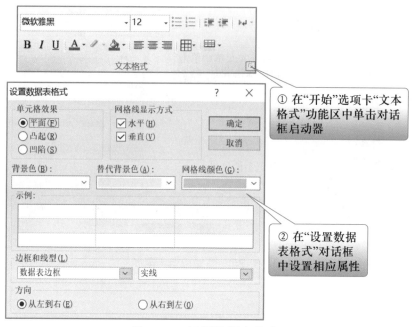

图4-37 设置数据表格式

3. 隐藏字段和冻结字段

(1)显示或隐藏字段。数据表中的字段如果很多,在"数据表"视图中只有通过移动滚
动条才能看到所有的字段。如果字段暂时不需要使用,可以将其隐藏。例如,要将数据表
"goods"中的"规格"字段隐藏,操作方法如图4-38所示。

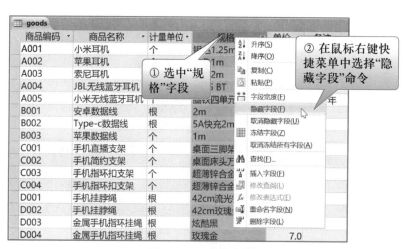

图4-38 隐藏字段

提 示

● 如果要隐藏多个相邻的字段,可按住 Shift 键来选择多个字段。

● 如果要隐藏不相邻的字段,则要分别选择相应的字段进行隐藏。

被隐藏的字段并没有被删除,只是暂时不显示,可根据需要取消隐藏字段,操作方法如图 4-39 所示。

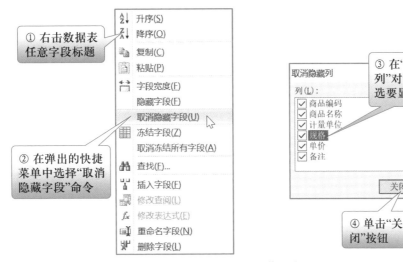

图 4-39　取消隐藏字段

(2) 冻结或解冻字段。有时数据表的字段很多,需要左右滚动才能浏览全部数据。在左右滚动时,如果想将一些重要的字段始终固定在左侧,以方便识别记录,可以冻结一个或多个列。例如,要将数据表 "goods" 中的 "商品编码" 和 "商品名称" 两个字段冻结,操作方法如图 4-40 所示。

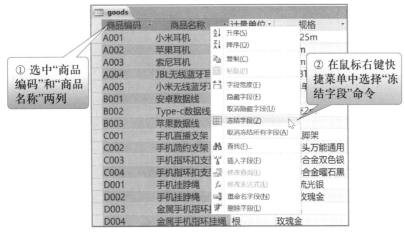

图 4-40　冻结字段

字段被冻结后,在鼠标右键快捷菜单中选择 "取消冻结所有字段" 命令可取消对字段的冻结。冻结的任何字段都将被移动到非冻结字段的左侧,取消冻结字段后,要使各字段回到原来的位置,还需要将它们拖动到所需的位置。

4. 显示字段汇总

在使用数据表时,有时需要对某些字段进行汇总,以方便计算列合计、平均值等,这时可以使用 Access 2010 的"合计"功能。例如要对数据表"buy"的"进货数量"字段进行合计,操作方法如图 4-41 所示。

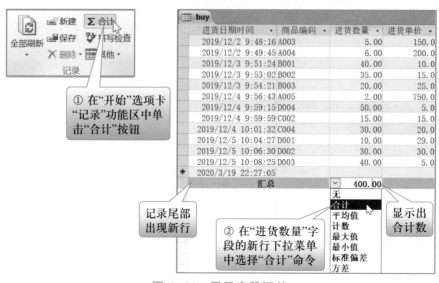

图 4-41　显示字段汇总

5. 移除或重新应用筛选器

如果要切换到数据表的未筛选视图,则单击记录导航器栏上的"已筛选"按钮 ▼已筛选 删除筛选器,还原为完整视图。

当删除当前筛选器时,会从视图中的所有字段临时删除筛选器,如果要重新应用最近保存的筛选器,则单击记录导航器栏上的"未筛选"按钮 ▼未筛选 。

6. 清除筛选器

如果不需要筛选器时,用户可以将筛选器清除。

如果要从单个字段中清除筛选器,则单击已筛选列的列标题上的"筛选标记",在下拉菜单中选择"从'... 字段'清除筛选器"命令。

如果要从数据表的所有字段中清除所有筛选器,则在"开始"选项卡"排序和筛选"功能区中单击"高级"下拉按钮,在下拉菜单中单击"清除所有筛选器"命令。

7. 保存筛选器

如果希望下次打开数据表时能够使用已经设置的筛选器,则在关闭数据表时需要保存筛选器。

 讨论与学习

1. 比较几种筛选的区别。

2. 深入讨论排序和筛选在数据管理中的作用。

 巩固与提高

1. 尝试按多个字段排序。

2. 在"人事管理"数据库中按以下要求浏览数据。

（1）将数据表"person"显示的字号设置为 14,行高为 18。

（2）将数据表"person"中的"code""name"和"sex"三列冻结。

（3）将数据表"person"按照"birthday"字段的升序排序。

（4）在数据表"person"中,根据指定的员工代码进行筛选操作。

任务 5　创建表间关系

数据库中的每个数据表就是一个实体集,各实体之间有联系,因此数据表并不是孤立存在的,彼此也存在着或多或少的联系,可以通过不同数据表的公共字段来建立表与表之间的关系。

 任务情景

在"进销存"数据库的各数据表中,为了避免数据冗余,仅在商品表中保存了各商品的详细信息,而在进货表、销售表和库存表中仅存储了商品编码,未存储商品名称等其他详细信息。同学们浏览进货、销售和库存数据时,如果记不住每种商品的编码,就需要在商品表中查看,使用起来不太方便,因而希望在浏览进货、销售和库存数据时,能够显示每一种商品编码对应的商品名称、计量单位等信息。

之前在"进销存"数据库中建立的各数据表是孤立存在的,不能进行关联查询,本任务将创建这些数据表之间的关系,为关联查询打下基础。

知识准备

1. 索引

如果要经常使用某字段对数据表进行检索或排序,为了加快速度,需要为字段创建索引。数据表的索引实际上是根据关键字的值进行逻辑排序的一组记录指针,它并不改变记录在数据表中的物理存储顺序。索引的作用就像书的目录一样,通过它可以快速查找所需要的章节。

索引分为单字段索引和多字段索引两种,不能为数据类型为"OLE 对象"或"附件"的字段创建索引。

数据表使用多字段索引排序时,先按索引中的第一个字段排序(默认为升序),如果该字段值相同,则按第二个字段排序,以此类推。

2. 主键

主键又称为主关键字(primary key),由表中的一个或多个字段构成,用于唯一标识数据表中的一条记录。一个数据表只有一个主键,且主键字段不允许输入空值。

3. 参照完整性

参照完整性就是表间主键和外键的关系,属于表间规则,即相关联的两个表之间的约束,目的是为了防止出现孤立记录并保持参照同步,保证数据的一致性和完整性。例如,修改父表中关键字值后,子表中关键字值未做相应改变;删除父表中的某记录后,子表中的相应记录未删除;在子表中插入的记录,父表中没有相应关键字值的记录等。

实施参照完整性后,在子表中插入记录,父表中就必须要有相对应的关键字值的记录。如果删除父表中的一条记录,则子表中凡是外键的值与父表的主键值相同的记录也被同时删除,称为级联删除;如果修改父表中的主关键字的值,则子表中相应记录的外键值也随之被修改,称为级联更新。

 任务实施

1. 定义主键

在"进销存"数据库的"goods"数据表中,将字段"code"定义为主键,操作方法如图4-42所示。

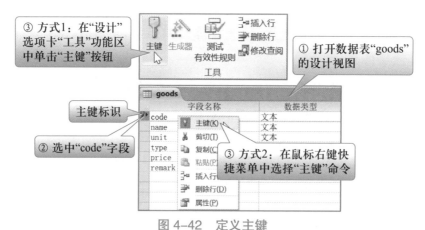

图 4-42 定义主键

> **提示**
> ● 如果要将多个字段定义为主键,则在选择字段时,需要同时按住 Ctrl 键选择多个字段。定义完主键后,在相应的字段左侧会出现主键标识"🔑"。
> ● 定义为主键的字段,将自动创建"无重复"索引。

　　参照以上方法,将 "stock" 数据表的字段 "code" 定义为主键,将 "buy" 和 "sell" 数据表的 "datetime" + "code" 字段定义为主键。

2. 创建关系

　　在 "进销存" 数据库中,"buy""sell""stock" 数据表都使用了 "code" 字段,通常需要创建它们与 "goods" 数据表之间的关系,可通过 "code" 进行关联。

　　在 "goods" 数据表与 "buy" 数据表之间创建关系的操作步骤如下。

　　(1) 按照图 4-43 所示的方法将要设置关系的数据表添加到 "关系" 窗口中。

　　(2) 按照图 4-44 所示的方法创建关系,并设置参照完整性为 "级联更新"。

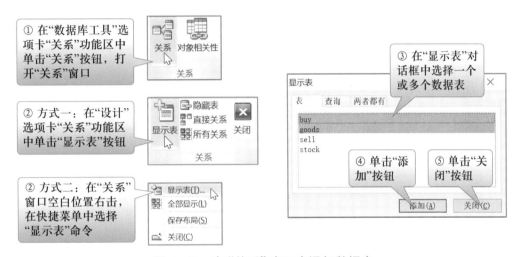

图 4-43　在 "关系" 窗口中添加数据表

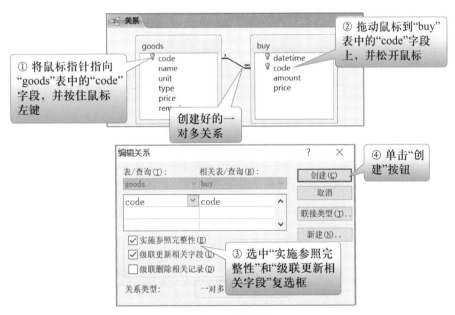

图 4-44　创建关系

　　用同样的方法创建 "goods" 数据表与 "sell" 数据表的一对多关系,和 "stock" 数据表的一对一关系,数据库关系如图 4-45 所示。

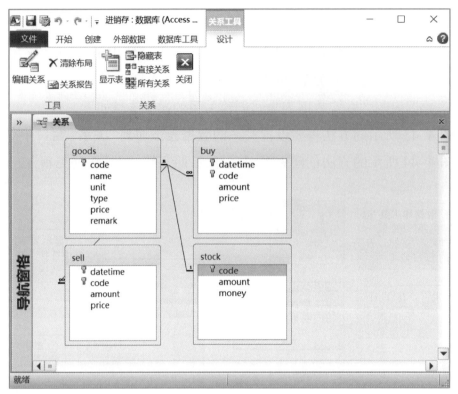

图 4-45 "关系"窗口

 技能拓展

1. 创建单字段索引

通常情况下,数据表中的索引为单字段索引。创建单字段索引的操作方法如图 4-46 所示。

索引选项见表 4-16。

表 4-16 索引选项表

选项	含义
无	未创建索引
有(有重复)	允许该字段输入重复值
有(无重复)	禁止该字段输入重复值

要删除单字段索引,只需将字段的"索引"属性设置为"无"即可。

2. 创建多字段索引

如果要同时检索或排序多个字段,则需要创建多字段索引,操作方法如图 4-47 所示。

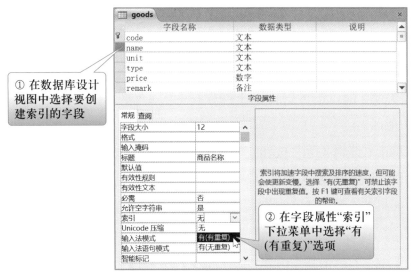

① 在数据库设计视图中选择要创建索引的字段

② 在字段属性"索引"下拉菜单中选择"有(有重复)"选项

图 4-46　创建单字段索引

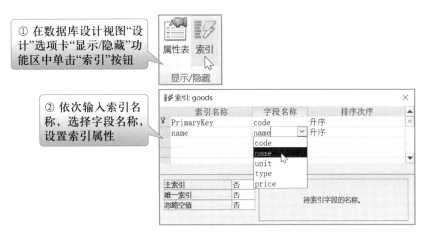

① 在数据库设计视图"设计"选项卡"显示/隐藏"功能区中单击"索引"按钮

② 依次输入索引名称，选择字段名称，设置索引属性

图 4-47　创建多字段索引

数据表使用多字段索引排序时，先按索引中的第一个字段排序（默认为升序），如果该字段值相同，则按第二个字段排序，以此类推。

在"索引"对话框中，选中一个索引行，按 Delete 键可删除该索引，拖动字段选择器可以改变索引字段的顺序，还可以通过鼠标右键快捷菜单中的"插入行"命令在当前索引行前插入索引行。

3. 添加"自动编号"主键

在 Access 2010 中创建新表时，系统会自动创建主键字段"ID"，数据类型为"自动编号"。如果数据表中未包括"自动编号"字段，用户可以在设计视图中新建"自动编号"字段。数据表中只允许有一个"自动编号"字段，当数据表中已经输入了记录，则不能将任何字段的数据类型更改为"自动编号"。

4. 更改和删除主键

在数据表设计视图中，将新字段定义为主键，则旧的主键自动删除。如果在主键字段上再次单击"主键"按钮，则删除该主键。

如果要更改或删除的主键被表间关系引用,则在更改或删除主键之前,首先要删除和该主键相关的关系。

5. 编辑表间关系

在数据库的"关系"窗口中可进行以下操作。

(1)"工具"功能区。

• 编辑关系:单击"编辑关系"按钮,弹出"编辑关系"对话框,进行新建或修改表间关系、实施参照完整性、设置联接类型等操作。

• 清除布局:如果"关系"窗口中有关系布局,则单击"清除布局"按钮,可清除"关系"窗口版式。

• 关系报告:单击"关系报告"按钮,即可打开关系文档的打印预览界面,如图 4-48 所示。

图 4-48 关系文档打印预览界面

(2)"关系"功能区。

• 显示表:单击"显示表"按钮,弹出"显示表"对话框,可选择在"关系"窗口中显示的数据表。

• 隐藏表:在"关系"窗口中选中数据表,单击"隐藏表"按钮,或者在鼠标右键快捷菜单中选择"隐藏表"命令,或者按 Delete 键均可隐藏数据表。执行以上操作后,如果不保存"关系布局",则在鼠标右键快捷菜单中选择"全部显示"命令,或者下次打开"关系"窗口时,又将恢复之前的版式。

- 直接关系：单击"直接关系"按钮，可以显示与"关系"窗口中的表有直接关系的数据表。
- 所有关系：单击"所有关系"按钮，显示该数据库的所有表间关系。

6. 修改和删除表间关系

创建的关系不是固定不变的，用户可以根据需要进行编辑或删除。

编辑关系的操作方法是：在"关系"窗口中找到需要编辑的关系，双击该关系线，或者右击关系线后，在弹出的快捷菜单中选择"编辑关系"命令，即可打开"编辑关系"对话框。

删除关系的操作方法是：右击关系线后，在弹出的快捷菜单中选择"删除"命令，或者按Delete 键。

7. 设置参照完整性

在创建表间关系时，为了防止出现孤立记录并保持参照同步，需要为表间关系启用参照完整性，即在"编辑关系"对话框中选中"实施参照完整性"复选框，这时如果值在主表的主键字段中不存在，则不能在相关表的关联字段中输入该值。

如果选中"级联更新相关字段"复选框，则主表的主键字段更新时，相关表关联字段的值同步更新。如果选中"级联删除相关记录"复选框，则删除主表记录时，相关表关联字段的值和主表的主键值相同的记录将同步删除。

单击"联接类型"按钮可弹出类似如图 4-49 所示的"联接属性"对话框，用户可根据需要选择联接类型。

图 4-49　"联接属性"对话框

- 第 1 个选项：只包含两个表中联接字段相等的行，称为"自然联接"或"内部联接"。
- 第 2 个选项：包括父表中的所有记录和子表中联接字段相等的记录，称为"左联接"。
- 第 3 个选项：包括子表中的所有记录和父表中联接字段相等的记录，称为"右联接"。

8. 使用子数据表

如果一个数据表和其他数据表之间建立了关系，在查看该数据表中的记录时，每一行左侧都有一个"+"图标，如图 4-50 所示。

商品编码	商品名称	计量单位	规格	单价	备注
A001	小米耳机	个	银色1.25m	149.0	质保1年
A002	苹果耳机	个	白色1m	138.0	质保1年
A003	索尼耳机	个	白色2m	169.0	质保1年
A004	JBL无线蓝牙耳机	个	T205 BT	239.0	质保6月
A005	小米无线蓝牙耳机	个	圈铁四单元	799.0	质保1年
B001	安卓数据线	根	2m	12.9	

图 4-50　创建关系的数据表

　　数据表创建好以后,其"属性表"窗格中的"子数据表名称"的属性值为默认值"自动",此时如果单击记录左侧的"+"图标,数据库会根据数据表之间已经建立的关系自动显示子数据表的相关记录。但如果和该数据表关联的数据表有两个或更多,则首次单击记录左侧的"+"图标时,需要用户指定子数据表,如图 4-51 所示。

　　用户可以根据需要在数据表设计视图中设置子数据表,操作方法如图 4-52 所示。

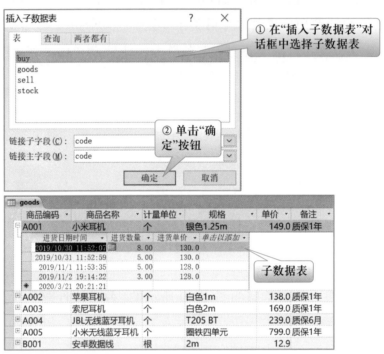

图 4-51　打开子数据表

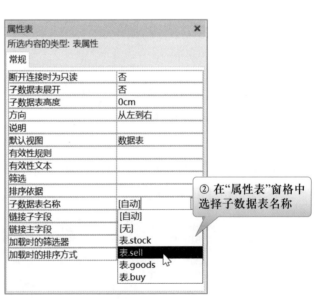

图 4-52　设置子数据表

提示

- 在用户选择子数据表名称后,数据库会根据表之间已经建立的关系,自动填写"链接子字段"和"链接主字段"。
- 如果将"子数据表展开"的属性值设置为"是",则打开数据表时,子数据表同时展开。

讨论与学习

1. 排序和索引有什么区别?
2. 在数据库"关系"窗口中,一对多关系与一对一关系有什么区别?

巩固与提高

1. 在数据库中实施参照完整性,设置级联更新,并在关联数据表中尝试新增记录、修改关键字、删除记录等操作,留意提示信息及数据的变化。

2. 尝试设置表间关系的联接类型。

3. 在"人事管理"数据库中按以下要求完成操作。

(1) 将"department""nation""administrative_division""person"数据表的"code"字段设置为主键,将"person"数据表的"d_code""n_code""a_code"字段以及"member"数据表的"p_code""n_code"字段设置为"有(有重复)"索引,将"person"数据表的"ID"字段设置为"有(无重复)"索引。

(2) 创建表间关系,启用"实施参照完整性"和"级联更新相关记录",各数据表之间的关系见表4-17。

表 4-17　"人事管理"数据库表间关系

父表	关联字段	子表	关联字段
department	code	person	d_code
nation	code	person	n_code
administrative_division	code	person	a_code
person	code	member	p_code
nation	code	member	n_code

(3) 设置数据表"person"的子数据表为"member"。

任务 6　创建选择查询

在 Access 中,虽然可以通过浏览数据表、筛选等操作实现数据表的简单查询,但功能十分有限,不能对多个数据表进行联合查询。使用查询,可以更加方便地根据用户指定的查询条件,对数据库中的一个或多个数据表进行数据检索,实现复杂的统计、计算和排序等功能。

 任务情景

通过前面的知识和技能的学习,同学们已经能够在"进销存"数据库中对数据表进行简单的查询,但大家感觉目前还不能够进行复杂的查询,以进一步深入分析经营情况。而且,当经常改变查询条件时,使用"筛选"相对比较烦琐。

任务 5 已经在数据库中创建了数据表之间的关系,为关联查询打下了基础,Access 提供了功能强大且灵活的查询工具,将使数据库的查询功能和效率大大提高。本任务将从使用查询向导或查询设计器创建简单的选择查询入手,使读者逐步体会使用查询带来的便捷。

知识准备

1. 关系运算

(1) 选择:在二维表的水平方向上选取一个子集,即从数据表中挑选出满足指定条件或指定范围的记录。例如从"商品"表中挑选出单价 200 元以上的记录。

(2) 投影:在二维表的垂直方向上选取一个子集,即从数据表中将指定的字段挑选出来。例如从"商品"表中挑选出商品编码、商品名称。

(3) 连接:按照某个条件将两个数据表连接生成一个新的数据表。例如,将"商品"表按照商品编码与"库存"表连接生成一个新表,新表中包括商品编码、商品名称、库存数量和库存金额。

2. 查询的功能

查询就是关系运算,即根据指定的条件从指定的表或查询中检索出用户需要的数据。查询主要包括以下功能。

(1) 选择字段。

(2) 选择或编辑记录。

(3) 实现计算。

(4) 建立新表。

（5）为报表或窗体提供数据。

3. 查询分类

（1）选择查询：选择查询用于从一个或多个相互关联的数据表中检索特定的信息，还可以对筛选出来的记录进行分组，并对记录进行总计、计数、平均以及其他类型的汇总计算。

（2）交叉表查询：交叉表查询是对数据库表中的值进行汇总，并按两组分组依据进行分组，其中一组作为行标题，位于表格左侧；另外一组作为列标题，位于表格顶部。

（3）操作查询：操作查询用于同时对一个或多个数据表进行全局数据管理操作，可以对数据表中原有的数据进行编辑，对符合条件的数据进行批量修改。操作查询包括更新查询、追加查询、删除查询和生成表查询。

（4）SQL 查询：SQL 查询就是直接使用 SQL（structured query language，结构化查询语言）语句创建的查询，主要包括联合查询、传递查询、数据定义查询和子查询等。

（5）参数查询：参数查询是一种交互式查询，即利用对话框提示用户输入查询条件后查询满足条件的记录。参数查询可以和其他查询联合使用。

 任务实施

1. 使用简单查询向导

例如，浏览数据表"buy"时，只有"商品编码"字段，而没有数据表"goods"中的"商品名称"和"计量单位"字段，不方便查看。通过简单查询向导，便可从两个数据表中获取需要的字段，将查询结果保存为"查询"对象，并通过一个表格显示出来。操作方法如图 4-53~图 4-55 所示，查询结果如图 4-56 所示。

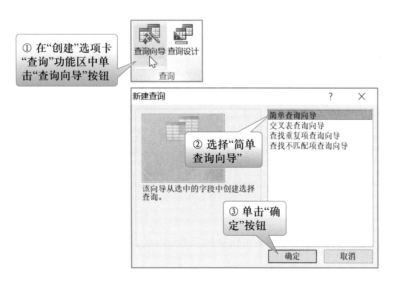

图 4-53　使用简单查询向导（1）

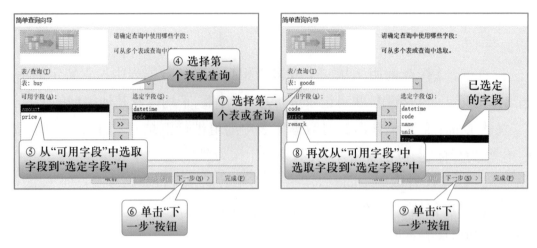

图 4-54　使用简单查询向导(2)

图 4-55　使用简单查询向导(3)

进货日期时间	商品编码	商品名称	计量单位	规格	进货数量	进货单价
2019/10/30 11:52:07 A001		小米耳机	个	银色1.25m	8.00	130.0
2019/10/31 11:52:59 A001		小米耳机	个	银色1.25m	5.00	130.0
2019/11/1 11:53:35 A001		小米耳机	个	银色1.25m	5.00	128.0
2019/11/2 19:14:22 A001		小米耳机	个	银色1.25m	3.00	128.0
2019/10/30 11:52:14 A002		苹果耳机	个	白色1m	8.00	120.0
2019/12/1 11:53:00 A002		苹果耳机	个	白色1m	5.00	120.0
2019/12/2 9:48:16 A003		索尼耳机	个	白色2m	5.00	150.0
2019/12/2 9:49:45 A004		JBL无线蓝牙耳机	个	T205 BT	6.00	200.0
2019/10/29 15:06:33 A005		小米无线蓝牙耳机	个	圈铁四单元	5.00	750.0
2019/10/30 11:52:38 A005		小米无线蓝牙耳机	个	圈铁四单元	2.00	750.0
2019/12/4 9:56:43 A005		小米无线蓝牙耳机	个	圈铁四单元	2.00	750.0
2019/12/3 9:51:24 B001		安卓数据线	根	2m	40.00	10.0
2019/12/3 9:53:02 B002		Type-c数据线	根	5A快充2m	35.00	15.0
2019/12/3 9:54:21 B003		苹果数据线	个	1m	20.00	25.0
2019/10/29 15:07:12 C001		手机直播支架	个	桌面三脚架	10.00	80.0
2019/11/1 11:53:17 C001		手机直播支架	个	桌面三脚架	6.00	75.0
2019/12/4 9:59:59 C002		手机简约支架	个	桌面床头万能通用	15.00	15.0
2019/11/1 11:53:53 C003		手机指环扣支架	个	超薄锌合金双色银	10.00	30.0
2019/12/4 10:01:32 C004		手机指环扣支架	个	超薄锌合金曜石黑	30.00	20.0
2019/12/3 15:14:20 D001		手机挂脖绳	根	42cm流光银	25.00	30.0
2019/12/5 10:04:27 D001		手机挂脖绳	根	42cm流光银	10.00	29.0
2019/12/5 10:06:30 D002		手机挂脖绳	根	42cm玫瑰金	30.00	30.0
2019/11/4 17:10:20 D003		金属手机指环挂绳	根	炫酷黑	30.00	5.0
2019/12/5 10:08:25 D003		金属手机指环挂绳	根	炫酷黑	40.00	5.0
2019/12/4 9:59:15 D004		金属手机指环挂绳	根	玫瑰金	50.00	5.0

图 4-56　"buy 简单查询"查询结果集

提 示

● 在"选定字段"列表框中选中某一字段,再从"可用字段"列表框中双击要选取的字段,或选中一个字段后单击 〉 按钮,可将该字段添加到"选定字段"列表框中当前字段下面。

● 如果未选取任何数字或货币类型的字段,则不需要选择查询方式。

● 查询名称不能和数据表名称相同。

● 如果在使用向导创建查询时,要对查询进行修改,可在最后一步选中"修改查询设计"单选按钮。也可以在创建查询完成后,通过打开"查询设计视图"进行修改。

如果用户希望查询汇总数据,则在选择查询方式时要选中"汇总"单选按钮,并设置汇总选项。设置汇总选项的操作方法如图 4-57 所示,汇总查询结果如图 4-58 所示。

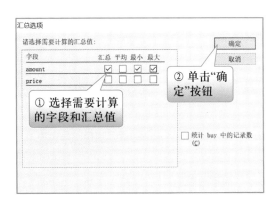
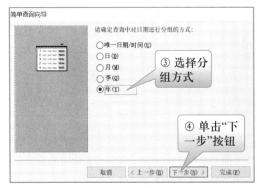

图 4-57　使用简单查询设置汇总选项

datetime书	商品编码	商品名称	计量单位	规格	进货单价	amount 之 合计	amount 之 最小值	amount 之 最大值
2019	A001	小米耳机	个	银色1.25m	128.0	8.00	3.00	5.00
2019	A001	小米耳机	个	银色1.25m	130.0	13.00	5.00	8.00
2019	A002	苹果耳机	个	白色1m	120.0	13.00	5.00	8.00
2019	A003	索尼耳机	个	白色2m	150.0	5.00	5.00	5.00
2019	A004	JBL无线蓝牙耳机	个	T205 BT	200.0	6.00	6.00	6.00
2019	A005	小米无线蓝牙耳机	个	圈铁四单元	750.0	9.00	2.00	5.00
2019	B001	安卓数据线	根	2m	10.0	40.00	40.00	40.00
2019	B002	Type-c数据线	根	5A快充2m	15.0	35.00	35.00	35.00
2019	B003	苹果数据线	个	1m	25.0	20.00	20.00	20.00
2019	C001	手机直播支架	个	桌面三脚架	75.0	6.00	6.00	6.00
2019	C001	手机直播支架	个	桌面三脚架	80.0	10.00	10.00	10.00
2019	C002	手机简约支架	个	桌面床头万能通用	15.0	15.00	15.00	15.00
2019	C003	手机指环扣支架	个	超薄锌合金双色银	30.0	10.00	10.00	10.00
2019	C004	手机指环扣支架	个	超薄锌合金曜石黑	20.0	30.00	30.00	30.00
2019	D001	手机挂脖绳	根	42cm流光银	29.0	10.00	10.00	10.00
2019	D001	手机挂脖绳	根	42cm流光银	30.0	20.00	20.00	20.00
2019	D002	手机挂脖绳	根	42cm玫瑰金	30.0	30.00	30.00	30.00
2019	D003	金属手机指环绳	根	炫酷黑	5.0	70.00	30.00	40.00
2019	D004	金属手机指环挂绳	根	玫瑰金	5.0	50.00	50.00	50.00

图 4-58　"buy 汇总查询"结果集

2. 使用交叉表查询向导

交叉表可对数据表中的值进行汇总,并按两组分组依据进行分组,其中一组作为行标题(位于表格左侧),另外一组作为列标题(位于表格顶部)。行和列交叉处对数据进行平均、计数、求和等多种方式的计算。

例如,要通过数据表"sell"查询每一种商品每个季度的销量,应使用交叉表查询。操作方法如图 4-59~ 图 4-61 所示,查询结果如图 4-62 所示。

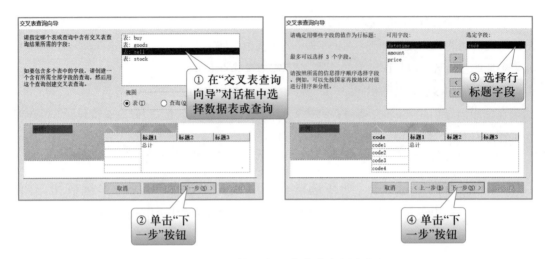

图 4-59　使用交叉表查询向导(1)

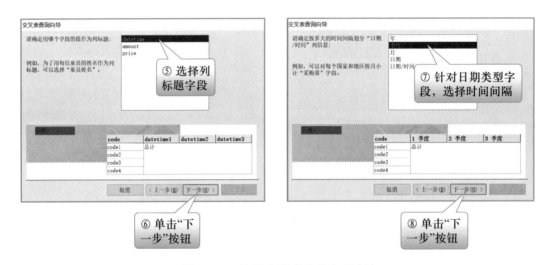

图 4-60　使用交叉表查询向导(2)

图 4-61　使用交叉表查询向导(3)

图 4-62　交叉表查询结果集

提 示

如果想在交叉表中包含多个数据表中的字段,可以先创建一个包含多个数据表字段的查询,然后再使用创建的查询来创建交叉表查询。

3. 使用查询设计器创建选择查询

使用查询向导只能创建比较简单的查询,不能设置比较复杂的查询条件。Access 2010 提供了功能强大的查询设计器,不但可以从零开始设计一个查询,还可以修改已创建的查询。

例如,要使用查询设计器在数据表 "sell" 中查找 2020 年第 2 季度的销售记录,在查询结果中除了显示数据表 "sell" 中的所有字段,还要关联显示 "商品名称" 和 "计量单位",并计算出每条记录的销售金额,其操作步骤如下。

(1) 打开查询设计器,添加查询需要的数据表,操作方法如图 4-63 所示。

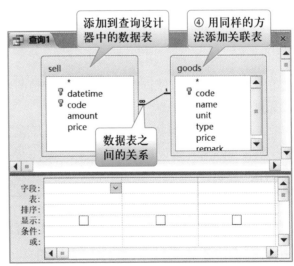

图 4-63　添加查询数据表

提示

如果数据表之间创建了关系，则添加到查询设计器中时，关系会自动显示。如果事先未创建关系，而又需要进行关联查询，可以直接在查询设计器中设定数据表或查询之间的关系，操作方法与创建数据库表间关系的方法类似。

（2）添加查询需要的字段，操作方法如图 4-64 所示。由于"金额"不是数据表中的字段，而是由"销售数量"和"销售单价"计算出来的，因此需要在新的字段列中输入表达式"金额：[sell]. [amount]* [sell]. [price]"。

图 4-64   添加查询字段

（3）设置查询条件：在查询设计器中的字段列"datetime"下面的"条件"单元格中输入查询条件">=#2020/4/1#And <#2020/7/1#"，也可以单击"设计"选项卡"查询设置"功能区的"生成器"按钮，在弹出的"表达式生成器"对话框中定义查询条件。

提示

● 在条件表达式中使用日期 / 时间时，要在日期值的两边加上"#"。如果查询条件为某一特定值，则在"条件"单元格中直接输入。

● 如果查询条件有若干组，则从第二组查询条件开始，依次输入到"条件"行下面的若干"或"行中。

● 在"条件"单元格中可以直接输入条件表达式，也可以通过鼠标右键快捷菜单选择"表达式生成器"命令输入条件表达式。

（4）单击"保存"按钮，将查询保存为"sell_ 查询 1"。

（5）执行查询查看查询结果，操作方法如图 4-65 所示。

4. 创建参数查询

在查询中设置了查询条件后，就能够查询出满足条件的记录。但当需要更换查询条件时，必须在查询设计视图中手工修改条件,比较麻烦。通过创建参数查询,就可以在每次执行查询时,在弹出的"输入参数值"对话框中输入不同的参数,查询出相关的记录。

图 4-65 执行查询

例如,要在数据表"buy"中查找某"商品编码"的进货记录,操作步骤如下。

(1)打开查询设计器,添加查询需要的数据表"buy"和关联表"goods",并添加查询需要的相关字段。

(2)在字段列"code"下面的"条件"单元格中输入"[请输入商品编码]",如图 4-66 所示。

(3)单击"保存"按钮,将查询保存为"buy_参数查询"。

(4)执行查询,在弹出的提示对话框中输入具体的参数值,如"A001",即可查询出商品编码为"A001"的进货记录,如图 4-67 所示。

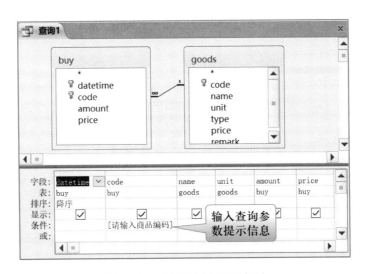

图 4-66 设置参数查询条件

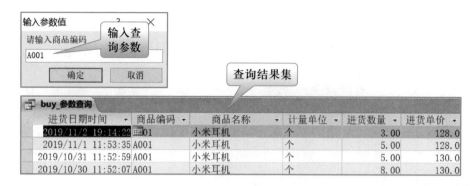

图 4-67   执行参数查询

提示

在"条件"行中输入的条件用方括号"[ ]"括起来,用于提示用户在执行查询时应输入什么参数值。

技能拓展

1. 查找重复项查询向导

如果数据表设置了主键,就可以保证记录的唯一性,避免主键字段重复值的出现,而对非主键字段就不能避免重复值。使用查找重复项查询向导可以帮助用户在数据库表中查找一个或多个字段内容重复的记录。

例如,要在数据表"buy"中查找"商品编码"重复的记录,操作方法如图 4-68~ 图 4-69 所示,查询结果如图 4-70 所示。

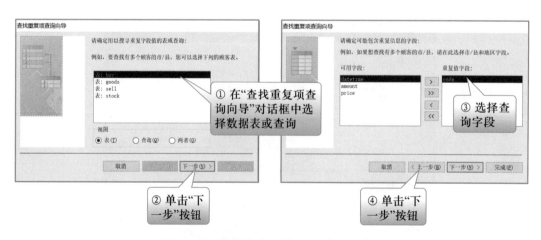

图 4-68   使用查找重复项查询向导(1)

图 4-69 使用查找重复项查询向导(2)

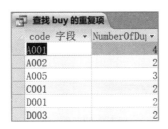

图 4-70 查找重复项查询结果集

 提示

如果未选择除包含重复值的字段之外的其他显示字段,则在查询结果集中显示查询字段出现重复的记录,每一相同值仅显示一条记录,并在 NumberOfDups 字段中显示重复记录数。否则,显示查询字段出现重复的所有记录。

2. 查找不匹配项查询向导

使用查找不匹配项查询向导可以帮助用户在一个数据表中查找在另一个数据表中没有相关记录的记录。

例如,未实施参照完整性时,在数据表"stock"中输入了"goods"表中没有的"商品编码",即出现了数据表"stock"中的"商品编码"与数据表"goods"中的"商品编码"不匹配的记录,要将这些记录查找出来,操作方法如图 4-71~图 4-73 所示。

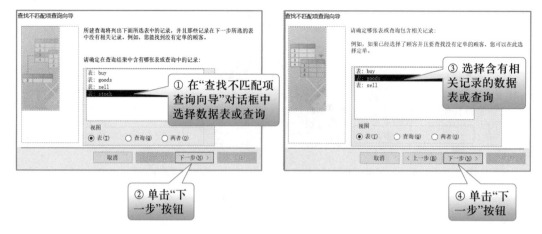

图 4-71　使用查找不匹配项查询向导(1)

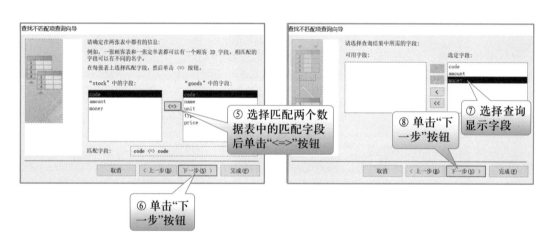

图 4-72　使用查找不匹配项查询向导(2)

图 4-73　使用查找不匹配项查询向导(3)

提示

　　如果数据表之间创建了关系,并实施了参照完整性,则在关联表中输入数据时,就不会出现在主键表中与主键字段不匹配的记录。

3. 删除数据表／查询

如果要在查询设计器中删除已经添加的数据表或查询,则选中要删除的数据表或查询,按 Delete 键或在鼠标右键快捷菜单中选择"删除表"命令。

4. 删除、移动字段

删除字段:选中字段列,按 Delete 键。

移动字段:选中字段列,将其拖动到适当的位置。

5. 返回记录设置

在查询设计器"设计"选项卡"查询设置"功能区的"返回"下拉列表中可以设定查询结果集的记录数。

- ALL:全部记录。
- 5 :5 条记录(不足 5 条记录则返回实际记录数)。
- 25 :25 条记录(不足 25 条记录则返回实际记录数)。
- 100 :100 条记录(不足 100 条记录则返回实际记录数)。
- 5%:查询结果集记录总数的 5%。
- 25%:查询结果集记录总数的 25%。

6. 使用查询汇总

在查询设计器中,可以增加"总计"行,用于对记录进行数据计算。"总计"行下拉列表中包括"Group By""合计""平均值""最小值""最大值""计数"等 12 种类型。

例如,要查询商品编码为"A001"的最大进货量,其操作步骤如下。

(1) 打开查询设计器,添加查询需要的数据表"buy",并添加查询需要的相关字段。

(2) 添加"总计"行,并设置查询条件("商品编码"字段的"总计"行选择"Where","条件"行输入"A001")和总计类型("进货数量"字段的"总计"行选择"最大值"),操作方法如图 4-74 所示。

图 4-74　查询汇总

提示

指定总计条件的字段不出现在查询结果中。

若要分组统计各种商品的进货次数和进货总量,其操作步骤如下。

(1) 打开查询设计器,添加查询需要的数据表"buy",并添加查询需要的相关字段。

(2) 添加"总计"行,并设置总计类型("商品编码"字段的"总计"行选择"Group By","进货日期"字段的"总计"行选择"计数","进货数量"字段的"总计"行选择"合计"),查询设计视图和查询结果如图 4-75 所示。

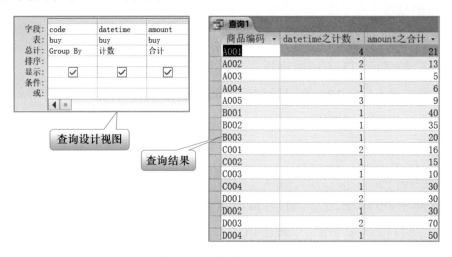

图 4-75   分类统计查询

 讨论与学习

1. 查询与表有何区别?

2. 查询和筛选有何区别?

3. 使用查询向导创建查询有哪些局限性?

巩固与提高

1. 通过查询设计器创建交叉表查询。

2. 尝试使用多参数查询。

3. 在"人事管理"数据库中按以下要求创建查询。

(1) 为数据表"person"创建查询"q1",显示员工代码、姓名、性别、学历 4 列信息,查询结果如图 4-76 所示。

图 4-76　查询结果(1)

（2）创建查询“q2”，显示员工代码、姓名、性别、部门、民族、籍贯 6 列信息，其中部门、民族和籍贯要求显示中文名称，查询结果如图 4-77 所示。

图 4-77　查询结果(2)

（3）为查询“q2”创建查询“q3”，查找部门为“计算机系”的员工，并显示查询“q2”中的所有字段，查询结果如图 4-78 所示。

图 4-78　查询结果(3)

（4）为数据表“person”创建参数查询“q4”，用户输入员工代码即可查询员工信息（显示数据表“person”中的所有字段），设置用户提示信息为“请输入员工代码”。

（5）为数据表“person”创建查询“q5”，查找 1980 年以后出生的男性员工信息（显示数据表“person”中的所有字段），并按生日升序排序，查询结果如图 4-79 所示。

图 4-79　查询结果(4)

任务 7　创建操作查询

操作查询用于对一个或多个数据表进行全局数据管理操作，可以对数据表中原有的数据进行编辑，对符合条件的数据进行批量修改。操作查询包括更新查询、追加查询、删除查询和生成表查询。

 任务情景

　　同学们根据各自的需要,通过使用查询向导或查询设计器创建各种查询,从不同维度了解经营情况,体会到了查询所带来的高效率。同时又根据日常的使用场景,提出以下问题。

　　(1) 当遇到节假日或促销活动时,需要对商品销售单价进行调整,一条一条修改比较麻烦,有没有便捷的操作方法?

　　(2) 如何批量复制、删除数据表中的一部分记录?

　　(3) 如何合并多个数据表的记录?

　　本任务将通过操作查询解决以上问题。

 知识准备

　　1. 更新查询

　　更新查询用于对数据表中的记录进行批量更新操作,可以更新一个字段,也可以更新多个字段。

　　2. 删除查询

　　删除查询用于从一个数据表中删除记录,或者在多个数据表中利用创建的关系删除相关联的记录,删除后不能恢复。

　　3. 生成表查询

　　生成表查询用于从一个或多个数据表中检索记录,并将结果生成一个新数据表。

　　4. 追加查询

　　追加查询用于从一个或多个数据表中,将满足条件的记录追加到另一个或多个数据表的尾部。

 任务实施

　　1. 创建更新查询

　　例如,在"双 11"进行促销活动,将所有商品打 9 折销售,就需要对数据表"goods"中的"price"字段进行更新,其操作步骤如下。

　　(1) 打开查询设计器,添加查询需要的数据表"goods",并添加需要更新的相关字段。

　　(2) 选择查询类型为"更新",并在字段列"price"下面的"更新到"单元格中输入更新表达式"〔goods〕！〔price〕*.9",如图 4-80 所示。

（3）单击"保存"按钮,将查询保存为"goods_更新查询"。

（4）执行查询,如图 4-81 所示。

图 4-80　设计更新查询

图 4-81　执行更新查询

提 示

更新查询不能更新"自动编号"字段。如果在更新查询中设置条件,则只对满足条件的记录进行更新。

2. 创建追加查询

例如,要专门用一个数据表将销售数据分年度保存,并按月将销售数据追加到年度数据表中,就可以使用追加查询。创建追加查询,将数据表"sell"中 2020 年 1 月的销售数据追加到数据表"sell2020"的操作步骤如下。

（1）第一次操作时,需要先将数据表"sell"复制一个结构相同的数据表"sell2020"用于后面存放分月数据,操作方法如图 4-82 所示。

（2）打开查询设计器,添加查询需要的数据表"sell",并添加所有字段到字段列表中。

（3）选择查询类型为"追加",并在字段列"datetime"下面的"条件"单元格中输入条件表达式">=#2020/1/1#And <#2020/2/1#",操作方法如图 4-83 所示。

（4）单击"保存"按钮，将查询保存为"sell_ 追加查询"。

（5）执行查询，如图 4-84 所示。

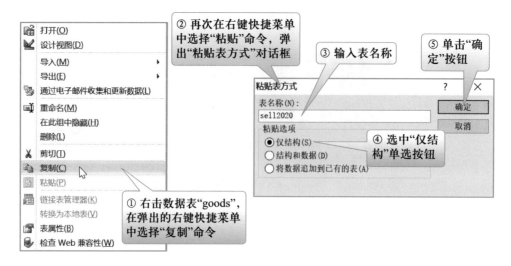

图 4-82　复制结构相同的数据表

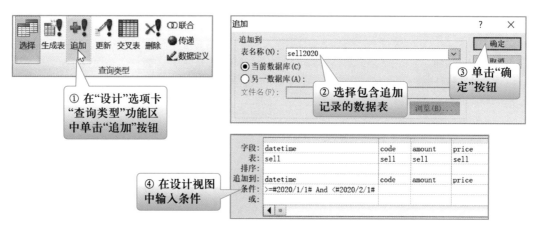

图 4-83　追加查询设计

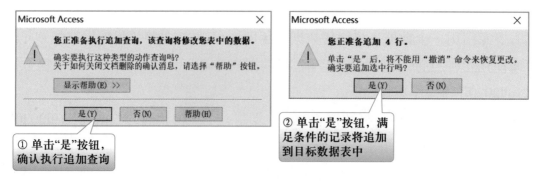

图 4-84　执行追加查询

提 示

● 在执行追加查询时,如果选择的源数据表字段比目标数据表字段多,多余的字段将被忽略,如果目标数据表的字段比源数据表的字段多,只追加匹配的字段。

● 如果源数据表包含"自动编号"字段,在设计追加查询时,不要将"自动编号"字段添加到字段列表中。

● 复制表结构,再通过追加查询向复制的空表中追加记录的方式还可以通过创建生成表查询来实现,后面会讲述。

3. 使用删除查询

例如,数据表"sell2020"中备份的 2020 年 4 月的记录因数据有误,需要重新备份,应先将该表中 4 月份数据记录删除,可以通过创建删除查询完成,其操作步骤如下。

(1) 打开查询设计器,添加查询需要的数据表"sell2020",并添加需要设置条件的字段"datetime"到字段列表中。

(2) 选择查询类型为"删除",并在字段列"datetime"下面的"条件"单元格中输入条件表达式">=#2020/4/1#And <#2020/5/1#",操作方法如图 4-85 所示。

(3) 单击"保存"按钮,将查询保存为"sell2020_ 删除查询"。

(4) 执行查询,如图 4-86 所示。

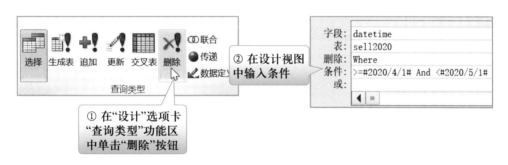

图 4-85 删除查询设计

图 4-86 执行删除查询

提示

● 在删除查询设计视图中,如果将数据表中的"*"一行添加到字段列表中,则"删除"行自动变为"From",表示删除数据表中的所有记录。

● 如果在数据表关系中选中了"级联删除相关记录",则通过删除查询删除主表记录时,关联表中的全部匹配记录将同时被删除。

4. 使用生成表查询

例如,要将数据表"sell"中 2020 年 5 月的销售记录筛选出来生成一个新的数据表,其操作步骤如下。

(1) 打开查询设计器,添加查询需要的数据表"sell",并添加所有字段到字段列表中。

(2) 选择查询类型为"生成表",并在字段列"datetime"下面的"条件"单元格中输入条件表达式"Year([sell]![datetime])=2020 And Month([sell]![datetime])=5",操作方法如图 4-87 所示。

(3) 单击"保存"按钮,将查询保存为"sell_生成表查询"。

(4) 执行查询,如图 4-88 所示。

图 4-87　生成表查询设计

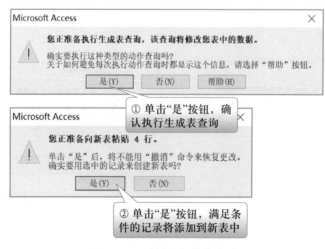

图 4-88　执行生成表查询

提示

生成表查询生成的新数据表中的数据不会因源数据表中的数据变化而自动更新。如果源数据表中的数据发生更改,应再次运行查询来更新新数据表中的数据。生成表查询生成的新数据表的字段数可以少于源数据表。

提示

操作查询执行后无法撤销,因此在运行操作查询之前,为了避免误操作,应先备份数据。

技能拓展

在创建生成表查询时还可以设置参数,执行查询时,根据用户输入的不同参数生成不同的数据。例如,将数据表 "sell" 中商品编码为 "A001" 的销售记录筛选出来生成一个新的数据表,需要将 "code" 字段的 "条件" 设置为 "[商品编码]",带参数生成表查询设计如图 4-89 所示,执行带参数生成表查询如图 4-90 所示。

图 4-89　带参数生成表查询设计

图 4-90　执行带参数生成表查询

讨论与学习

1. 更新查询、追加查询和生成表查询有什么区别?

2. 表间关系对操作查询有什么影响?

3. 查询设计器中的联接属性有哪几种联接方式？

 巩固与提高

1. 尝试使用更新查询同时更新多个数据表数据。

2. 尝试跨数据库使用操作查询。

3. 在"人事管理"数据库中按以下要求创建查询。

（1）创建查询"q6"，执行该查询生成一个新表，表名为"person_1"，表结构包括员工代码、姓名、性别、身份证号 4 个字段。

（2）为数据表"person_1"创建查询"q7"，删除所有女性员工记录。

任务 8　创建 SQL 查询

SQL 查询就是直接使用 SQL 语句创建的查询。目前绝大多数关系型数据库管理系统，如 Oracle、Microsoft SQL Server、MySQL、Access 等都采用 SQL 语言。

 任务情景

通过任务 6 和任务 7 的学习，同学们已经掌握了 Access 查询的基本操作，能够对业务数据进行各种统计和分析。这时有同学发现，前面创建的每个查询都可以打开"SQL 视图"，不明白是做什么用的？老师告诉同学们，"SQL 视图"是显示和编辑 SQL 查询的窗口，前面所学习的查询是通过 Access 查询向导或查询设计器创建的交互式查询，在后台会自动生成等效的 SQL 语句，当查询设计完成后，就可以通过"SQL 视图"查看对应的 SQL 语句。将来同学们学习和使用其他关系型数据库系统时，不一定都提供交互式查询设计工具，通常都会使用标准的 SQL 查询。

知识准备

1. SQL 语言

SQL 即结构化查询语言，是一种数据库查询和设计语言，用于存取数据以及查询、更新和管理关系数据库系统，能完整提供数据定义、数据操纵和数据控制功能。由于它具有功能丰富、使用方便灵活、语言简洁易学等优点，已经成为关系数据库语言的标准。

2. SELECT 语句

SELECT 语句用于从数据表中检索符合条件的数据，基本语法格式为：

SELECT < 字段表达式列表 >|*

FROM < 数据源 >

［ WHERE < 条件表达式 >］

［ GROUP BY < 字段列表 >］

［ HAVING < 条件表达式 >］

［ ORDER BY < 排序表达式 >］［ ASC|DESC ］

说明：

字段表达式列表：指定查询字段、常量或表达式，"*"表示数据表的所有字段。每一字段表达式的格式为：［ 表名 .］字段 1［ AS 别名 1］。

FROM 子句：指定查询的数据源。

WHERE 子句：指定查询的过滤条件。

GROUP BY 子句：指定分组依据，即将指定字段列表中具有相同值的记录合并为一条记录。

HAVING 子句：指定分组准则，即规定 GROUP BY 子句进行分组后显示分组记录的条件。

ORDER BY 子句：指定排序依据。ASC 为升序、DESC 为降序，默认为升序。

分组常用计算函数见表 4-18。

表 4-18 分组常用计算函数

函数	说明
COUNT（）	计算数据表的记录总数
SUM（）	求和
AVG（）	求平均值
MIN（）	求最小值
MAX（）	求最大值

例 1：查询数据表 "stock" 中的所有字段和所有记录。

SELECT*FROM stock

例 2：查询数据表 "sell" 中商品编码为 "A001" 的销售记录，查询结果除包含数据表 "sell" 中的所有字段外，还要显示金额，并以 "datetime" 字段降序排列。

SELECT datetime，code，amount，price，price*amount AS 金额 FROM sell WHERE code = " A001 " ORDER BY datetime DESC

例 3：查询数据表 "buy"，并按 "code" 字段分组，对进货数量和进货金额求和，查询结果以 "code" 字段排序。

SELECT code，SUM（amount），SUM（price*amount）AS t_money FROM buy GROUP BY code ORDER BY code

3. INSERT 语句

INSERT 语句用于向从数据表中添加记录，基本语法格式为：

INSERT INTO <数据表名>[(<字段名 1>[,<字段名 2>...])]VALUES(<表达式 1>[,<表达式 2>...])

例如,向数据表"goods"新增一条商品信息。

INSERT INTO goods(code,name,unit,type,price,remark)VALUES("A006","华为 FlyPods3 蓝牙耳机","个","白色",799,"质保 2 年")

4. UPDATE 语句

UPDATE 语句用于修改数据表中的数据,基本语法格式为:

UPDATE <数据表名> SET <字段名 1> = <表达式 1>[,<字段名 2> = <表达式 2>…][WHERE <条件表达式>]

例 1:将数据表"goods"中的商品销售单价提高 5%。

UPDATE goods SET price = price*1.05

例 2:将数据表"goods"中商品编码为"A002"的商品销售单价降价 5%,并在"备注"字段中注明"促销"。

UPDATE goods SET price = price*0.95,remark = "促销" WHERE code = "A002"

5. DELETE 语句

DELETE 语句用于删除数据表中的记录,基本语法格式为:

DELETE [字段名列表]FROM <数据表名>[WHERE <条件表达式>]

例如,删除数据表"stock"中数量为 0 的记录。

DELETE FROM stock WHERE amount = 0

6. 操作查询的 SQL 语句

在 Access 2010 中,无论是通过查询向导创建的查询,还是通过查询设计器创建的查询,都可以通过 SQL 视图查看查询的 SQL 语句。表 4-19 中列出了 4 种操作查询的 SQL 语句。

表 4-19　操作查询的 SQL 语句

查询类型	SQL 语句
更新查询	UPDATE <数据表名> SET <字段名 1> = <表达式 1>[,<字段名 2> = <表达式 2>...][WHERE <条件表达式>]
追加查询	单条记录追加查询: INSERT INTO <数据表名>[(<字段名 1>[,<字段名 2>...])]VALUES(<表达式 1>[,<表达式 2>...]) 多条记录追加查询: INSERT INTO <目标数据表名>[(<字段名 1>[,<字段名 2>...])]SELECT [源数据表.]<字段名 1>[,<字段名 2>...]FROM <源数据表名>[WHERE <条件表达式>]
删除查询	DELETE [字段名列表]FROM <数据表名>[WHERE <条件表达式>]
生成表查询	SELECT <字段名列表> INTO <目标数据表>[IN 外部数据库]FROM 源数据表[WHERE <条件表达式>]

通过 SQL 语句直接创建查询需要在查询设计器的 SQL 视图窗口中完成,主要的步骤如图 4-91 所示。

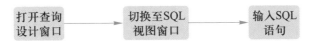

图 4-91　创建 SQL 查询主要步骤

1. 使用 SQL 语句创建简单查询

例如,要查询数据表"goods"中的所有记录,其操作步骤如下。

(1) 打开查询设计器,关闭"显示表"对话框。

(2) 打开"SQL 视图",操作方法如图 4-92 所示。

(3) 在"SQL 视图"中输入 SQL 查询语句"SELECT*FROM goods",并将查询保存为 "goods_SQL 查询",操作方法如图 4-93 所示。

(4) 执行查询,将返回数据表"goods"的所有记录。

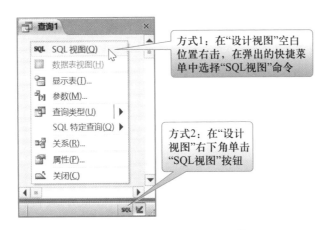

图 4-92　打开"SQL 视图"

图 4-93　创建并保存 SQL 查询

2. 使用 SQL 语句创建条件查询

在 SQL 语句中如果要指定查询条件,则需要使用 "WHERE" 子句。例如,要查询数据表 "buy" 中 2019 年 11 月以来的进货记录,只需要在 SQL 视图中输入以下语句:

SELECT*FROM buy WHERE datetime >=#2019/11/1#

 技能拓展

在 Access 2010 中,并不是所有的 SQL 语句都有对应的设计视图,如联合查询、传递查询和数据定义查询等只能通过在 SQL 视图中输入 SQL 语句来创建。

1. 创建联合查询

联合查询使用 UNION 运算符来合并一个或多个选择查询的结果集。

例如,在数据表 "表 1" 和 "表 2" 分别保存了同一数据集不同的记录,如果此时需要查询所有的记录,需要使用联合查询,在 SQL 视图中输入以下语句:

SELECT*FROM 表 1 UNION SELECT*FROM 表 2

 提示

　联合查询中的每一个 SELECT 语句所选取的字段或表达式数必须相同,且对应的字段或表达式数据类型要相同,或者可以自动转换为相同的数据类型。

2. 创建传递查询

传递查询用于直接向 ODBC 数据库服务器发送命令。通过使用传递查询,可以直接使用服务器上的表。

3. 数据定义查询

数据定义查询用于创建、删除和修改数据表,用于数据定义查询的 SQL 语句有 CREATE TABLE、CREATE INDEX、ALTER TABLE 和 DROP。例如 CREATE TABLE 语句用于创建新的数据表,基本语法格式为:

CREATE TABLE <数据表名>(<字段名 1> <类型>[(<字段大小>)][NOT NULL] [PRIMARY KEY][,<字段名 2> <类型>[(<字段大小>)][NOT NULL][PRIMARY KEY][,...]])

说明:

必须至少创建一个字段,仅当类型为文本字段和二进制字段时,才需定义字段大小。如果没有为字段指定 "NOT NULL",则新记录的字段中必须有有效数据。

PRIMARY KEY:定义主键,主键不允许为 "NULL",并且必须始终具有唯一性。

例如,使用 CREATE TABLE 语句创建商品表"goods"。

CREATE TABLE goods(code text(4) NOT NULL PRIMARY KEY,name Text(12) NULL,unit Text(6) NULL,type Text(20) NULL,price Number NULL,remark Memo NULL)

 讨论与学习

1. 使用 SQL 查询的优点是什么?
2. 讨论并总结 SQL 语言的特点。

巩固与提高

1. 创建传递查询、数据定义查询和子查询。
2. 在"人事管理"数据库中创建 SQL 查询"q8",查询数据表"administrative_division"中所有行政区域在四川省的记录。

单 元 小 结

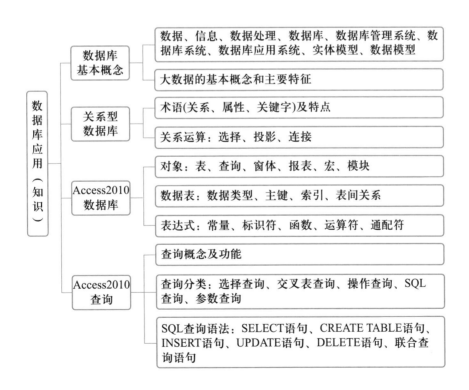

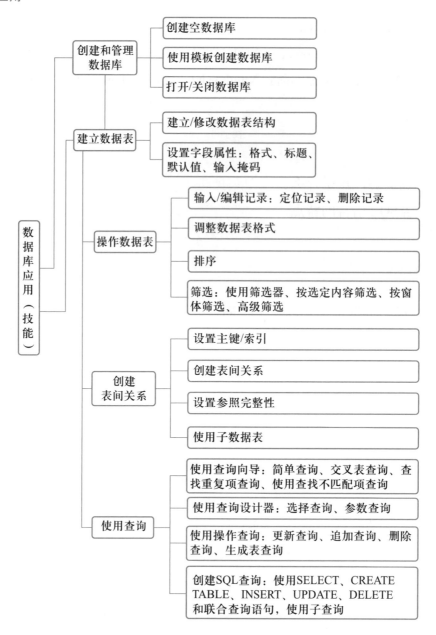

综合实训 4

一、建立图书管理数据库

1. 创建一个数据库文件"图书管理",并保存。

2. 在"图书管理"数据库中创建数据表:出版社表(publishers)、读者表(reader)、图书表(books)、图书购买表(buy)、图书借阅表(borrow),各数据表的结构见表 4-20~ 表 4-24,并按照以下要求完成相应操作。

表 4-20 "publishers"数据表结构

字段名称	字段含义	数据类型	字段大小	主键 / 索引
code	代码	文本	4	主键
name	名称	文本	20	

表 4-21 "reader"数据表结构

字段名称	字段含义	数据类型	字段大小	主键 / 索引
card	借书证号	文本	4	主键
name	姓名	文本	8	
sex	性别	文本	2	
tel	联系电话	文本	20	
amount	借阅数量	数字	整型	

表 4-22 "books"数据表结构

字段名称	字段含义	数据类型	字段大小	主键 / 索引
isbn	书号	文本	15	主键
name	书名	文本	40	
author	作者	文本	8	
p_code	出版社代码	文本	4	有(有重复)
e_date	入库日期	日期 / 时间	短日期	
price	定价	数字	单精度型	
amount	馆藏量	数字	整型	

表 4-23 "buy"数据表结构

字段名称	字段含义	数据类型	字段大小	主键 / 索引
ID	购买 ID	自动编号	长整型	主键
buy_date	购买日期	日期 / 时间	短日期	
isbn	书号	文本	15	有(有重复)
price	定价	数字	单精度型	
amount	数量	数字	8	

表 4-24 "borrow"数据表结构

字段名称	字段含义	数据类型	字段大小	主键 / 索引
ID	借阅 ID	自动编号	长整型	主键
card	借书证号	文本	4	有(有重复)
isbn	书号	文本	15	有(有重复)
b_date	借阅日期	日期 / 时间	短日期	
m_date	应还日期	日期 / 时间	短日期	
r_date	归还日期	日期 / 时间	短日期	
remark	备注	备注		

（1）将各数据表的所有字段的标题设置为相应的中文名称。

（2）将数据表"reader"的"amount"字段的默认值设置为 0，将数据表"buy"的"buy_date"字段和数据表"borrow"的"b_date"字段的默认值设置为当前系统日期。

（3）将数据表"books"和"buy"中的"price"字段的格式设置为"标准"，并设置该字段的有效性规则，将有效性文本设置为"单价必须大于 0！"。

（4）将数据表"reader"的"sex"字段值的输入设置为"男""女"列表选择。

（5）根据文件"实训素材 4-1-1.xlsx"中的各工作表数据，在"图书管理"数据库的相应数据表中输入记录。

（6）将数据表"books"显示的字体设置为"微软雅黑"，字号设置为 14，行高为 20。

（7）将数据表"buy"和"borrow"的"ID"字段隐藏，将数据表"borrow"中的"card""isbn"两列冻结。

（8）将数据表"buy"和"borrow"分别按照"buy_date"字段和"b_date"字段的降序排序。

（9）在数据表"books"中，根据指定的出版社代码进行筛选操作。

（10）创建表间关系，启用"实施参照完整性"和"级联更新相关记录"，各数据表之间的关系见表 4-25。

表 4-25　"图书管理"数据库表间关系

父表	关联字段	子表	关联字段
publishers	code	books	p_code
reader	card	borrow	card
books	isbn	buy	isbn
books	isbn	borrow	isbn

（11）设置数据表"reader"和"books"的子数据表均为"borrow"。

3. 在"图书管理"中按以下要求创建查询。

（1）创建查询"q1"，显示数据表"books"的所有字段，并在出版社代码字段右侧显示出版社名称，查询结果参如图 4-94 所示。

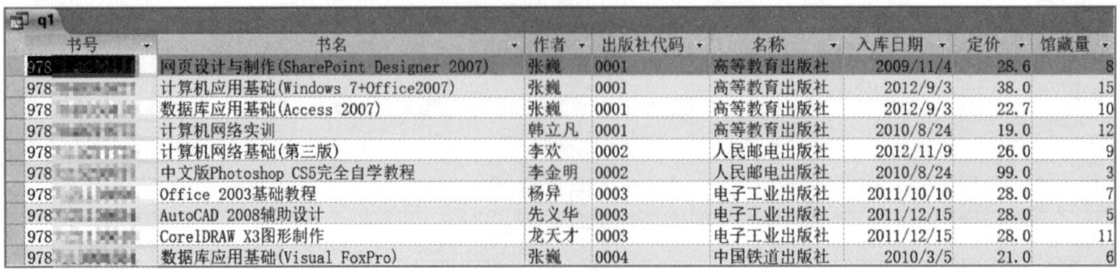

图 4-94　查询结果（1）

（2）为数据表"books"创建参数查询"q2"，用户输入作者即可查询图书信息（显示数据表"books"中的所有字段），设置用户提示信息为"请输入作者"。

（3）为数据表"reader"创建参数查询"q3"，用户输入借书证号即可查询读者信息（显示数据表"reader"中的所有字段），设置用户提示信息为"请输入借书证号"。

（4）为数据表"books"创建查询"q4"，查询馆藏量 10 本以上（含 10 本）的图书信息，显示数据表"books"的所有字段，并在出版社代码字段右侧显示出版社名称，查询结果如图 4-95 所示。

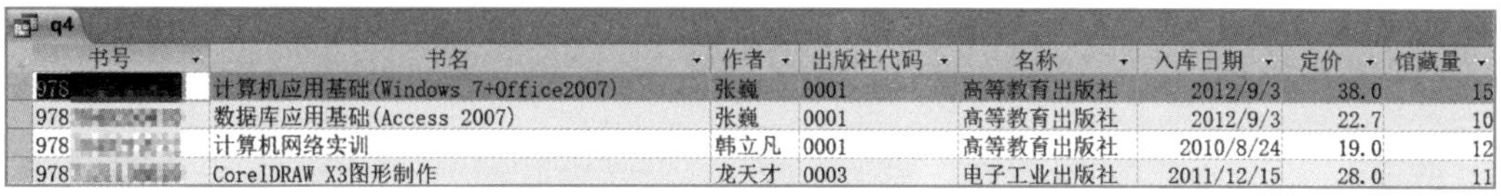

图 4-95　查询结果（2）

（5）为数据表"borrow"创建查询"q5"，查询 2010 年的借阅记录（借阅日期为 2010 年），显示借书证号、姓名、书号、书名、出版社名称、借阅日期、应还日期、归还日期、备注等字段，并按借阅日期升序排序，查询结果如图 4-96 所示。

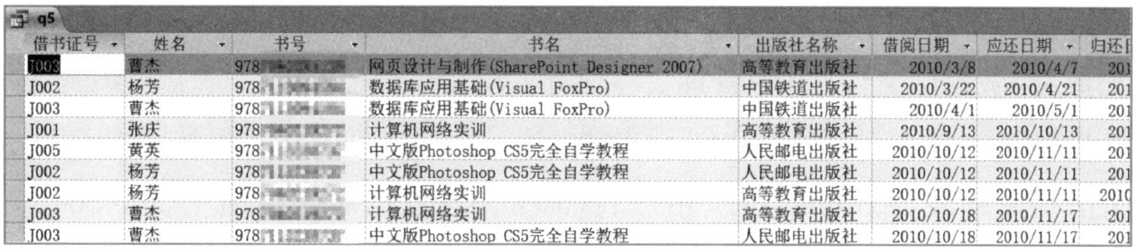

图 4-96　查询结果（3）

（6）为数据表"borrow"创建查询"q6"，查询借阅天数小于或等于 15 天的借阅记录，显示借书证号、姓名、书号、书名、出版社名称、借阅日期、应还日期、归还日期、备注等字段，并按借阅日期升序排序，查询结果如图 4-97 所示。

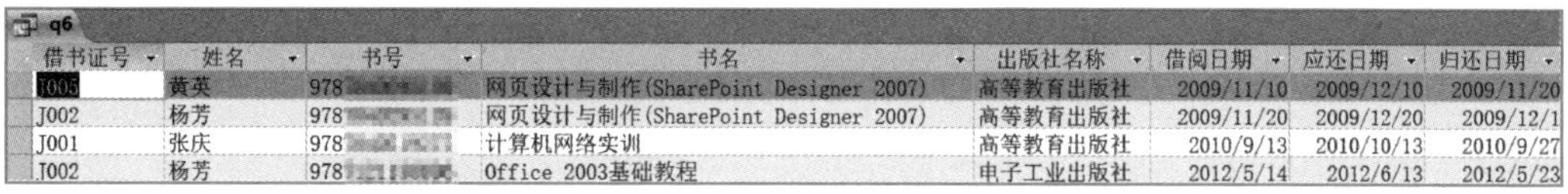

图 4-97　查询结果（4）

（7）创建查询"q7"，查询各出版社图书的购买情况，显示代码（出版社代码）、名称、数量、金额字段，以"代码"为分组依据，计算合计购买数量和合计购买金额，按"代码"升序排序，查询结果如图 4-98 所示。

q7

代码	名称	数量	金额
0001	高等教育出版社	45	1253.8
0002	人民邮电出版社	12	531
0003	电子工业出版社	23	644
0004	中国铁道出版社	6	126

图 4–98 查询结果(5)

(8) 创建查询 “q8”,执行该查询生成一个新表,表名为 “borrow_1”,表内容为未归还的借阅记录,数据表 “borrow_1” 如图 4–99 所示。

borrow_1

card	isbn	b_date	m_date	r_date	remark
J004	9787115277725	2013/3/8	2013/4/7		
J005	9787040345827	2013/3/15	2013/4/14		

图 4–99 查询结果(6)

(9) 为数据表 “borrow_1” 创建查询 “q9”,将 “应还日期” 延长 10 天。

(10) 创建 SQL 查询 “q10”,查询数据表 “buy” 中 2011 年及以前的购买记录。

二、建立客户管理数据库

1. 创建一个数据库文件 “客户管理”,并保存。

2. 在 “客户管理” 数据库中创建数据表:客户表(client)、商品表(goods)、消费表(consume)、消费明细表(consume_list)、用户表(user)。各数据表的结构见表 4–26~ 表 4–30 所示,并按照以下要求完成相应操作。

表 4–26 “客户” 数据表结构

字段名称	字段含义	数据类型	字段大小	小数位数	主键 / 索引
code	客户编号	文本	10		主键
name	姓名	文本	10		
sex	性别	文本	2		
company	公司	文本	40		
address	地址	文本	40		
tel	联系电话	文本	40		
email	电子邮件	文本	40		

表 4-27 "商品"数据表结构

字段名称	字段含义	数据类型	字段大小	小数位数	主键/索引
code	商品编号	文本	10		主键
name	商品名称	文本	20		
unit	计量单位	文本	6		
price	单价	货币			
amount	数量	数字	整型		

表 4-28 "消费"数据表结构

字段名称	字段含义	数据类型	字段大小	小数位数	主键/索引
number	消费编号	自动编号	长整型		主键
c_code	客户编号	文本	10		索引
con_date	消费日期	日期/时间	短日期		索引
money	消费额	货币			
remark	备注	备注			

表 4-29 "消费明细"数据表结构

字段名称	字段含义	数据类型	字段大小	小数位数	主键/索引
number	消费编号	自动编号	长整型		主键
g_code	商品编号	文本	10		索引
price	单价	货币			
amount	数量	数字	整型		

表 4-30 "用户"数据表结构

字段名称	字段含义	数据类型	字段大小	小数位数	主键/索引
user	用户账号	文本	10		主键
password	密码	文本	10		索引

（1）将各数据表中的"数字"型字段的格式均设置为"标准"格式。

（2）将各数据表的所有字段的标题设置为相应的中文名称。

（3）将消费表"consume"中的"con_date"字段的默认值设置为当前系统时间。

（4）将各数据表中的"数字"型字段的有效性规则均设置为">=0"，"price"字段的有效性文本均设置为"单价必须大于或等于 0！"，"amount"字段的有效性文本均设置为"数量必须大于或等于 0！”。

　　(5) 根据实际需要,设置字段的输入掩码,调整数据表的行高或列宽,设置数据格式。

　　(6) 通过实际调查,在以上数据表中录入相关数据。

　　(7) 将客户表“client”中的“客户编号”“姓名”和“性别”三列冻结。

　　(8) 将消费表“consume”按照“消费额”从高到低排序。

　　(9) 在消费表“consume”中,根据指定的客户编号进行筛选操作。

　　(10) 在消费表“consume”中,根据指定的客户编号,筛选该客户某一段时间的消费记录。

　　(11) 创建表间关系,启用“实施参照完整性”和“级联更新相关记录”,生成“关系报表”并打印。各数据表之间的关系见表 4–31。

表 4–31　“客户管理”数据库表间关系

父表	关联字段	子表	关联字段
client	code	consume	c_code
goods	code	consume_list	g_code
consume	number	consume_list	number

　　3. 在“客户管理”数据库中按以下要求创建查询。

　　(1) 使用简单查询向导创建“客户信息”查询。

　　(2) 创建参数查询,用户输入客户编号或姓名即可查询客户信息。

　　(3) 创建交叉表查询,统计每个客户的分月消费额,查询结果样式参照表 4–32。

表 4–32　查询结果样式

客户编号	姓名	1 月	2 月	…	12 月	合计金额

　　(4) 创建更新查询,将“商品表”中的单价上浮 5%。

　　(5) 为新增若干商品品种,复制两个和“商品表”结构相同的空表,让两个人分别录入一部分新增商品信息,通过创建追加查询将两个人录入的商品信息记录添加到“商品表”中。

　　(6) 使用查询设计器创建“客户消费明细”查询,从所有数据表中关联查询客户的消费明细,查询结果包括客户编号、姓名、消费日期、商品编号、商品名称、计量单位、单价、数量字段,以“客户编号”为排序依据。

　　(7) 使用查询设计器创建“客户消费汇总”查询,从客户表、消费表中关联查询客户的消费总额,查询结果包括客户编号、姓名、消费额字段,以“客户编号”为分组依据,计算消费总额。

　　(8) 自己设定查询条件,使用 SQL 语句完成相关查询。

习题 4

一、填空题

1. 常见的数据模型有 _____、_____、_____。

2. 关系运算包括 _____、_____、_____。

3. 编辑数据表结构应在 _____ 视图中完成。

4. 在人员信息表中有身份证号、姓名、性别、年龄等字段,其中可以作为主关键字的是 _____。

5. _____ 是在新增和删除记录时,为维持表间关系而必须遵循的规则。

6. 查询的数据源可以是 _____ 和 _____。

7. Access 2010 的操作查询是 _____、_____、_____、_____。

8. 在员工工资表中,如果需要根据输入的员工姓名查找员工的工资,需要使用 _____ 查询。

9. SQL 查询需要根据某字段分组,应使用 _____ 语句。

10. 大数据包括结构化、_____ 和 _____ 数据。

二、单项选择题

1. 数据库管理系统是(   )。

    A. 操作系统　　　　　B. 系统软件　　　　　C. 编译系统　　　　　D. 应用软件

2. 不属于数据库应用系统的是(   )。

    A. 用户　　　　　　　B. 数据库管理系统　　C. 硬件　　　　　　　D. 文件

3. 属于数据库系统组成部分的是(   )。

    A. 数据库管理系统　　B. 编译程序　　　　　C. 进销存管理系统　　D. 操作系统

4. Access 2010 属于(   )。

    A. 网状数据库系统　　　　　　　　　　　　B. 层次数据库系统

    C. 分布式数据库系统　　　　　　　　　　　D. 关系型数据库系统

5. Access 2010 数据库文件的扩展名是(   )。

    A. mdb　　　　　　　B. dbf　　　　　　　C. accdb　　　　　　D. mdbx

6. Access 2010 的核心数据库对象是(   )。

    A. 查询　　　　　　　B. 表　　　　　　　　C. 报表　　　　　　　D. 窗体

7. 空数据库是指(   )。

    A. 没有基本表的数据库　　　　　　　　　　B. 没有任何数据库对象的数据库

    C. 数据库中数据表记录为空的数据库　　　　D. 没有窗体和报表的数据库

8. 在 Access 中,用来表示实体的是(   )。

    A. 域　　　　　　　　B. 字段　　　　　　　C. 记录　　　　　　　D. 表

9. 用于存储数据的数据库对象是(   )。

    A. 表　　　　　　　　B. 查询　　　　　　　C. 模块　　　　　　　D. 报表

10. 下列实体联系中,属于多对多联系的是(   )。

    A. 学生与课程　　　　B. 乘客与座位　　　　C. 商品编码与商品　　D. 班级与学生

11. 一个学校教师和课程间的联系是(   )。

    A. 一对一　　　　　　B. 一对多　　　　　　C. 多对一　　　　　　D. 多对多

12. 一个人与他的身份证号码对应的关系是(   )。

　　　　A. 一对多　　　　　　　B. 一对一　　　　　　　C. 多对一　　　　　　　D. 多对多

13. 一个班级所有同学与他们各科成绩的关系是（　　　）。

　　　　A. 一对多　　　　　　　B. 一对一　　　　　　　C. 多对一　　　　　　　D. 多对多

14. 在数据库中，实体之间的联系表示为（　　　）。

　　　　A. 属性　　　　　　　　B. 关系　　　　　　　　C. 域　　　　　　　　　D. 实体集

15. 当前主流的数据库系统通常采用（　　　）。

　　　　A. 层次模型　　　　　　B. 网状模型　　　　　　C. 关系模型　　　　　　D. 树状模型

16. 关系"销售流水（日期、商品编码、单价、数量）"的关键字应为（　　　）

　　　　A. 日期　　　　　　　　　　　　　　　　　　　B. 商品编码

　　　　C. 日期 + 商品编码　　　　　　　　　　　　　　D. 商品编码 + 数量

17. 在数据表中找出满足条件的记录的操作称为（　　　）。

　　　　A. 选择　　　　　　　　B. 投影　　　　　　　　C. 连接　　　　　　　　D. 合并

18. 在 Access 2010 中，表和数据库的关系是（　　　）。

　　　　A. 一个数据库可以包含多个表　　　　　　　　　B. 一个表可以包含多个数据库

　　　　C. 一个数据库只能包含一个表　　　　　　　　　D. 一个表只能包含一个数据库

19. Access 2010 字段名不能包含的字符是（　　　）。

　　　　A. "！"　　　　　　　　B. "@"　　　　　　　　C. "%"　　　　　　　　D. "&"

20. 数据表中的行称为（　　　）。

　　　　A. 字段　　　　　　　　B. 数据　　　　　　　　C. 记录　　　　　　　　D. 主键

21. 不属于 Access 2010 数据表字段数据类型的是（　　　）。

　　　　A. 文本　　　　　　　　B. 通用　　　　　　　　C. 数字　　　　　　　　D. 自动编号

22. 创建学生表时，存储学生照片的字段类型是（　　　）。

　　　　A. 备注　　　　　　　　B. 通用　　　　　　　　C. OLE 对象　　　　　　D. 超链接

23. 不属于 Access 2010 数据表字段数据类型的是（　　　）。

　　　　A. 文本　　　　　　　　B. 自动编号　　　　　　C. 备注　　　　　　　　D. 图形

24. 数据表中要添加 Internet 站点网址，则字段数据类型是（　　　）。

　　　　A. OLE 对象　　　　　　B. 超链接　　　　　　　C. 查阅向导　　　　　　D. 自动编号

25. 如果要将一个长度为 5 KB 字节的字符集存入某一字段，则该字段的数据类型是（　　　）。

　　　　A. 文本型　　　　　　　B. 备注型　　　　　　　C. OLE 对象　　　　　　D. 查阅向导

26. 可以保存音乐的字段数据类型是（　　　）。

　　　　A. OLE 对象　　　　　　B. 超链接　　　　　　　C. 备注　　　　　　　　D. 自动编号

27. "日期 / 时间"字段类型的字段长度为（　　　）。

　　　　A. 2B　　　　　　　　　B. 4B　　　　　　　　　C. 8B　　　　　　　　　D. 16B

28. 当数据表某数字数据类型字段中已经输入了数据，如果改变该字段大小为整型，则以下存储的数据将发生变化的是（　　　）。

　　　　A. 100　　　　　　　　　B. 3.14　　　　　　　　C. −100　　　　　　　　D. 99

29. 每个数据表可包含的自动编号型字段的个数为（　　　）。

　　　　A. 1　　　　　　　　　　B. 2　　　　　　　　　　C. 3　　　　　　　　　　D. 4

30. 在表设计视图中不能进行的操作是（　　　）。

A. 增加字段　　　　B. 输入记录　　　　C. 删除字段　　　　D. 设置主键

31. 要修改表的结构,必须在(　　)中进行。

　　A. 设计视图　　　　　　　　　　B. 数据表视图

　　C. 数据透视表视图　　　　　　　D. 数据透视图视图

32. 要将数据表视图切换为设计视图,需要单击(　　)按钮。

　　A. ▣　　　　　　B. ▦　　　　　　C. ▨　　　　　　D. ◪

33. 在数据表中,使记录往后移动一屏的快捷键是(　　)。

　　A. ↓　　　　　　B. PgUp　　　　　　C. PgDn　　　　　　D. Ctrl+PgDn

34. 在数据表中,将记录定位到第一条记录的快捷键是(　　)。

　　A. Alt+↑　　　　B. Ctrl+Home　　　　C. Ctrl+End　　　　D. Ctrl+PgUp

35. 在数据表中,将记录定位到最后一条记录的快捷键是(　　)。

　　A. Alt+↓　　　　B. Ctrl+Home　　　　C. Ctrl+End　　　　D. Ctrl+PgDn

36. 数字型字段的数值要显示千位分隔符,则在"常规"选项卡的"格式"列表中选择(　　)。

　　A. 常规数字　　　B. 固定　　　　　　C. 标准　　　　　　D. 科学记数

37. 不属于 Access "日期 / 时间" 字段显示格式的是(　　)。

　　A. 20−12−25　　　　　　　　　　B. 2020 年 12 月 25 日

　　C. 14 :30 :25　　　　　　　　　　D. 12/25/2020

38. 要求一个日期类型字段的数值显示为:2005 年 8 月 18 日,则在"常规"选项卡的"格式"列表中选择(　　)。

　　A. 常规日期　　　B. 长日期　　　　　C. 中日期　　　　　D. 短日期

39. 将所有字符转换为大写的输入掩码是(　　)。

　　A. >　　　　　　　B. <　　　　　　　C. 0　　　　　　　D. A

40. 将所有字符转换为小写的输入掩码是(　　)。

　　A. >　　　　　　　B. <　　　　　　　C. 0　　　　　　　D. A

41. 只能输入字母或数字的输入掩码是(　　)。

　　A. A　　　　　　　B. &　　　　　　　C. 9　　　　　　　D. L

42. 输入掩码"&"的含义是(　　)。

　　A. 必须输入字母或数字

　　B. 可以选择输入字母或数字

　　C. 必须输入一个字符或空格

　　D. 可以选择输入一个字符或空格

43. 若要在输入数据时实现密码"*"的显示效果,则应该设置字段的(　　)属性。

　　A. 默认值　　　　B. 有效性文本　　　C. 输入掩码　　　　D. 密码

44. 在数据表中,要控制某一字段的取值范围在60~100之间,则在字段的"有效性规则"属性框中应输入(　　)。

　　A. >=60 OR =<100　　　　　　　B. >=60 AND <=100

　　C. >=60 AND <=60　　　　　　　D. >=100 OR <= 60

45. 数据表中有"姓名"字段,若要将该字段固定在该表的最左方,应使用(　　)功能。

　　A. 移动　　　　　B. 冻结　　　　　　C. 隐藏　　　　　　D. 复制

46. 在 Access 中,如果不想显示数据表中的某些字段,可以使用(   )功能。

    A. 隐藏   B. 删除   C. 冻结   D. 筛选

47. 在 Access 中对记录进行排序,(   )排序。

    A. 只能按 1 个字段   B. 只能按 2 个字段

    C. 只能按主关键字段   D. 可以按多个字段

48. 要对数据表进行排序,(   )。

    A. 可以不选择字段   B. 可选择不连续的字段

    C. 可选择几个连续的字段   D. 必须选择字段全部

49. 将文本字符串"25""15""66""8"按升序排序,排序结果是(   )。

    A. "8""15""25""66"   B. "66""25""15""8"

    C. "15""25""66""8"   D. 以上都不对

50. 如果需要从高到低排序,则在"排序和筛选"功能区中单击(   )按钮。

    A. ↓   B. ↓   C. ↓   D. ▽

51. 不能进行排序的字段数据类型是(   )。

    A. 文本   B. OLE 对象   C. 数字   D. 货币

52. 要找到"what""white""why",在"查找和替换"对话框中应输入(   )。

    A. wh#   B. wh？   C. wh［ ］   D. wh*

53. 查询数据时,设置查找内容为"b［!aeu］ll",则可以找到的字符串是(   )。

    A. bill   B. ball   C. bell   D. bull

54. 如果要指定多个筛选条件进行筛选,则使用(   )。

    A. 按窗体筛选   B. 按选定内容筛选   C. 查找替换   D. 以上都行

55. 在 Access 中,对数据表进行"筛选"操作的结果是(   )。

    A. 从数据中挑选出满足条件的记录

    B. 从数据中挑选出满足条件的记录并生成一个新表

    C. 从数据中挑选出满足条件的记录并输出到一个报表中

    D. 从数据中挑选出满足条件的记录并输出到一个窗体中

56. 如果数据表定义了主键,打开数据表时默认按(   )显示。

    A. 所定义的主键值升序   B. 所定义的主键值降序

    C. 记录物理位置的顺序   D. 随机顺序

57. 要求在主表更新主键值时,在关联表自动更新关联字段,则应该在表间关系中设置(   )。

    A. 参照完整性   B. 有效性规则   C. 输入掩码   D. 默认值

58. 在"关系"窗口中,双击两个表之间的连接线,会出现(   )。

    A. 关系报告   B. 数据表视图

    C. 连接线粗线变化   D. "编辑关系"对话框

59. 查询的数据源是(   )。

    A. 表   B. 报表   C. 查询   D. 表或查询

60. 假设数据表中有学生姓名、性别、班级、成绩等数据,若想统计各个班各个分数段的人数,最合适的查询方式是(   )。

A. 选择查询   B. 交叉表查询   C. 参数查询   D. 操作查询

61. 除了从数据表中选择数据,还可以对数据表中的数据进行修改的查询是(　　)。

    A. 交叉表查询   B. 操作查询   C. 选择查询   D. 参数查询

62. 执行查询时,将通过对话框提示用户输入查询条件的是(　　)。

    A. 选择查询   B. 参数查询   C. 操作查询   D. SQL 查询

63. 将数据表"表1"中的记录复制到数据表"表2"中,且不删除数据表"表1"中的记录,所使用的查询方式是(　　)。

    A. 更新查询   B. 追加查询   C. 删除查询   D. 生成表查询

64. 下列查询中,对数据表数据会产生影响的是(　　)。

    A. 参数查询   B. 选择查询   C. 交叉表查询   D. 操作查询

65. 在库存表中,要将库存数量为0的商品记录删除,通常使用(　　)。

    A. 生成表查询   B. 删除查询   C. 更新查询   D. 追加查询

66. 将商品单价上调5%,通常应当使用(　　)。

    A. 生成表查询   B. 更新查询   C. 追加查询   D. 删除查询

67. 利用一个或多个表中的全部或部分数据创建新表,应该使用(　　)。

    A. 生成表查询   B. 更新查询   C. 删除查询   D. 追加查询

68. 利用生成表查询建立新表,不能从源表继承字段的(　　)。

    A. 主键   B. 字段名   C. 数据类型   D. 字段大小

69. 可以创建、删除或更新表的查询是(　　)。

    A. 联合查询   B. 传递查询   C. 子查询   D. 数据定义查询

70. 如果使用向导创建交叉表查询的数据源来自多个表,可以先建立一个(　　),然后将其作为数据源。

    A. 数据表   B. 虚表   C. 查询   D. 动态集

71. 关于查询设计器,以下说法正确的是(　　)。

    A. 只能添加数据表   B. 只能添加查询

    C. 可以添加数据表,也可以添加查询   D. 以上说法都不对

72. 在查询设计器下半部分中,不包含(　　)栏目。

    A. 字段   B. 表   C. 显示   D. 查询

73. 下列查询条件表达式合法的是(　　)。

    A. 0>= 成绩 <=100   B. 100>= 成绩 <=0

    C. 成绩 >=0, 成绩 <=100   D. 成绩 >=0 And 成绩 <=100

74. 与表达式"A Between 20 And 80"功能相同的表达式是(　　)。

    A. A>=20 And A<=80   B. A<=80 Or A>=20

    C. A>20 And A<80   D. A In(20,80)

75. 在 Access 数据库中创建了商品表,若要查找商品编码为"01001"和"01002"的记录,应在查询设计视图的条件行中输入(　　)。

    A. " 01001 " and " 01002 "   B. not in(" 01001 "," 01002 ")

    C. in(" 01001 "," 01002 ")   D. not(" 01001 " and " 01002 ")

76. 假定数据表中有姓名字段,要查询姓名为"张三"或"李四"的记录,则条件应该设置为(　　)。

A. In("张三","李四")   B. In "张三" And "李四"

C. "张三" And "李四"   D. Like "张三" And "李四"

77. 进行模糊查询时,通常使用的运算符是( )。

A. Like   B. In   C. Not   D. Between

78. 在商品表中要查找商品名称中包含"硬盘"的商品,则在"商品名称"字段中应输入准则表达式
( )。

A. "硬盘"   B. "*硬盘*"

C. Like "*硬盘*"   D. Like "硬盘"

79. 假定数据表中有姓名字段,要查询姓"李"的记录,则条件应该设置为( )。

A. In("李")   B. Like "李"   C. Like "李*"   D. "李"

80. 查找10天及以前参加工作的记录的准则是( )。

A. >=Date( )-10   B. <=Date( )-10   C. >Date( )-10   D. <Date( )-10

81. 要查找成绩在60~80(包括60分和80分)的记录,正确的条件表达式是( )。

A. 成绩 Between 60 And 80   B. 成绩 Between 60 To 80

C. 成绩 Between 60 And 81   D. 成绩 Between 60 And 79

82. 在查询设计器中,查询条件中的日期型数据两边应加上( )。

A. *   B. #   C. %   D. &

83. 创建参数查询时,提示用户输入的查询条件在查询设计视图的( )中设置。

A. "字段"行   B. "显示"行   C. "条件"行   D. "或"行

84. 创建参数查询时,在"条件"单元格中需输入提示文本"请输入姓名",正确的格式是( )。

A. (请输入姓名)   B. "请输入姓名"

C. [请输入姓名]   D. '请输入姓名'

85. 如果在查询中设置了多个排序字段,查询的结果将按( )的排序字段排序。

A. 最左边   B. 最右边   C. 最中间   D. 随机

86. 下列 SELECT 语句,正确的是( )。

A. SELECT*FROM "student" WHERE code="001"

B. SELECT*FROM "student" WHERE code=001

C. SELECT*FROM student WHERE code="001"

D. SELECT*FROM student WHERE code=001

87. 以下 SELECT 语句语法正确的是( )。

A. SELECT*FROM "图书" WHERE 职称 ="教授"

B. SELECT*FROM 图书 WHERE 职称 =教授

C. SELECT*FROM "图书" WHERE 职称 =教授

D. SELECT*FROM 图书 WHERE 职称 ="教授"

88. 在 SQL 查询中,若要查询"学生"数据表中的所有记录和字段,应使用( )语句。

A. SELECE 姓名 FROM 学生

B. SELECT*FROM 学生

C. SELECT 姓名 FROM 学生 WHERE 学号 =001

D. SELECT*FROM 学生 WHERE 学号 =001

89. SELECT 语句中的"GROUP BY"子句是为了指定（   ）。

   A. 排序字段名   B. 分组字段   C. 查询条件   D. 查询字段

90. 向已有表中添加新字段的 SQL 语句是（   ）。

   A. CREATE TABLE   B. ALTER TABLE

   C. DROP   D. CREATE INDEX

三、多项选择题

1. 属于 Access 2010 数据库对象的是（   ）。

   A. 查询   B. 表   C. 报表   D. 视图

2. 关于关系型数据库中的表，以下说法正确的有（   ）。

   A. 数据项不可再分

   B. 同一列数据项要具有相同的数据类型

   C. 字段的顺序不能任意排列

   D. 记录的顺序可以任意排列

3. 在关系模型中，属于关系运算的是（   ）。

   A. 选择   B. 合并   C. 投影   D. 连接

4. 可用于数据表单元格导航的键是（   ）。

   A. Tab 键   B. Enter 键   C. 光标键   D. Alt 键

5. 属于数字筛选器的是（   ）。

   A. 等于   B. 大于   C. 小于   D. 最大值

6. 属于筛选记录方法的是（   ）。

   A. 按选定内容筛选   B. 按窗体筛选

   C. 按关键字段筛选   D. 高级筛选

7. 关于改变数据表的外观，说法正确的是（   ）。

   A. 隐藏的列将被删除

   B. 表的每一行的行高都相同

   C. 表的每一列的列宽可以不同

   D. 冻结后的列将被固定在表的最左侧

8. 对主键字段的描述正确的是（   ）。

   A. 每个数据表必须有一个主键

   B. 主键字段值是唯一的

   C. 主键可以是一个字段，也可以是一组字段

   D. 主键字段不允许有重复值或空值

9. 表间关系的联接类型包括（   ）。

   A. 内部联接   B. 左外部联接   C. 右外部联接   D. 不完全联接

10. 不能设置索引的字段数据类型是（   ）。

   A. 附件   B. 超链接   C. 自动编号   D. OLE 对象

11. 查询向导可以创建（   ）。

   A. 选择查询   B. 交叉表查询   C. 参数查询   D. 重复项查询

12. 属于查询视图的是（   ）。

　　A. 设计视图　　　　B. 数据表视图　　　　C. SQL 视图　　　　D. 预览视图

13. 下列属于操作查询的是(　　　　　)。

　　A. 参数查询　　　　B. 追加查询　　　　C. 生成表查询　　　　D. 更新查询

14. 能够更改数据表记录的查询是(　　　　　)。

　　A. 交叉表查询　　　　B. 更新查询　　　　C. 追加查询　　　　D. 选择查询

15. 以下可以修改表数据的 SQL 语句有(　　　　　)。

　　A. SELECT　　　　B. UPDATE　　　　C. DELETE　　　　D. INSERT INTO

四、判断题

1. 数据库系统是一个独立的系统,可不依赖操作系统。(　　　)

2. 数据库系统的核心是数据库管理系统。(　　　)

3. Access 2010 是数据库管理系统。(　　　)

4. Access 2010 是关系型数据库。(　　　)

5. 数据库中的表既相对独立,又相互联系。(　　　)

6. 创建数据库时必须先确定文件名。(　　　)

7. 创建数据库时不能同时创建数据表。(　　　)

8. Access 2010 存储的数据库对象是在一个以 ".mdb" 为扩展名的数据库文件中。(　　　)

9. 表就是数据库,数据库就是表。(　　　)

10. Access 2010 数据库只包括数据表。(　　　)

11. 视图是 Access 数据库中的对象。(　　　)

12. 创建好空白数据库后,系统将自动进入"数据表视图"。(　　　)

13. 如果创建空白数据库后直接退出系统,则默认的数据表"表1"将被自动保存。(　　　)

14. 在数据库中,数据由数字、字母、文字、各种特殊符号、图形、图像、动画、声音等组成。(　　　)

15. 关闭数据库时将自动退出 Access 2010。(　　　)

16. Access 2010 窗口中的菜单项是固定不变的。(　　　)

17. 在 Access 中,一个数据库只能包含一个数据表(　　　)。

18. 在关系型数据库中,每一个关系都是一个二维表。(　　　)

19. 在同一个关系中不能出现相同的属性名。(　　　)

20. 要从教师表中找出职称为"教授"的教师,需要进行的关系运算是投影。(　　　)

21. 在一个二维表中,水平方向的行称为字段。(　　　)

22. 在一个 Access 应用程序窗口中,同一时刻只能打开一个数据库文件。(　　　)

23. 使用向导可以创建任意的表。(　　　)

24. 创建表可以先输入数据再确定文件名。(　　　)

25. 创建表可以先创建一个空表,需要时再向表中输入数据。(　　　)

26. 编辑表时可以使用 Ctrl+Home 键快速回到第一条记录。(　　　)

27. 可以在记录编号框中输入记录编号来定位记录(　　　)。

28. 自动编号类型的字段的值不能修改。(　　　)

29. 被删除的自动编号型字段的值会被重新使用。(　　　)

30. 如果删除了数据表中含有自动编号型字段的一条记录后,Access 将对自动编号型字段进行重新编号。(　　　)

31. 修改表中字段名将影响表中的数据。(　　　)

32. 设计视图的主要作用是创建表和修改表结构。(　　　)

33. "*"标记表示用户正在编辑该行的记录。(　　　)

34. 删除某条记录后,可用功能区上的"撤销"按钮来恢复此记录。(　　　)

35. 对任意类型的字段可以设置默认值属性。(　　　)

36. 设置默认值时,必须与字段中所设的数据类型相匹配。(　　　)

37. 设置文本型默认值时不用输入引号,系统会自动加入。(　　　)

38. 向货币数据类型字段输入数据时,不需要输入美元符号和千位分隔符。(　　　)

39. 默认值是一个确定的值,不能用表达式。(　　　)

40. 有效性规则属性是用于限制字段输入值的表达式。(　　　)

41. 在 Access 2010 中,数据表显示时默认是"无"网格线。(　　　)

42. 在 Access 2010 中,数据表记录的背景色默认是交替显示的。(　　　)

43. Access 表的列宽是固定不变的。(　　　)

44. 调整行高将改变所有行的高度。(　　　)

45. 可以对 Access 表中的某个字符设置独特的字体。(　　　)

46. 单击右键可以撤销隐藏的列。(　　　)

47. 隐藏表中的列,不能减少表中字段的显示个数。(　　　)

48. 如果要隐藏不相邻的列,可按住 Ctrl 键来选择多个列。(　　　)

49. 取消冻结列后,要使各列回到原来的位置,还需要将它们拖动到所需的位置。(　　　)

50. 隐藏字段与冻结字段的显示效果完全相同。(　　　)

51. 在 Access 数据表视图中可以对不同的列按不同的方式进行汇总。(　　　)

52. 记录排序只能以一个字段为依据。(　　　)

53. 对记录按日期升序排序,较早的记录显示在前。(　　　)

54. 排序可以通过单击列标题的下拉菜单来完成。(　　　)

55. 进行排序时,不同字段类型的排序规则有所不同。(　　　)

56. 在 Access 中打开数据表时,默认以表中所定义的主键值的大小按升序方式显示记录。(　　　)

57. 任何数据类型的字段都能够进行排序。(　　　)

58. 如果对已经筛选过的列应用筛选,则新筛选和旧筛选同时存在。(　　　)

59. 筛选只改变视图中显示的数据,并不改变数据表中的数据。(　　　)

60. 要查找与当前行某字段值相同的其他记录,可以使用"按选定内容筛选"。(　　　)

61. 筛选时可按选定内容进行筛选或排除。(　　　)

62. 创建数据表时,必须定义主键。(　　　)

63. 两个表中创建关系的字段的名称可以不相同。(　　　)

64. 两个表之间必须存在着相互关联的字段,才能在两个表之间建立关系。(　　　)

65. 主关键字只能是一个字段。(　　　)

66. 一个数据表只能建立一个索引。(　　　)

67. 已创建的表间关系不能删除。(　　　)

68. 删除主键必须先删除该主键的关系。(　　　)

69. 如果一个数据表和其他数据表之间建立了关系,在查看该数据表中的记录时,每一行左侧都有一个

"+"图标。(　　　)

70. 如果在参照完整性设置时选中"级联删除相关记录"复选框,则删除主表记录时,相关表关联字段的值和主表的主键值相同的记录将同步删除。(　　　)

71. 查询名称可以和数据表名称相同。(　　　)

72. 只能由数据表创建查询。(　　　)

73. 查询结果可以作为其他数据库对象的数据来源。(　　　)

74. 创建查询时,可以添加多个数据表。(　　　)

75. 查询可以求出数据表中某字段的平均值。(　　　)

76. 查询可以将结果保存起来,供下次使用。(　　　)

77. 只能输入一组查询条件。(　　　)

78. 交叉表查询的行标题和列标题字段个数不受限制。(　　　)

79. 创建交叉表查询时,用户只能指定一个总计类型的字段。(　　　)

80. 参数查询只允许用户输入一个参数值。(　　　)

81. 删除查询每次只能删除一条记录。(　　　)

82. 更新查询不能更新"自动编号"字段。(　　　)

83. 更新查询的结果只显示在数据表视图中,而不会改变源数据表中的数据。(　　　)

84. 无论是否在更新查询中设置条件,执行查询都会对所有记录进行更新。(　　　)

85. 利用一个或多个表中的数据建立新表的查询是追加查询。(　　　)

86. 操作查询执行后无法撤销。(　　　)

87. 在查询准则中可以使用通配符。(　　　)

88. 使用准则 LIKE "四川?"查询时,可以查询出"四川省"和"四川成都"。(　　　)

89. 当用逻辑运算符 Not 连接的表达式为真时,则整个表达式为假。(　　　)

90. 特殊运算符"In"用于指定一个字段为空。(　　　)

91. 创建基于多个数据表的查询时,应该在多个数据表之间建立关系。(　　　)

92. 可以直接在查询设计器中设定数据表或查询之间的关系。(　　　)

93. 在同一条件行的不同列中输入多个条件,它们彼此的关系为逻辑与关系。(　　　)

94. 如果数据表之间创建了关系,则添加到查询设计器中时,关系会自动显示。(　　　)

95. SQL 查询必须在多表查询中使用。(　　　)

96. SQL 查询中 SELECT 语句后面只能使用一个字段名。(　　　)

97. SQL 查询不能创建交叉表查询。(　　　)

98. 可以使用 SQL 查询生成一个新表。(　　　)

99. 使用 SQL 语句创建分组统计查询时,应使用 ORDER BY 语句。(　　　)

100. 参数查询是通过运用查询时输入参数值来创建动态的查询结果。(　　　)

郑重声明

高等教育出版社依法对本书享有专有出版权。任何未经许可的复制、销售行为均违反《中华人民共和国著作权法》,其行为人将承担相应的民事责任和行政责任;构成犯罪的,将被依法追究刑事责任。为了维护市场秩序,保护读者的合法权益,避免读者误用盗版书造成不良后果,我社将配合行政执法部门和司法机关对违法犯罪的单位和个人进行严厉打击。社会各界人士如发现上述侵权行为,希望及时举报,本社将奖励举报有功人员。

反盗版举报电话 （010）58581999 58582371 58582488

反盗版举报传真 （010）82086060

反盗版举报邮箱 dd@hep.com.cn

通信地址 北京市西城区德外大街4号
　　　　　高等教育出版社法律事务与版权管理部

邮政编码 100120

防伪查询说明

用户购书后刮开封底防伪涂层,利用手机微信等软件扫描二维码,会跳转至防伪查询网页,获得所购图书详细信息。也可将防伪二维码下的20位密码按从左到右、从上到下的顺序发送短信至106695881280,免费查询所购图书真伪。

反盗版短信举报

编辑短信"JB,图书名称,出版社,购买地点"发送至10669588128

防伪客服电话

（010）58582300

学习卡账号使用说明

一、注册/登录

访问http://abook.hep.com.cn/sve,点击"注册",在注册页面输入用户名、密码及常用的邮箱进行注册。已注册的用户直接输入用户名和密码登录即可进入"我的课程"页面。

二、课程绑定

点击"我的课程"页面右上方"绑定课程",正确输入教材封底防伪标签上的20位密码,点击"确定"完成课程绑定。

三、访问课程

在"正在学习"列表中选择已绑定的课程,点击"进入课程"即可浏览或下载与本书配套的课程资源。刚绑定的课程请在"申请学习"列表中选择相应课程并点击"进入课程"。

如有账号问题,请发邮件至: 4a_admin_zz@pub.hep.cn。